项目基金：本著作是 2013 年教育部人文社科规划基金课题"西部民族地区水电开发区生态补偿机制与模式研究——以四川甘孜藏族自治州为例"（项目批准号：13YJA790005）最终成果之一。

陈鹰　杜明义　张琪　曾雪玫　　著

西部民族地区水电开发区生态补偿机制与模式研究

——以四川甘孜藏族自治州为例

西南交通大学出版社

·成　都·

图书在版编目（ＣＩＰ）数据

西部民族地区水电开发区生态补偿机制与模式研究：以四川甘孜藏族自治州为例 / 陈鹰等著. 一成都：西南交通大学出版社，2019.8
ISBN 978-7-5643-7094-7

Ⅰ. ①西… Ⅱ. ①陈… Ⅲ. ①水利水电工程 – 生态环境 – 补偿机制 – 研究 – 甘孜 Ⅳ. ①TV7②X321.271.2

中国版本图书馆 CIP 数据核字（2019）第 185786 号

Xibu Minzu Diqu Shuidian Kaifaqu Shengtai Buchang Jizhi yu Moshi Yanjiu
——yi Sichuan Ganzi Zangzu Zizhizhou wei Li

西部民族地区水电开发区生态补偿机制与模式研究
——以四川甘孜藏族自治州为例

陈 鹰　杜明义　张 琪　曾雪玫　著

责任编辑	罗爱林
封面设计	何东琳设计工作室

出版发行	西南交通大学出版社
	（四川省成都市金牛区二环路北一段 111 号
	西南交通大学创新大厦 21 楼）
邮政编码	610031
发行部电话	028-87600564　　　028-87600533
网址	http://www.xnjdcbs.com
印刷	四川煤田地质制图印刷厂

成品尺寸	185 mm×260 mm
印张	14.25
字数	356 千
版次	2019 年 8 月第 1 版
印次	2019 年 8 月第 1 次
书号	ISBN 978-7-5643-7094-7
定价	86.00 元

前 言
CONTENTS

　　环境与发展是当今世界的两大主题，然而环境污染、气候变化、资源匮乏、能源危机等一系列资源与环境问题却成为 20 世纪以来困扰社会经济发展的重要问题，也是学、政两界深入研究和努力解决的重大难题。随着近现代社会经济的高速发展，人类对环境的过度索取已遭受大自然的强烈报复：1981—1990 年全球平均气温比 100 年前上升了 0.48 ℃，20 世纪世界平均温度约上升了 0.6 ℃。全球气候变暖直接导致两极冰雪融化、高山雪线上升、冰川消融，江河源头干涸；海平面上升，岛屿、沿海城市被淹没；海水倒灌、土地沙化、土壤退化；植物生长季节延长，森林植被破坏；高温、干旱、暴雨、台风、雷暴等极端天气频发，由此引发大量的洪涝、山体滑坡、塌方、泥石流等次生灾害，严重威胁着人类生存。我国是《气候变化框架公约》和《京都议定书》的最早缔约国之一，并于 1981 年 4 月 8 日正式加入《物种贸易公约》，1992 年 1 月 3 日加入《拉姆萨公约》，我国政府不断向世界表明了保护生态环境的决心。

　　我国人口众多、自然资源相对短缺、经济基础和技术能力仍然薄弱，随着经济的快速增长和城市化进程的加快，给资源和环境带来了巨大压力。1994 年 3 月，国务院通过了《中国 21 世纪议程——中国 21 世纪人口、环境与发展白皮书》，从我国的人口、环境与发展的总体情况出发，提出了促进中国经济、社会、资源和环境相互协调的可持续发展的战略目标，正式确立了可持续发展的战略国策；党的十七大提出了建设生态文明的战略布署，十八大报告更是明确提出要加强生态文明制度建设，"深化资源性产品价格和税费改革，建立反映市场供求和资源稀缺程度、体现生态价值和代际补偿的资源有偿使用制度和生态补偿制度。积极开展节能量、碳排放权、排污权、水权交易试点"。自此，生态文明建设作为与经济建设、政治建设、文化建设、社会建设并行的战略决策，成为国家"五位一体"发展战略的重要组成部分。建设生态文明成为关系人民福祉、关乎民族未来的长远大计。2015 年，中共中央、国务院印发《关于加快推进生态文明建设的意见》，生态文明建设的政治高度进一步凸显。党十九大报告指出："坚持人与自然和谐共生。建设生态文明是中华民族永续发展的千年大计。必须树立和践行绿水青山就是金山银山的理念，坚持节约资源和保护环境的基本国策，像对待生命一样对待生态环境，统筹山水林田湖草系统治理，实行最严格的生态环境保护制度，形成绿色发展方式和生活方式，坚定走生产发展、生活富裕、生态良好的文明发展道路，建设美丽中国，为人民创造良好生产生活环境，为全球生态安全作出贡献。"生态文明建设在政策层面上得到了前所未有的深化。

清洁能源作为环境友好型能源，广受世界各国的关注与推崇。能源的发展、能源和环境的协调已成为需要我们深入思考的问题，生态危机、环境问题、能源危机越来越制约着我们的发展，大力发展清洁能源正是解决能源危机、破解环境难题的关键，早已成为我国能源战略的重要组成。习近平指出："中国高度重视清洁能源发展，为此采取了一系列重大政策措施，取得了积极成效。中国将坚持节约资源和保护环境的基本国策，贯彻创新、协调、绿色、开放、共享的发展理念，积极发展清洁能源，提高能源效率，推动形成绿色发展和生活方式，努力建设天蓝、地绿、水清的美丽中国，实现人与自然和谐共处。希望会议分享发展和推广清洁能源的认识和经验，共同推动全球走绿色、低碳、循环、可持续发展之路。"

水电作为重要的清洁能源，早已得到世界各国的重视。2007 年全球水电装机达到 848 400兆瓦，发电量 3045 000 十亿瓦时/年，约占全球电力供应量的 20%。水电开发程度按发电量与经济可开发量的比值计算达到了 35%。其中，非洲为 11%，亚洲为 25%，大洋洲为 45%，欧洲为 71%，北美为 65%，南美为 40%。世界上有 24 个国家的 90%电力来自水电，有 1/3 的国家的水电比重超过一半。有 75 个国家主要依靠水坝来控制洪水，全世界约有近 40%的农田依靠水坝提供灌溉。由此可见，水坝建设和水力发电已经成为当今人类社会文明的重要组成部分。

我国河流众多，水电资源十分丰富，理论蕴藏量 6.94 亿千瓦，技术可开发量 5.42 亿千瓦，均居世界第一位。自 1901 年开工建设中国第一座水电站——石龙坝水电站以来，我国不断加大水电开发的力度。随着"十二五"规划将有序发展水电列入规划重点任务以来，我国水电开发更以前所未有的速度发展。预计 2020 年，全国发电装机容量将达 20 亿千瓦，人均装机突破 1.4 千瓦，人均用电量 5 000 千瓦时，接近中等发达国家水平。水电的发展为我国经济建设和社会发展做出了巨大贡献，也成为我国社会经济可持续发展的重要基础之一。

西部地区是我国水能资源的富集区，占全国技术可开发量的 72%，其中主要集中于高原、山地峡谷地带的民族地区。仅四川、西藏、云南三省（自治区），其技术可开发量装机容量就分别为 12 004 万千瓦、11 000.4 万千瓦和 10 193.9 万千瓦，分别占全国技术可开发量的 22%、20%和 19%。虽然西部民族地区是我国水电资源开发的重要地区，也是西电东送的重要基地，但同时又是国土资源规划的生态屏障区和生态极其脆弱地区。水电资源开发固然为国家建设做出了重要贡献，也是西部民族地区经济发展重要的推进剂，但同样给本来非常脆弱的本地生态环境带来了不可低估的损害，大量的森林、土地被淹没，动植物生存环境被破坏，水电开发带来的环境压力不容小觑。

一边是社会经济发展的压力，一边是资源、环境有限性的约束，生态资源禀赋有限性、环境承载能力不足与社会经济发展之间的矛盾成为制约西部民族地区社会经济建设和国家发展的主要矛盾。如何调和矛盾，兼顾经济发展与生态效益，成为需要重点思考的问题。既要大力开发西部民族地区的水电资源，又要保护极其脆弱的生态资源，生态补偿则成为为数不多的解决手段的不二之选。因此，通过生态补偿，兼顾社会经济发展与生态、环境的平衡，打造"代际公平、地区公平、城乡公平"的均衡发展环境，有效利用生态资源，大力恢复生态系统功能，合理分配生态系统服务价值，既是"五位一体"战略的具体落实，也是实现中华民族永续发展的必然要求。

著 者

2019 年 3 月

目录
CONTENTS

第一章　西部民族地区水电开发区"生态补偿"界定及其理论基础

第一节　西部民族地区水电开发区"生态补偿"内涵界定

甘孜藏族自治州地处青藏高原东南部和横断山区中部，当地的水电开发区属于我国国土资源规划的生态屏障区，是长江上游生态屏障的主体功能关键区域，也是生态功能保护限制开发区、高原生态脆弱区、长江天然林保护工程的重点地区，肩负着国家生态安全保障的重任。但甘孜藏族自治州水电开发区生态环境独特：东北部受二郎山、泥巴山、夹金山等海拔3 000米以上的高山（水电开发区腹地山脉海拔通常在5 000米以上）阻隔，外部湿润空气沿高山爬升，在山脉东南面形成四季降雨不断的降雨区，而空气翻越高山后湿度锐减，形成干热的"焚风"。在"焚风"的作用下，"两江一河"河谷的绝大部分地区均为"干河谷"，常年干旱少雨，季节干湿分明，再加上地处高原地区，年均气温极低，昼夜温差极大，致使本地区植物生长非常缓慢，生态系统极为脆弱。森林、耕地等生态资源主要集中于河谷地带，生态环境资源的生态系统功能和生态系统（产品）服务价值较难分离，以致生态补偿难度很大。因此，从客观实际出发，以水电开发区生态环境资源保护、生态功能恢复、生态福利享受利益均衡为研究视角，对水电开发区"生态补偿"进行科学界定，是一项基础性的工作。以客观科学的态度，审慎厘清"生态补偿"的内容范围，将为整个甘孜藏族自治州水电开发区生态补偿研究奠定理论基础，为水电开发区生态补偿机制、模式的建立指明方向。

一、国内"生态补偿"的几种定义

目前，尽管已有不少针对生态补偿的研究和实践探索，但对于生态补偿还没有被广泛认可、接受的定义。国内专家学者对"生态补偿"的概念做出了大量的理论研究和实践探索，从不同的视角对"生态补偿"进行了不同的定义。1991年版的《环境科学大辞典》从自然生态补偿的视角出发，将"生态补偿"（Natural Ecological Compensation）定义为"生物有机体、种群、群落或生态系统受到干扰时，所表现出来的缓和干扰、调节自身状态使生存得以维持的能力；或者可以看作生态负荷的还原能力"或者是"自然生态系统对由于社会、经济活动造成的生态破坏所起的缓冲和补偿作用"[1]。毛显强、钟俞等人从补偿支付者和补偿接受者双

---

① 环境科学大辞典编委会．环境科学大辞典[M]．中国环境科学出版社，1991．

向利益视角出发，提出生态补偿的"二分法"，认为"生态补偿是通过对损害（或保护）环境资源的行为进行收费（或补偿），提高该行为的成本（或收益），从而激励损害（或保护）行为的主体减少（或增加）因其行为带来的外部不经济性（或外部经济性），达到保护资源的目的"。[①]庄国泰、高鹏等人从损害赔偿视角出发，认为"生态环境补偿是对资源和生态环境要素的破坏及其危害进行补偿"[②]。王金南、万军等人从自然补偿与公共政策制定视角，对"生态补偿"的含义和政策范围进行界定，提出了三分法，将"生态补偿"定义为三个层次：① 自然生态补偿，指生物有机体、种群、群落或生态系统受到干扰时，所表现出来的适应能力或者恢复能力；② 对生态系统的补偿，指人们采取措施弥补生态占用的行为，特别是对生态用地的占用补偿；③ 促进生态保护的经济手段和制度安排，根据生态系统服务价值、生态保护成本、发展机会成本，运用财政、税费、市场等手段，调节生态保护者、受益者和破坏者经济利益关系的制度安排。[③]沈满洪、杨天等从制度设计的视角进行研究认为，"生态补偿是一种政策或者制度，即通过一定的政策手段实现生态保护外部性的内部化，让生态保护成果的受益者支付相应的费用；通过制度设计解决好生态产品这一特殊公共产品消费中的'搭便车'现象，激励公共产品的足额提供；通过制度创新解决好生态投资者的合理回报，激励人们从事生态保护投资并使生态资本增值"[④]。

通过上述各研究者对"生态补偿"的定义可知，专家学者们尝试从不同的视角和领域对生态补偿进行深入的研究和科学的界定，综合起来包括三个方面的补偿内容：① 自然生态系统的自我恢复。让自然生态系统有机会通过自身调节能力、适应能力和恢复能力的释放，让自然生态休养生息，达到恢复生态的目的。② 生态资源的市场交易。通过生态付费手段，借助市场机制调节，以提高生态损害行为的成本或生态保护行为的收益，使外部不经济行为内部化，激发生态损害者或保护者的内部激励机制，以利益为导向改变生态损害者或保护者的损害或保护行为，从而达到保护生态环境的目的。③ 生态资源使用的行政管控。从顶层设计着手，通过制度建设和公共政策制定，以行政强制手段，征收生态资源使用税费，增加生态资源使用成本，迫使生态损害的外部不经济行为内部化，以降低自然生态环境的破坏，激励人们从事生态保护投资并使生态资本增值。

二、国内现有"生态补偿"定义在指导"生态补偿"实践中的局限

以上对生态补偿的定义，虽然对西部民族地区水电开发区生态补偿实践具有较强的理论指导价值，但在具体生态补偿实践中仍有缺失之处。其原因主要有两个方面：其一，生态补偿是一个跨学科的综合性定义。生态补偿涉及经济学、生态学、环境学、管理学、社会学、公共政策学、法学等多个学科领域，不同学科领域的研究者们研究的重点和视角不同，界定后所得的结论也不同。其二，生态补偿的实践操作具有很强的地域特点。目前，能检索到的生态补偿定义，从国家政策制定和生态共性角度对补偿进行指导是可行的，但对于特殊地区，特别是对生态主体功能区和生态脆弱区的生态补偿，在实践操作中仍不能满足这些地区的特

① 毛显强，钟俞，张胜. 生态补偿理论探讨[J]. 中国人口·资源与环境，2002（12）.
② 庄国泰，高鹏，王学军. 中国生态环境补偿费的理论与实践[J]. 中国环境科学，1995（6）.
③ 王金南，万军，张惠远. 关于我国生态补偿机制与政策的几点认识[J]. 环境保护，2006（19）.
④ 沈满洪，杨天. 生态补偿机制的三大理论基石[N]. 中国环境报，2004（3）.

殊情况要求。西部民族地区水电开发区大部分是生态主体功能区和生态脆弱区，如甘孜藏族自治州，由于其独特的地理环境和生态系统现状，其生态资源具有破坏易、恢复难的特点，同时，本地生态环境资源有着调节局部地域气候、防沙固土、涵养水源、为地域物种种群提供生长栖息地和为动物提供食物来源等保护国家江河上游生态安全的重要生态系统功能。这些功能无法采用其他资源手段进行替代，如果一定要以价值形式对这样的生态系统功能进行测算的话，其价值应为无穷大。因此，西部民族地区水电开发区（特别是甘孜藏族自治州水电开发区）生态资源的生态系统功能不是简单的利益分配，并不适合交换补偿。

根据资料检索情况，从国内学者对"生态补偿"定义的研究中可以看出，目前流行的"生态补偿"定义，在指导生态补偿实践中，特别是指导特殊地区地域和"生态补偿"实践，具有一定的局限性。

（一）定义视角较为单一

学者们在对"生态补偿"进行定义时，为了从理论上更深入地研究这一问题，往往选择从某一视角进行研究。如上文所提到的"生态补偿"定义：毛显强、钟俞等人从补偿支付者和补偿接受者双向利益视角出发，将"通过对损害（或保护）环境资源的行为进行收费（或补偿）"作为"生态补偿"的主要手段，将"激励损害（或保护）行为的主体减少（或增加）因其行为带来的外部不经济性（或外部经济性）"作为"生态补偿"的目的进行定义。此定义以"庇古税"理论和"科斯定理"作为理论支撑，深入研究了"生态补偿"中补偿税费支付者（生态环境资源使用者及生态环境资源损害者）与补偿接受者（生态环境资源受损者及保护者）之间的利益均衡关系，以税费支付手段增加补偿支付者对生态环境资源的使用成本，从而使生态环境资源外部行为内部化。沈满洪、杨天等人从"生态补偿"公共管理制度设计视角出发，深入研究了"制度设计"对实现生态保护外部性的内部化、激励公共产品的足额提供；激励人们从事生态保护投资并使生态资本增值等，从而对"生态补偿"进行定义。除了上文引用的定义，还有大量学者从法学视角对"生态补偿"进行定义，如吕忠梅认为"生态补偿"是"对由人类社会经济活动给生态系统和自然资源造成的破坏及对环境造成的污染的补偿、恢复、综合治理等一系列活动的总称。广义的生态补偿则还应包括对环境保护丧失发展机会的区域内居民进行资金、技术、实物上的补偿，政策上的优惠，以及为增进环境保护意识，提供环境保护水平而进行的科研、教育费用的支出"[①]。在众多学者研究中，也有学者从多视角对"生态补偿"进行了多维的定义，如上文中提到的王金南、万军等人从自然生态补偿与公共政策制定视角，提出了三分法，将生态补偿定义为三层含义。此定义采用列举的方法，将"生态补偿"划分为三方面的内容，但研究视角仍相对单一。

目前，各研究者从某一视角对"生态补偿"的定义进行深入研究，有利于挖掘这一问题的实质，从理论研究的需要出发，无可厚非，这也是研究者研究的初衷。但在"生态补偿"实践中，需要根据补偿区域的客观实际，以实现人类发展与自然环境和谐相处，实现人与自然可持续发展为目的。综合考虑以上几种因素，全面均衡各方利益，打造"环境友好型""气候安全型""资源节约型"的地区经济与生态共赢发展模式，仅以一种"生态补偿"定义做理论支撑是不够的，这就需要综合吸收各家之长，重新界定"生态补偿"，才具有实践应用价值。

---

① 吕忠梅. 超越与保守——可持续发展视野下的环境法创新[M]. 法律出版社，2003.

（二）"生态补偿"对象界定有待商榷

对"生态补偿"的界定最难的一点就是要明确补偿什么的问题，目前学界对"生态补偿"这一点的认识分歧较大，这也是对"生态补偿"难以达成统一认识的根本原因之一。在国内，极具影响力的一种观点认为，生态补偿就是补偿生态系统的"生态系统服务功能价值"或"生态系统服务功能"。如毛显强、钟俞等认为："与资源产权相关的成本可以归结为两种类型：其一，生态服务功能价值；其二，产权主体的机会成本。""支付生态服务功能价值这一方式难以实现，因为生态系统服务功能价值难以准确计算，并常常是天文数字。"[①]中国工程院院士、国际欧亚科学院院士李文华专门著书对"生态系统服务功能价值评估基本理论和方法"进行了详细的阐述，[②]并多次撰文对"生态服务功能"测算进行了论述，认为"尽管国内已开展大量生态系统服务价值评估研究，但是由于不同研究者对生态系统服务功能的理解不同，对于同一种生态服务功能采用不同的评价方法，导致评价结果差异很大"[③]。在这个观点的指导下，我国"生态补偿"实践受到了巨大的影响。2008 年国家公布执行了《LY/T 1721—2008 森林生态系统服务功能评估规范》(Specification for assessment of forest ecosystem services in China)的国家标准，据此得出了"10 万亿森林生态服务功能价值相当于现在我国 GDP 的 1/3"的结论，这显然是有问题的。在"中国知网"里输入"生态服务功能价值"进行检索，2000—2014 年发表论文 2 581 篇，大部分都是对国家级、省市级某个森林、景区、某片草原等级生态系统的价值评估案例，由此可见，目前以"生态系统服务功能价值"为补偿对象在国内是被普遍接受的，其影响范围极其巨大。

其实，以"生态系统服务功能价值"作为"生态补偿"的对象是不科学的，在实践操作中不管是生态系统服务功能界定上，还是服务功能价值测量方面都具有很大的难度。其根本原因在于，"生态系统功能"与"生态系统服务"本来是两个不同的概念，按照美国马里兰大学生态经济学研究所 Robert Costanza 等 13 位生态学专家的观点："生态系统功能是指生态系统生境、生物或系统属性或过程。生态系统产品（如食物）和服务（如废弃物吸收）是指人类直接或间接地从生态系统功能中获得的收益。生态系统服务和功能并不一定呈现出一一对应的关系。有些情况下，一种生态系统服务是两种或多种生态系统功能所产生的；但另一些情况下，一种生态系统功能提供两种或多种生态系统服务。"[④]可见，"生态系统功能"与"生态系统服务"是两个不同层面的概念，它们之间相互联系，但不能合二为一，更不能取而代之，"生态系统功能"是"生态系统服务"的基础，往往无法以计量的方式来核算其价值的存在，如森林的生态防风、固沙、涵养水源、保持水土、防洪防旱等安全保障功能，如果一定要以价值进行计量，应该是无穷大的；而其提供食物、旅游休憩等服务则可以进行价值计量核算。具体生态系统服务与生态系统功能参见表 1-1。

① 毛显强，钟俞，张胜. 生态补偿理论探讨[J]. 中国人口·资源与环境，2002.

② 李文华. 生态系统服务功能价值评估的理论[M]. 中国人民大学出版社，2008.

③ 李文华，张彪，谢高地. 中国生态系统服务研究的回顾与展望[J]. 自然资源学报，2009（1）.

④ Robert Cosrtanza，Ralph D，Arge. 吴水荣译. 全球生态系统服务与自然资本的价值[J]. 2010 （3）.

表 1-1　生态系统服务与生态系统功能

序号	生态系统服务*	生态系统功能	举例
1	大气调节	调节大气的化学成分	CO_2/O_2 平衡、O_3 防紫外线、SO_x 水平
2	气候调节	调节全球温度、降水量，及全球或地方性的由其他生物介导的气候过程	温室气体调节、影响云形成的 DMS 生产
3	干扰调节	生态系统响应环境波动的容量、衰减和整合	防风暴、防洪、干旱恢复及生境对主要由植被结构控制的环境变化的响应的其他方面
4	水调节	调节水文流量	为农业过程（如灌溉）、工业过程（如铣削）或运输提供用水
5	供水	水的贮存和保持	由流域、水库和含水土层供水
6	保持沉积物	保持生态系统中的土壤流失，贮存湖泊和湿地里的沉积支撑物	防止土壤因风、径流或其他移动
7	土壤形成	土壤形成过程	岩石风化与有机物质的积累
8	养分循环	养分的贮存、内循环、加工与获取	固氮、氮、磷及其他元素或养分循环
9	废弃物处理	流动性养分的恢复，过剩或异类养分与化合物的去除或分解	废弃物处理、污染防治、解毒
10	授粉作用	花配子的移动	为植物种群的繁殖提供授粉媒介
11	生物控制	种群的营养-动态调节	捕食者对被捕食物种的控制、顶级捕食者对食草动物的控制
12	生物避难所	为定居和迁徙种群提供栖息地	动物繁殖场、迁徙物种栖息地、当地收获物种的区域性栖息地或越冬场所
13	食物生产	从初级生产中可提取食物的部分	通过打猎、采集、农耕或捕捞而收获鱼、野味、作物、坚果和水果等
14	原材料	从初级生产中可提取原材料的部分	木材、燃料和饲料的生产
15	基因资源	特有生物材料与产品的来源	医药、用于材料科学的产品、抗植物病原体和作物虫害的基因、装饰物种（宠物和植物的园艺品种）
16	游憩	提供游憩活动的机会	生态旅游、游钓及其他户外游憩活动
17	文化	提供非商业性用途的机会	生态系统的美学、艺术、教育、精神及（或）科学价值

注：*我们将生态系统"产品"都包括在生态系统服务中。

因此，认为"生态补偿"就是对"生态系统功能服务价值"的利益分配调整的观点，虽然在我国生态补偿初期理论与实践中起到过重要的指导作用，但随着生态文明建设的不断深入，这一理论的不足之处逐渐显现出来。以其作为理论指导，在实践中往往会以价值核算和利益均衡替代生态功能的恢复与重塑，使原本复杂的生态补偿工程变得简单化；而在价值测算方面，则把原本相对较为简单的生态服务价值测算加入很难甚至无法测算的生态功能部分，从而使其复杂化。近年来，随着国家对生态功能恢复补偿的重视，人们对"生态系统功能"的认识也越来越深入，国内部分学者也把"生态系统功能"和"生态系统服务"视为"生态补偿"的对象。如候元兆、吴水荣等认为："生态系统服务来源于生态系统的功能，不同的生态服务来源于生态系统的不同功能，功能和服务不是一回事，一个是源，一个是流。'源'是存量的概念，'流'是流量的概念。目前国际上的一致认识是：生态服务就是被人类利用了的生态系统的那部分功能。正是因为被利用了，所以才为估提提供了可能。我们只能计算生态系统的'产品'（生态产品）的价值。"①可见，把生态补偿对象界定为"生态系统功能"与"生态系统服务"两个部分，在生态补偿实践操作方面具有可行性。

（三）补偿内容涵盖不全

从前面对国内外学者的研究成果综述，并根据我国现有生态补偿实际情况来看，目前普遍被人们接受的定义主要有广义和狭义两种。广义的生态补偿指对生态系统和自然资源保护所获得效益的奖励，或破坏生态系统和自然资源所造成损失的赔偿，也包括对造成环境污染者的收费。狭义的生态补偿则仅指对生态系统和自然资源保护所获得效益的奖励，或破坏生态系统和自然资源所造成损失的赔偿，通常与国际上使用的生态服务付费（Payment for Ecosystem Services，PES）或生态效益付费（Payment for Ecological Benefit，PEB）的意思大致相同，并不包括对造成环境污染者的收费。

通过文献检索，综合国内学者对"生态补偿"的理解和认识不难发现，目前国内对生态补偿主要内容的理解包括以下几个方面：一是自然生态补偿。即以1991年版《环境科学大辞典》和王金南、万军等提出的三分法为代表：当生物有机体、种群、群落或生态系统受到干扰破坏时，通过休养生息的形式，借助自然生态系统的适应能力或者恢复能力，让自然生态系统自我恢复从而达到生态补偿的目的。二是通过经济手段将经济效益的外部性内部化。主要以毛显强、钟俞等人提出的生态补偿的二分法为代表：通过对损害（或保护）环境资源的行为进行收费（或补偿），提高该行为的成本（或收益），从而激励损害（或保护）行为的主体减少（或增加）因其行为带来的外部不经济性（或外部经济性），达到保护资源的目的。三是对个人或区域保护生态系统和环境的投入或放弃发展机会的损失的经济补偿。主要以王金南的三分法为代表：根据生态系统服务价值、生态保护成本、发展机会成本，运用财政、税费、市场等手段，调节生态保护者、受益者和破坏者经济利益关系的制度安排。四是通过制度激励，增加生态资源供给。主要以沈满洪、杨天等提出的政策或者制度激励为代表：通过一定的政策手段实现生态保护外部性的内部化，让生态保护成果的受益者支付相应的费用；通过制度设计解决好生态产品这一特殊公共产品消费中的"搭便车"现象，激励公共产品的足额提供；通过制度创新解决好生态投资者的合理回报，激励人们从事生态保护投资并使生态资本增值。五是对具有重大生态价值的区域或对象进行保护性投入，如长江天然林保护工程的投入。

① 候元兆，吴水荣. 生态系统价值评估理论方法的最新进展及对我国流行概念的辨正[J]. 世界林业研究，2008，21（5）.

综合各家对"生态补偿"的理解和认识可知,其含义涵盖面已很广泛。在此之前,我国生态环境研究的大部分专家学者的研究对象、范围和关注点均不在西部生态脆弱地区。针对我国现实生态国情而言,现有对"生态补偿"的界定完全能适用于生态资源禀赋丰裕且生态易于恢复的绝大部分地区,但对西部自然生态资源禀赋贫乏、生态极难恢复的生态脆弱地区而言,"生态补偿"的定义尚有值得补充和完善的地方。

1. 自然生态补偿失灵

根据生态自然补偿的观点,自然生态补偿主要靠自然生态通过休养生息的方式,让自然生态通过动植物自我生长,从而达到自然生态自我修复的目的,这在生态易于恢复的地区是完全可行的,如三峡库区的自然生态修复。但对生态脆弱的甘孜藏族自治州"两江一河"(金沙江、雅砻江、大渡河)地区而言,其可行性较差。因受地理环境、气候条件、生物自身因素的影响,此地区动植物生长繁衍能力很差,自然生长速度极其缓慢。自 1950 年开始,国家调集 4 万多林业工人对四川西部甘、阿、凉三州林区进行开发,为国家贡献商品木材 8 000 多万立方米。1998 年发生在长江流域的特大洪灾,让人们尝到了生态破坏的恶果。洪水过后,中共中央、国务院提出全面停止长江流域上中游的天然林采伐。根据《中共中央、国务院关于灾后重建、整治江湖、兴修水利的若干意见》(中发〔1998〕15 号)中关于"全面停止长江黄河流域上中游的天然林采伐,森工企业转向营林管护"的精神,国家林业局编制了《长江上游、黄河上中游地区天然林资源保护工程实施方案》。经过两年试点,2000 年 10 月国家正式启动了天然林资源保护工程。"天保工程"启动至今已经过了 18 年的时间,主要采用林木自然生长形式以恢复森林生态。甘孜州"两江一河"的生态环境虽在一定程度得到了恢复,但并不尽如人意,大部分"干河谷"地带,即使人工种植的树木在 18 年的时间里,生长高度还不到 2 米,高山中部仍然岩石裸露,仅有低矮灌木能生长。可见,在自然生态脆弱地区,自然生态补偿仅仅靠自然环境的休养生息还不够。

2. 生态付费后,税费用途不明确

审视专家学者们有关生态付费内容的界定,会发现一些细微的问题。毛显强、钟俞认为:"生态补偿是通过对损害(或保护)环境资源的行为进行收费(或补偿),提高该行为的成本(或收益),从而激励损害(或保护)行为的主体减少(或增加)因其行为带来的外部不经济性(或外部经济性),达到保护资源的目的。"王金南、万军认为:"促进生态保护的经济手段和制度安排,根据生态系统服务价值、生态保护成本、发展机会成本,运用财政、税费、市场等手段,调节生态保护者、受益者和破坏者经济利益关系的制度安排。"沈满洪、杨天认为:"通过一定的政策手段实现生态保护外部性的内部化,让生态保护成果的受益者支付相应的费用;通过制度设计解决好生态产品这一特殊公共产品消费中的'搭便车'现象,激励公共产品的足额提供;通过制度创新解决好生态投资者的合理回报,激励人们从事生态保护投资并使生态资本增值。"从上述专家对"生态补偿"的界定不难看出,其付费补偿的着眼点在于利益均衡,所有生态价值测算和法律制度建设都围绕利益分配这个中心而进行,通过生态资源使用付费的手段,达到提高生态资源使用成本,从而有效抑制生态资源的使用,进而补偿生态行为的目的。这样的"生态补偿"实质上是利用市场机制,促成生态资源公平交易的行为。其实,"生态补偿"是一个过程,既包括补偿目的、对象、手段、内容,同时还注重结果以及

后续发展。可以说，从生态付费使用视角来看，"生态补偿"既包括生态系统服务价值测算、生态付费标准确定、生态税费收取、监管使用渠道，又包括税费使用、生态补偿效果评估等诸多环节，因此，生态付费使用中税费用途应该成为"生态补偿"的内容。

三、基于西部民族地区水电开发区实情的"生态补偿"内涵界定

"生态补偿"的界定是一个建立在多学科基础上的，多维思考、认识、理解、分析的过程。通过国内外各专家学者对"生态补偿"的界定分析，综合众家之长，结合西部民族地区水电开发区的实际情况，特别是甘孜藏族自治州的具体实情，可以把"生态补偿"界定为："生态补偿"是一个系统的工程，它是指当生态系统遭受干扰或破坏时，国家通过顶层设计系统的制度，制定科学合理的政策，利用国家税收手段，实行生态资源有偿付费使用，并从中支付一定比例专项资金用于生态环境治理与修复，通过让自然生态系统休养生息或人工干预的方式保护和恢复生态系统，以达到保护生态资源、恢复生态系统功能的目的；充分利用市场交易机制，在对生态系统服务价值进行科学测算的基础上，建立完善公平合理的生态资源交易平台，形成生态资源的有偿使用和利益均衡机制，让生态系统（产品）服务价值有序流动，以调整生态受损者、受益者、破坏者之间的利益关系，使生态受损者得到合理补偿，生态投资者得到合理回报，从而激励人们对生态资本的投入，促成生态资本的价值增值，使个人之间、区域之间、代与代之间能够公平合理地享受生态福利；充分发挥地方政府的监管职能，确保"生态补偿"能够达到预期效果的过程。

以上对"生态补偿"的内涵界定，包含以下几方面的内容：

1. "生态补偿"是一个系统的工程，它是一个过程而非一个点

"生态补偿"既包括国家层面的机制设计、政策制定、税收制度的完善利用，同时还包括生态资源保护、生态环境治理、生态功能修复、各生态参与主体之间的利益分配等诸多环节；既要考虑现有生态资源的使用、生态资本的投入，还要考虑生态补偿的产出效果。

2. "生态补偿"以生态资源保护、生态系统功能恢复和生态系统（产品）服务价值的利益调整为目的

"生态补偿"的对象是生态系统功能和生态系统服务而非生态系统功能服务，这符合国际主流观点和我国生态脆弱区基本情况。生态系统功能异常强大，关系到人类的生存安全，在很大程度上无法进行计量核算。生态资源保护和生态系统功能恢复应该是"生态补偿"的重要内容，也是"生态补偿"的最终目的，这是由生态系统的自然属性决定的，关系到人类生态环境的可持续发展。从某种意义上讲，生态系统功能就是生态系统的造血功能，它是生态系统（产品）服务的存在基础，与生态系统（产品）服务之间是"皮"与"毛"的关系，我们不能以生态系统（产品）服务价值交换替代生态资源保护和生态系统功能恢复，任何以生态系统服务价值交换替代生态资源保护和生态系统功能恢复的行为都是短视的行为，势必会造成"生态补偿"的混乱。因此，生态资源保护和生态系统功能恢复应视为"生态补偿"的终极目标。而生态系统（产品）服务价值交换是"生态补偿"中生态参与者利益调整的内容，主要通过国家税收体制和市场机制调节生态受损者、生态受益者、生态破坏者、生态代际主体之间的利益，以维护社会公平，促进经济发展。在进行生态资源市场交易时，仍不能忘记

对生态功能的保护与恢复，在现实的"生态补偿"实践中，一些地方政府在生态资源交易和税费收入中并未留出专项资金用于生态系统功能的保护与恢复，而是在政绩导向下，把税收部分全额计入地方 GDP 中。这样的做法不是"养鸡生蛋"，而是"杀鸡取卵"，因此，笔者在对"生态补偿"进行界定时，专门提出要"从中支付一定比例专项资金用于生态环境治理与修复"，目的在于避免割裂生态系统（产品）服务价值与生态系统功能的关系。

3. 生态资源保护和生态系统功能恢复的手段既包括自然生态自身的休养生息，也包括自然生态修复中的人工干预

对于生态资源富集的生态功能易恢复地区，对自然生态环境进行封闭管理，让生物有机体、种群、群落或生态系统有机会休养生息，通过有机体、种群、群落的自我生长和繁衍，自然生态系统得到重新恢复，达到恢复生态系统功能的目的。但对于自然生态极为脆弱的西部民族地区水电开发区，特别是像甘孜藏族自治州水电开发区这样生态功能极为重要、生态系统极其脆弱的地区，仅仅靠自然生态的自我恢复，很难达到恢复其生态系统功能的目的。如果盲目放任，让生物有机体、种群、群落自生自灭，很容易导致生物物种和生物群落灭绝。因此，想要恢复这些地区的生态系统功能，首先得恢复其生态资源，这就必须像对"大熊猫""中华鲟"等珍稀物种一样，在其繁衍和生长过程中全程进行人工干预。

4. 国家机制、制度和政策是"生态补偿"中生态资源保护、生态系统功能恢复和生态（产品）服务价值利益调整的重要保障

生态资源是一种公共产品，具有公共产品所特有的非排他性和非竞争性。在生态资源的使用过程中，生态资源的使用者往往以追求利益最大化为目的，最大限度地缩减资源使用成本，以获取超额利润，他们不但不会自觉、自愿地对生态资源进行保护、对生态系统功能进行恢复，反而会利用自己的资源占有优势，获得更多的资源。这种生态资源使用中的"搭便车"现象，必然会导致生态资源的过度使用，使生态资源出现"公地悲剧"。因此，"生态补偿"必然要以国家机制、制度、政策作为重要保障，才能保证生态资源利用的有序性，生态资源保护、生态系统功能恢复和生态（产品）服务价值利益调整的有效性，"生态补偿"也只有在国家机制、制度、政策框架保护下才能实现其最终目的。

5. "生态补偿"能否取得预期效果取决于政府是否正确行使监管职能

在"生态补偿"这一问题上，政府的角色较为复杂，既是公共权力的行使者，也是公共资源的托管者，还是公共资源使用的监管者。生态资源是一种公共资源，对生态资源的使用、管理及"生态补偿"都属于政府管理公共事务的范畴，在这个问题上，政府拥有公共权力；公共资源的所有权属于一定范围的人类群体。在我国，生态资源作为一种公共资源，属于国家和集体，在权属关系上分为"国有"和"集体所有"两种形式，此时的政府正是"国有"生态资源所有权的托管者，通常会以生态资源所有者的角色出现；在生态资源使用和"生态补偿"过程中，政府又是重要的监管者，行使行政监督和管理的职能，特别是地方政府，在实际操作中往往充当着唯一监管者的角色。

当权力与利益共存时，利益往往成为导向，权力常常会为利益让步。政府公共权力的行使，原本是为了维护良性竞争秩序，打造良性竞争平台，但在生态资源使用和"生态补偿"的实际操作中，政府却经常会扮演生态资源所有者、生态资源使用监管者的双重角色。此时，当权力下放到地方政府时，某些地方政府的角色会变得混乱：当地方政府在扮演生态资源所有者角色时，又在生态资源使用过程中享有资源所带来的利益，如地方税收、股权参与等；同时，地方政府通常又会以生态资源使用和"生态补偿"唯一监管者的身份出现，这就产生了在这一问题上自我监管的现象。当权力和利益发生冲突时，权力常常会为利益让步甚至为利益服务，当地方政府既要在生态资源使用和"生态补偿"中获取利益，又要行使行政监管权进行利益均衡的时候，通常也会追求利益最大化，如提高地方 GDP 进而获得良好的政绩，此时行政监管就会变成一种形式而非实质监管。因此，根据"生态补偿"的实际需要，必须把政府监管纳入其内涵中，对"生态补偿"的过程和效果进行严格的监管，从而保证"生态补偿"达到其根本目的。

综上所述，基于理论研究的需要，"生态补偿"可以从某一学科视角进行界定，这样有利于理论研究的进一步深入，但从"生态补偿"的具体实践和地方生态资源的实情出发，则需要跨多个学科领域。它涉及生态学、环境学、经济学、管理学、公共政策学等多个学科，同时还需要多角度地思考。在我国，既要考虑国家机制、政策的保障，生态资源的保护，生态系统功能的恢复，还要考虑生态系统（产品）服务利益分配以及"生态补偿"效果的评估与监管，这样才能满足区域生态补偿，特别是满足生态脆弱地区生态补偿的实际需要。

第二节　西部民族地区水电开发区"生态补偿"的理论基础

西部民族地区水电开发区"生态补偿"的理论基础仍然离不开国内外"生态补偿"的基础理论，但根据西部民族地区水电开发区的生态特点，我们在实践性研究中会有所选择。理论基础选择更要注重实践性和实用性。

一、可持续发展理论

随着近代工业革命步伐加快，人类步入现代工业文明时代。第二次世界大战后，西方发达国家进入经济高速发展时期，发展中国家也紧追其后，如日本、"亚洲四小龙"等经济快速增长。此时经济增长的核心是工业高速发展，石油能源、矿产等需求量快速增长，全球经济呈现出欣欣向荣之势。但在这种繁荣的背后，是廉价资源滥用和环境的牺牲。此时，许多经济学家预言"只要做法得当，蛋糕就可以越做越大"。人们普遍相信技术、人类智能潜力的无限性，生态、环境、资源、人口等问题不足为虑，各国政府也在集中精力进行经济、军备的竞赛，对环境资源进行掠夺性开发利用，直接导致生态破坏、环境恶化、资源枯竭、气候变化、人口剧增等问题日益突出。20 世纪 80 年代，地球表面森林覆盖由最初的 0.67 亿平方千米锐减为 0.264 亿平方千米，地球上每天有 50～100 种生物灭绝，人类面临着前所未有的生存危机。大量专家学者逐渐对过去的发展模式产生怀疑，纷纷探索新的人类发展之路，"可持续发展理论"被提出并逐渐得到认可。1978 年，在国际环境和发展委员会（WCED）文件中首次正式使用了可持续发展这一概念；1980 年 3 月联合国环境规划署（UNEP）、世界自然保护基金会（WWF）、国际自然保护联盟（IUCN）共同发布了《世界自然保护大纲》将"可持续发展"定义为"改进人类的生活质量，同时不要超过支持发展的生态系统的能力"[1]。从此以后，"可持续发展"问题在全球范围得到广泛的关注。1992 年，在里约热内卢联合国"环境与发展"大会上，180 余个国家首脑聚集在一起，深入讨论了全球可持续发展的问题和对策，并签署了《21 世纪议程》。至此，"可持续发展"被世界广泛认同。1995 年 9 月，江泽民同志在党的十四届五中全会上提出"在现代化进程中，必须把实施可持续发展作为一项重大战略"。在 2001 年 7 月 1 日建党 80 周年纪念大会上，江泽民同志全面阐述了我国的可持续发展战略："坚持实施可持续发展战略，正确处理经济发展同人口、资源、环境的关系，改善生态环境和美化生活环境，改善公共设施和社会福利设施，努力开创生产发展、生活富裕的生态良好的文明发展道路。"从此，"可持续发展"被确定为我国基本战略、国策。

可持续发展的具体含义大致可以概括为以下几个方面的内容：

（1）人类的利益高于一切，可持续发展的首要任务是保证人类生存。地球就像一个村庄（地球村），任何人的行为都将对整个人类产生影响，因此，任何人都应以人类生存为准则，节制自己的不当欲望，控制自己的不轨行为。正如 H. Daly 所指出的一样，"持续发展的基本目标是在尽可能长的人类生存时间内，保证最多人数的生活，达到目标的途径是零人口增长和对不可再生资源使用速度、人均消费的控制"。[2]

（2）可持续发展放弃单纯重视经济增长而忽视环境资源保护的传统发展模式，强调"经济—社会—环境"之间的协调一致、动态平衡。正如 M. Redelift 所强调的一样，"当由于经济行为导致的环境污染使生物种类减少、环境质量下降时，生产和经济系统在遭受环境和其他条件恶化影响下的恢复性就低，这样，从长期来看，系统就难以保持持续发展"[3]。

（3）可持续发展主张每个国家都有责任保护地球资源利用的可持续性，国家与国家之间、地区与地区之间、当代人与后代人之间都有同等享有经济、生态福利的权利，特别强调要维持当代与未来人类发展的经济生态福利，要求既要满足当代人发展的需要，又不能对后代人满足其需要的能力构成危害，使后代人的经济、生态福利不低于现代。经济学家皮尔斯指出："可持续发展是追求代际公平（Intergenerational Equity）的问题，当发展能够保证当代人的福利增加时，也不会使后代人的福利减少。"[4]

（4）可持续发展是一个综合性的概念，它是一个涉及自然科学、社会学、政治学、经济学等诸多领域的系统工程，它的实现需要全球各国、社会各界的共同参与，并不仅仅是为经济服务，而是要追求人类生存与发展这一更高境界。

西部民族地区水电开发区生态系统功能极为重要，除具有普通生态资源应具备的一般功能外，还肩负着保障长江、黄河等江河中下游生态安全的重任。此地区的生态安全屏障的建设，将直接关系到我国的生态安全。因此，"可持续发展"理论是西部民族地区水电开发区"生态补偿"的理论基础，我们在进行西部民族地区水电开发时，必须要考虑各地区之间的生态福利，更要为我们的子孙后代保持好他们应该享受的生态、经济福利，而"可持续发展"的

① [美]罗伯特·索洛. 迈向持续发展的现实一步[J]. 管理世界，1995.
② H Dalyetd. Valuing the earth：economics，ecoloy，ethics[M]. The MIT Press，Massuschusctts，1993.
③ M Redelift. The Multiple Dimensions of Sustainable Development[J]. Geography，1991.
④ Pearce D W，Atkinson G. AreNational EconomicsSustainable?[J]. University College London，1992.

理论要求正是我们搞好西部民族地区水电开发区"生态补偿"的底线。

二、社会公平理论

公平理论（Equity Theory）又称社会比较理论，是由美国心理学家亚当斯（J.S.Adams）1965 年在综合有关分配的公平概念、认知失调的基础上，提出的有关员工激励与自己和参照对象（Referents）的主观比较感觉的激励理论。公平理论认为：有关投入与所获得回报之间应达到平衡，即 $Q_p/I_p=Q_o/I_o$。其中，Q_p 是指某一个人对他所获回报的感觉；I_p 是指某一个人对他所做投入的感觉；Q_o 是指这个人对参照对象所得回报的感觉；I_o 是指这个人对参照对象所做出投入的感觉。从这个关系式可知，公平的形式是比较，而实质是利益比较即投入与回报的比较，这种比较有纵向比较和横向比较两种。纵向比较是某人自己的投入与所得回报的比较，横向比较是自己的投入与所得回报与参照对象即其他人的投入与回报的比较，当这种比较产生不平衡，即 Q_p/I_p 大于或小于 Q_o/I_o 时，也就产生了不公平的感觉。只是在这种比较中，当自己的投入小于所得的回报，或自己的投入与所得回报大于参照对象的投入与回报时，不公平的感觉会在自我心理调节的作用下被弱化，本应产生的不公平感受会被自己寻找的各种理由稀释，从而得到公平的感受。

公平理论与生态资源使用看似属于不同学科领域的内容，其实在水电资源开发的生态使用中，公平理论所揭示出的这种心理比较状态仍然存在，只是比较的主体不再是某个员工自己投入与所得的比较，而变成生态资源利益主体在获益上的自我比较和相互比较。公平理论实质上是一种利益比较与均衡理论，从这个意义上说，公平理论同样适用于一切生态有偿使用领域。水电开发中的生态资源使用公平包括社会公平、区域公平和代际公平。

民族地区水电开发中的生态资源是一种公共物品，同时具有外部性的特点。首先，水电开发中使用的生态资源是一种公共物品。《物权法》[①]第四十六条和四十八条规定："矿藏、水流、海域属于国家所有""森林、山岭、草原、荒地、滩涂等自然资源，属于国家所有，但法律规定属于集体所有的除外"。可见，水电开发中所使用的水流资源属国家所有，而森林、山岭、荒地、滩涂等生态资源哪些是国家所有，哪些是集体所有并无特别明确的规定，资源权属关系较为模糊。而在实际操作中，国家是一个不特定的主体，这就决定了水电开发中生态资源的公共物品性，因此其具有使用山的非排他性和消费上的非竞争性两大特点。其次，水电开发中使用的生态资源具有外部性的特点，这种外部性主要表现为：① 水电开发中的获益主体，即在水电开发过程中，森林、山岭、荒地、滩涂被大量破坏和占用，水生动物生存环境发生根本性的改变，大量野生植物被淹没，由此产生了巨大的资源使用外部成本；② 西部民族地区水电开发区地处长江、黄河上游，是我国优质水资源的重要供应地，也是江河上游生态屏障建设的主体功能区，其生态资源对我国水资源供给、构建江河上游生态屏障、保障国家生态安全产生极其可观的外部收益。

西部民族地区水电开发中的生态资源的公共物品和外部性，使在生态资源使用上无法有效地排他，生态维护成本和生态效益在水电开发过程中没有得到很好的利用，水电开发企业在使用水电开发区生态资源时成本过低，对水电开发区生态资源的生态功能关注不够，甚至

---

① 为简便，全书中的法律法规均省略"中华人民共和国"字样。

在生态功能使用过程中出现"搭便车"行为，使西部民族地区水电开发区生态资源过度使用而造成森林面积缩小、土地沙化严重、野生动植物、水生生物物种减少等"公地悲剧"出现，很难使生态环境保护达到帕累托最优。而水电开发受益主体在利益驱使和自我心理调适作用下，易弱化这种不公平现象，从而打破了使用生态资源时本应遵守的公平准则。

三、生态环境价值理论

长期以来，人们注重经济的发展，总认为经济发展高于一切，从而忽视资源、环境、生态对人类生存与发展的作用，习惯于对环境资源的掠夺式开发，这种资源无限、环境无价的观念长期植根于人们的思维中，渗透于社会、经济活动的体制和政策的方方面面。随着生态环境破坏的加剧，人们面临着前所未有的生存危机，有关生态系统功能与生态系统服务价值的研究随之兴起，人们更为深入地认识到生态系统功能和生态系统价值的重要，并成为反映生态系统市场价值、建立生态补偿机制的重要基础。Costanza 等人和联合国千年生态系统评估（MA）的研究在这方面起到了划时代的作用（Costanza 的理论在前面"生态补偿"界定中已有详细分析，这里就不再重复）。基于此，在进行生态资源使用、生态系统管理决策时，人们既要考虑生态资源保护、生态系统功能恢复，也要考虑生态系统价值利益均衡；既要考虑人类永续发展的生态福祉，也要考虑生态系统的内在价值。"生态补偿"是促进生态环境保护的重要手段，对于生态环境特征、生态系统功能、生态系统服务价值等的科学界定，则是实施生态补偿的基础理论依据。

四、外部性理论

外部性亦称外部成本、外部效应（Externality）或溢出效应（Spillover Effect），最初的外部性旨在研究生产、消费的外部影响行为，保罗·萨缪尔森、威廉·诺德豪斯从外部性的产生主体角度定义："外部性是指那些生产或消费对其他团体强征了不可补偿的成本或给予了无须补偿的收益的情形。"[①]阿兰·兰德尔从接受主体的角度将外部性定义为："当一个行动的某些效益或成本不在决策者的考虑范围内的时候所产生的一些低效率现象，也就是某些效益被给予，或某些成本被强加给没有参加这一决策的人。"[②]外部性可分为正外部性和负外部性，即外部经济（正外部经济效应）和外部不经济（负外部经济效应）。外部经济是由英国经济学家阿尔弗雷德·马歇尔提出的，他指出："我们可把因任何一种货物的生产规模之扩大而发生的经济分为两类：一是有赖于这工业的一般发达的经济；二是有赖于从事这工业的个别企业的资源、组织和效率的经济。我们可称前者为外部经济，后者为内部经济。"他还指出："本篇的一般论断表明以下两点：第一，任何货物的总生产量之增加，一般会增大这样一个代表性企业的规模，因而就会增加它所有的内部经济；第二，总生产量的增加，常会增加它所获得的外部经济，因而使它能花费在比例上较以前少的劳动和代价来制造货物。"[③]庇古在老师马歇尔"外部经济"与"内部经济"理论的基础上，提出了外部性理论，他认为，"边际私人

① [美]保罗·萨缪尔森，威廉·诺德豪斯．萧琛译．经济学[M]．19 版．人民邮电出版社，2013．
② [美]阿兰·兰德尔．施以正译．资源经济学[M]．商务印书馆，1989．
③ [英]阿尔弗雷德·马歇尔．章洞易译．经济学原理[M]．北京联合出版公司，2015．

净产值与边际社会净产值之间存在下列关系：如果在边际私人净产值之外，其他人还得到利益，那么，边际社会净产值就大于边际私人净产值；反之，如果其他人受到损失，那么，边际社会净产值就小于边际私人净产值"①。为解决外部性问题，庇古提出了"庇古税"理论，而在以"庇古税"处理外部性问题的思路为背景下，科斯 20 世纪 60 年代提出了著名的"科斯定理"。

（一）"庇古税"理论

"庇古税"理论的提出，使外部性理论不再局限于解决企业与企业之间、企业与居民之间的矛盾冲突问题，而是扩大到了区际、国际、代际的大问题解决上，如生态破坏、环境污染、资源枯竭、气候变化等。而今，"庇古税"被认为是一种控制生态破坏、环境污染等外部性问题的重要且有效的经济手段。

西部民族地区水电开发，会占用大量生态资源，使本地区生态资源承载量大幅减少，生态系统构成和状态发生巨大变化，水电开发区生态系统功能丧失，环境质量恶化，影响和破坏了本地区的生态环境和江河中下游人们正常的生产、生活条件，由此而产生了外部性问题。"所谓外部性就是某经济主体的效用函数的自变量中包含了他人的行为，而该经济主体又没有向他人提供报酬或索取补偿。用函数形式表示就是：$F[k, j]=F[k, j]\,(X[k, 1j], X[k, 2j], \cdots, X[k, nj], X[k, mk])\,(j \neq k)$。这里，$X[k, i]\,(i=1, 2, \cdots, n, m)$ 是指经济活动，j 和 k 是指不同的个人（或厂商）。这表明，只要某个经济主体 j 的福利受到他自己所控制的经济活动 $X[k, i]$ 的影响，同时也受到另外一个人 k 所控制的某一经济活动 $X[k, m]$ 的影响，就存在外部性。"②水电开发企业的生产如果无偿占用大量生态资源，将会使企业成本远小于社会成本、企业收益远大于社会收益，因而表现出负外部性。由于生态资源无偿占用造成负外部性的存在，导致生态资源配置上的低效率与不公平的本质，这就需要我们去设计一种制度规则来调整和校正这种外部性，使水电开发区生态系统服务价值利益达到均衡，促使外部效应内部化。根据庇古理论，可以通过税收的方法迫使水电开发企业生态资源占用外部效应的内部化，即向水电开发企业施加一种税收，使其运营成本等于外部社会成本。当然，该税收最少应等于企业生产每一连续单位的产出所造成的损害，即税收应恰好等于边际损害成本，通过税收增加企业的生态资源使用成本，迫使企业减少生态资源的使用量，以达到"生态补偿"的目的。只是，"庇古税"理论在西部民族地区水电开发"生态补偿"中仍有其局限性，其难点在于：一是生态资源占用的外部社会成本核算较难；二是本地区生态系统功能难于进行价值计量。

（二）科斯定理

在"庇古税"理论解决外部性问题的基础上，罗纳德·科斯提出通过谈判来解决外部性问题，以达到社会效益最大化的观点，这就是科斯定理。目前，大家广泛接受的科斯定理包括三方面的内容，也就是三种不同交易情况的假设：① 在交易费用为零的情况下，不管权利如何进行初始配置，当事人之间的谈判都会导致资源配置的帕累托最优；② 在交易费用不为零的情况下，不同的权利配置界定会带来不同的资源配置；③ 因为交易费用的存在，不同的

① [英]庇古著，朱泱、张胜纪·吴良健译．福利经济学[M]．商务印书馆，2006．
② 沈满洪．庇古税的效应分析[J]．浙江社会科学，1999（4）．

权利界定和分配，会带来不同效益的资源配置，所以产权制度的设置是优化资源配置的基础（达到帕累托最优）。科斯定理的关键在于通过市场机制解决外部性问题，而这个市场是一个自由市场，谈判是解决问题的基本手段。正如他所举的例子："如果制造商支付给医生一笔钱，且其数目大于医生将诊所迁至成本较高或较不方便的地段所带来的损失，或超过医生减少在此地看病所带来的损失，或多于作为一个可能的建议而建造一堵墙以隔开噪声与震动所花的成本，医生也许更愿意放弃自己的权利，允许制造商的机器继续运转。"①当然，市场交易的前提是产权明确，在其内容中体现出交易费用与产权安排之间的关系，提出了交易费用对产权制度的影响。

科斯定理在西部民族地区水电开发区"生态补偿"中的作用不容小觑。在水电开发中，产权明晰的部分资源是可以遵从科斯定理的，如农民房屋、基础设施等拆迁问题，完全可以弱化政府的行政行为，通过企业与农户自由谈判，从而达到资源配置最优，而政府在这一交易过程中主要发挥其监督管理的作用，效果也许会更好。当然，科斯定理也有其明显的局限性，如交易一方可能会出现漫天要价的情况，导致谈判的破裂，以致因小部分人而影响整个大局。因此，政府在交易过程中可以对市场进行指导，充分发挥政府的市场管控作用，保证交易公平、合理、有序地进行。

五、公共产品理论

早在 1651 年，英国机械唯物主义哲学家托马斯·霍布斯就指出："国家作为群体授信的一个人格，应以有利于大家的和平与共同防卫的方式，担负起由个人享用但却无法实现个人提供的公共产品的供给。"②自此，公共产品的思想就此产生。后来，保罗·萨缪尔森将公共产品定义为："公共产品是指能将效用扩展于他人的成本为零，并且无法排除他人参与共享的一种商品。"③这一定义被人们广泛接受，成为"公共产品"的经典定义。

公共产品是与私人产品相对应而言的，私人产品只有占有才能消费，而公共产品的消费则不用占有。根据萨缪尔森的定义，公共产品具有三大基本特征：① 不可分割性。与私人产品相比，公共产品不能分割成细小单元进行消费，我们只能进行整体受益，往往采用"谁付费，谁受益"的方式，如生态安全。② 非排他性。任何人对公共产品的消费并不排除其他人的消费，在现实世界中，对公共产品的排他存在着巨大的技术难度，或很高的排他成本。人们通常因公共产品受益的非排他性，在公共产品使用上存在"搭便车"④心理，只在使用中受益，而不进行维护与投入，如放牧者和草场的关系。放牧者看到大家都在放牧，如果自己不去占用或占用过少，就会觉得吃亏，至于草场的载畜量上限、恢复时间等都不是放牧者所要

---

① [英]R H 科斯.《社会成本问题》(中文版)。
② [英]霍布斯. 利维坦[M]. 商务印书馆，1985.
③ [美]保罗·萨缪尔森，威廉·诺德豪斯. 萧琛译. 经济学[M]. 19 版，人民邮电出版社，2013.
④ "搭便车"行为：一种不付成本而坐享他人之利的投机行为，是指在一个共同利益体中，某人自觉或不自觉地，假装或不道德地像南郭先生一样"滥竽充数"的行为与动机。其根本原因在于团体利益同分，责任与成本却由团体的每个成员承担，这样便会出现"搭便车"的投机心理与行为。

考虑的问题，这种心理进而导致对公共产品的滥用，造成"公地悲剧"①。③ 非竞争性。目前，我们很难通过市场机制，找到一种控制公共产品消费的有效资源配置的价格体系，在公共产品消费受的问题上，存在严重的"市场失灵"。

通常，公共产品的非竞争性可以从两方面进行理解：① 边际生产成本为零。在现有的公共产品供给水平的基础上，即使消费者数量不断增加也不需要对公共产品进行再投入，进而提升产品的供给成本。此时公共产品的再生产成本为零，或供给成本的增加值为零。② 边际拥挤成本为零。当公共产品的消费人数没有超过一定的限度时，任何人对公共产品的消费都不会影响其他人同时享用该公共产品的数量和质量。如电梯的载人量为 13 人，1 个人乘坐和 12 个人乘坐都不会让人感到不舒适，在 1 ~ 12 人这个限度内，边际拥挤成本为零，但当超过这个限度时，个人却无法调节其消费数量和质量，只能选择乘坐和不乘坐。因此，边际拥挤成本是否为零是区分纯公共产品、准公共产品或混合产品的重要标准。

由于存在公共产品"市场失灵"的情况，因而在现实世界里难以通过市场机制进行资源配置，使公共产品领域达到"帕累托最优"。如果由公共产品的私人部分完全通过市场提供，"搭便车"行为毫无疑问就会出现，从而导致"公地悲剧"，难以实现全体社会成员的公共利益最大化，这个问题很难靠市场机制加以解决。此时，政府出面提供公共产品或劳务就变得尤为必要。更何况，由于外部效应的存在，私人一般很难有效提供公共产品，从而造成公共产品供给不足，这也一样需要政府出面提供相关的公共产品或劳务，从而弥补市场缺陷。

无可厚非，西部民族地区水电开发区生态资源是一种公共产品，水电开发区"生态补偿"当然也适用"公共产品理论"。在西部民族地区水电开发区生态资源消费中，水电开发企业是极为重要的消费者，他们凭借自己掌握的资源优势（资金资源、社会关系资源、政策资源等等），大量获取有限的生态资源。这种行为如无节制，必将导致西部民族地区水电开发区河谷生态系统遭受巨大破坏，生态功能逐步丧失，进而出现一系列连锁反应。因此，根据"公共产品"理论，政府应该及时发挥其公共事务管理职能：一方面，要深入调研，科学论证，精准确定水电开发区河谷地带"生态阈值"，并以其为导向，科学规划，有序开发，严格控制地区生态资源边际拥挤成本；另一方面，政府还要科学地进行"生态补偿"，积极恢复地区生态系统功能，根据局限地区生态系统实际情况，进行有效的人工干预，重启开发区河谷生态系统造血功能，以增加生态系统（产品）服务供给量，进而提升本地居民幸福感。综上所述，"公共产品理论"是西部民族地区"生态补偿"的重要理论基础。

---

① 公地悲剧，指有限的资源注定因自由使用和不受限的要求而被过度剥削。由于每一个个体都企求扩大自身可使用的资源，最终就会因资源有限而引发冲突，损害所有人的利益。

第二章　国内外生态补偿的发展趋势及生态补偿的重要意义

第一节　生态补偿机制的发展趋势

一、西方生态补偿机制的发展

西方国家对生态补偿制度的探索较早，涉及的领域主要包括森林生态补偿、矿区生态补偿、农业生态补偿、流域生态补偿。目前，部分发达国家已初步建立了生态系统服务付费的政策与制度框架，形成了一对一交易、公共转移支付、限额交易市场、慈善补偿和产品生态认证等较为完整的生态补偿框架体系，一些发展中国家如巴西、哥斯达黎加、秘鲁等也比较成功地实施了生态补偿政策。

（一）森林生态补偿

在森林生态的保护和持续发展中，生态补偿制度的探索很广泛。早在 20 世纪 20 年代，爱尔兰就采取分期付款的方式对私有林进行补助。日本、巴西、瑞典、原德意志联邦共和国的《森林法》都规定，国家对于被划为自然保护区、防护林、禁林、游嬉林地，都应根据其经济损失向森林的所有者予以适当补偿，同时要求受益团体和个人承担一部分补偿费用。法国、哥伦比亚等国家也有类似的规定，法国政府还对国有和集体林经营所产生的利润免除税费，并对私有林的经营者提供各种财政优惠政策。在森林生态补偿的制度探索中，森林趋势（Forest Trends）组织进行了大量的研究。该组织多次召开关于森林生态服务的国际研讨会，对森林服务的类型、功能，森林生态服务市场开发与建立所需的法律与制度环境等进行了广泛而深入的探讨，提出碳蓄积与储存交易如欧洲排放交易计划、京都议定书清洁发展机制等是森林生态系统补偿的重要发展。

（二）矿区生态补偿

19 世纪 70 年代，美国、英国、德国、法国等就建立了矿区补偿保证金制度。如 1977 年，美国国会通过《露天矿矿区土地管理及复垦条例》，规定矿区开采实行复垦抵押金制度，没有完成复垦计划的，其抵押金将被用于资助第三方进行复垦；1971 年，英国出台《城乡规划条例》，对矿产资源规划的环境影响评价、开采活动的补偿等方面做了详细的规定；1975 年，法国对在地面或沙岸采砂采石的公司进行征税，规范企业的开采行为，从而最大限度地减少对环境的影响，尽快恢复因采矿而受损的生态环境；1976 年，德国联邦政府以法律的形式对自然保护和固体废弃物的处置做出了规定。不仅如此，美国还对开采企业征收开采税费、消费税，并将其划入黑肺疾病信用基金中，资助受害煤炭工人。

（三）农业生态补偿

瑞士实施"生态补偿区域计划"，通过立法手段，以补偿退耕休耕等措施来保护农业生态环境，把农业发展与农业生态环境保护有效地结合起来，欧盟也有类似的政策和做法。英国北约克摩尔斯农业方案通过国家与农户之间的协议，明确国家在生态补偿中的主体责任，并划定区域内补偿标准和区域之间分界线上土地的补偿标准。美国农业法案大部分内容都是就生态环保问题对农业的资金补偿规定。比如 1985 年修订的《农业法》中制定的"农地保护计划"提出，在美国农业部的监督下，实行为期 10 年的休耕或永久性退耕还草、退耕还林；保护期过后如要复耕，必须严格遵守 1985 年及 1990 年修改后的农业法中有关耕地保护的条款。

（四）流域生态补偿

Dunn 在研究报告《高生态价值河流的识别与保护》一文中强调了河流生态系统的生态价值和保护生物多样性的必要性，并对其生态价值的评估方法和保护机制进行了探讨[①]。根据本土的具体实际，许多国家和地区都对流域生态补偿机制的构建进行了很多有益和有效的探索。例如：澳大利亚威默拉河流域市场化的生态补偿机制，由政府管理部门主导、利用市场化的政策工具代替了传统的监管和鼓励政策；南非将流域生态保护与恢复和反贫困有机地结合起来，通过政府出资雇佣贫困群体来进行流域生态保护，以改善水质，保护流域生态；美国采取水土保持补偿机制，即由流域下游水土保持受益区的政府和居民向上游地区做出环境贡献的政府和居民进行货币补偿；以色列为保护水资源要求产生污水的机构必须向污水处理机构按照排污量进行补偿，然后将处理后的中水反馈给补偿者再利用；哥斯达黎加建立"生态服务付费"机制，通过公司付费、政府补贴，以促使上游私有土地拥有者在其土地上植树造林、从事可持续的林业生产，以达到保护林地、保护水土的目的。

党中央、国务院高度重视生态补偿工作。2011 年中央一号文件明确提出建立水生态补偿机制；党的十八大强调建立反映市场供求和资源稀缺程度、体现生态价值、代际补偿的资源有偿使用制度和生态补偿制度；党的十八届三中全会明确提出实行资源有偿使用制度和生态补偿制度；国家新型城镇化规划（2014—2020）要求切实加大生态补偿投入力度，扩大生态补偿范围，提高生态补偿标准。贯彻好、落实好中央决策部署，进一步完善生态补偿体系，必须加快健全与水有关的生态补偿机制。

二、我国流域生态补偿的研究和实践

20 世纪 80 年代，我国开始征收以防止破坏生态为目的的生态补偿费；90 年代开始对森林生态效益进行补偿的实践；1998 年特大洪灾后，我国启动天然林保护、"三北"、长江中下

---

① Dunnh．Identifying and protecting rivers of high ecological value[M]．Canberra：Land and Water
　Resources Research and Development Corporation，2000．

游地区重点防护林体系建设、退耕还林工程以及《森林法》中明确规定建立森林生态效益的补偿基金。国内学者对此也进行了大量的研究和探索，如：王黎明等[1]对三峡库区退耕坡地环境移民的安置补偿途径进行的探讨；罗吉等[2]对我国跨区调水环境补偿制度构建的研究；母学征等[3]对建立区级生态补偿机制和建立自然保护区生态补偿机制的研究；萨础日娜[4]对民族地区生态补偿机制总体框架的研究。目前，国内生态补偿研究主要呈现出生态补偿机制理论研究逐步深入、研究方法逐步多学科交叉融合、定性研究向定量研究转化、生态补偿法制建设研究的深入的发展趋势。生态补偿机制的重点领域有四个方面：自然保护区的生态补偿、重要生态功能区的生态补偿、矿产资源开发的生态补偿、流域水环境保护的生态补偿。

针对流域水环境保护的生态补偿的研究主要集中于：各地政府应当确保出界水质达到考核目标，根据出入境水质状况确定横向补偿标准；建立流域生态补偿机制的政府管理平台，推动建立流域生态保护共建共享机制；推动建立促进跨行政区的流域水环境保护的专项资金等。对于在流域的部分区域建设大型或中小水电站而引起的当地、下游、上游地区生态的变化和破坏该如何补偿的研究较少，而针对民族地区重大水利、水电工程中流域生态补偿的研究就更少了。截至 2018 年年底，笔者在知网上搜索到的研究民族地区水电开发中生态补偿的文献共 39 条，主要有：《四川藏区水电开发利用的生态补偿机制研究》（曾绍伦，任玉珑，2006）、《政府主导下的水电开发生态补偿机制研究》（陈晓龙，2007）、《川西民族地区水电开发中少数民族利益保障制度研究》（陈翔，2009）、《水电开发项目生态补偿机制研究》（葛捍东，2010）、《水电开发的生态补偿理论与应用》（陈雪，2010）、《长阳县水电资源开发的利益协调研究》（陈莉娟，2011）、《金沙江中上游水资源开发的利益共享机制研究》（孟蓓蓓，2010）、《云南水电资源开发中民族利益的调适研究》（马剑峰，2013）、《公平视角下四川民族地区水电开发生态资源有偿使用研究》（陈鹰，丁彦华，2014）、《水电工程生态补偿机制研究》（金弈等，2015）、《水电项目开发利益共享模型研究》（樊启祥，2010）、《流域小水电站开发生态补偿研究——以大樟溪流域为例》（汤丽娟，2018）等文献。

下面谈谈我国流域生态补偿机制建设的发展。

（一）中央政府高度重视，在各类会议和文件中提出流域生态补偿的政策要求

1996 年由国务院颁布的《国务院关于环境保护若干问题的决定》明确提出，"污染者付费、利用者补偿、开发者保护、破坏者恢复"和"排污费高于污染治理成本"的原则；2005 年 10 月，《中共中央关于制定国民经济和社会发展第十一个五年规划的建议》要求"按照谁开发谁保护、谁受益谁补偿的原则，加快建立生态补偿机制"，第一次明确提出要建立生态补偿机制；2007 年国务院下发的《国务院关于印发节能减排综合性工作方案的通知》，要求改进和完善资源开发生态补偿机制，开展跨流域生态补偿试点工作。

进入"十二五"以后，有关流域生态补偿的内容逐渐开始在政策文件中被频繁提及和强调：2011 年中央 1 号文件提出"继续推进生态脆弱河流和地区水生态修复，加快污染严重江河湖泊水环境治理""强化生产建设项目水土保持监督管理。建立健全水土保持、建设项目占

① 王黎明，杨燕风，关庆锋. 三峡库区退耕坡地环境移民压力研究[J]. 地理学报，2001（6）.
② 罗吉，戈华清. 论我国跨区域调水环境补偿制度的构建[J]. 中国软科学，2003（3）.
③ 母学征，郭廷忠. 我国自然保护区生态补偿机制的建立[J]. 安徽农业科学，2008（23）.
④ 萨础日娜. 民族地区生态补偿机制总体框架设计[J]. 广西民族研究，2011（3）.

用水利设施和水域等补偿制度";《国民经济和社会发展第十二个五年规划纲要》在第二十五章第三节明确提出"鼓励、引导和探索实施下游地区对上游地区、开发地区对保护地区、生态受益地区对生态保护地区的生态补偿";党的十八大把生态文明建设摆在突出地位;十九大报告明确提出"建立市场化、多元化生态补偿机制"。

（二）建章立法，通过法律规范指导流域生态补偿

2002 年颁布《水法》，规定建立取水许可制度和用水收费制度，因违反规划造成江河和湖泊水域使用功能降低、污染的，应当承担治理责任;2008 年颁布的《水污染防治法》明确提出通过财政转移支付等方式，建立健全对流域上游地区的生态保护补偿机制;2011 年修订的《水土保持法》规定，加强江河源头区、饮用水水源保护区和水源涵养区水土流失的预防和治理工作，多渠道筹集资金，将水土保持生态效益补偿纳入国家建立的生态效益补偿制度;2014年《环境保护法》的制定对我国生态补偿制度的确立具有里程碑的意义，国家首次将生态补偿写入国家法律，明确了生态补偿的法律地位，并提出国家要加大对生态保护地区的财政转移支付力度，指导受益地区和生态保护地区人民政府，通过协商或者按照市场规则进行生态保护补偿。

此外，一些行政法规中也涉及流域生态补偿的规定。比如:2016 年 4 月出台的《国务院办公厅关于健全生态保护补偿机制的意见》提出，在江河源头区、集中式饮用水水源地、重要河流敏感河段和水生态修复治理区、水产种质资源保护区、水土流失重点预防区和重点治理区、大江大河重要蓄滞洪区以及具有重要饮用水源或重要生态功能的湖泊，全面开展生态保护补偿，适当提高补偿标准。同年 12 月财政部、环境保护部、发展改革委、水利部联合出台《关于加快建立流域上下游横向生态保护补偿机制的指导意见》，要求按照党中央、国务院决策部署，强化政策引导和沟通协调，充分调动流域上下游地区的积极性，加快形成"成本共担、效益共享、合作共治"的流域上下游横向生态保护补偿机制和治理长效机制，使保护自然资源、提供良好生态产品的地区得到合理补偿，促进流域生态环境质量不断改善。

（三）流域生态补偿的实践逐步展开，流域面积，补偿的内容、对象、方式和标准设计向纵深发展

董战峰等认为，我国流域生态补偿的实践从 20 世纪 90 年代末开始，从理论到实践、从地方自发试点到中央制定相关政策共经历了三个阶段:起步期——国家以重大生态环境建设工程形式实施流域生态补偿，地方流域生态补偿出现自发试点萌芽;摸索期——流域生态补偿试点的流域和省份范围急速扩大，跨省流域生态补偿试点启动;深化期——将生态补偿纳入国家环保基本法，在一系列关键技术管理问题上深入探索流域生态补偿[①]。新安江流域、九洲江流域、汀江—韩江流域、东江流域、渭河流域、滦河流域等跨省流域上下游横向生态补偿机制在试点中，其中新安江作为全国首个跨省流域生态补偿试点已完成两轮试点工作，经生态环境部环境规划院 2018 年的专项评估报告显示，其已成为全国水质最好的河流之一;北京、河北、山西、辽宁、江苏、浙江、广东、江西、湖北、云南等省（市）实现了行政区内全流域

---

① 董战峰，王慧杰，葛察忠．流域生态补偿:中国的实践模式与标准设计[A]．生态经济与美丽中国——中国生态经济学学会成立 30 周年暨 2014 年学术年会论文集，2014．

生态补偿；2016年，浙江金华出台施行《金华市流域水质生态补偿实施办法（试行）》和《金华市流域水质生态补偿实施细则（试行）》，在全国率先建立全流域上下游水质生态补偿机制，强化各地流域水环境保护属地责任，持续改善流域水质。

经国家、省市和地方层面多年的探索，流域生态补偿的补偿支付手段基本形成公共支付（包含财政转移支付、环境资源税费、差异性的区域政策，生态保护项目等）、生态补偿基金、市场贸易（含一对一交易）等三种方式。根据西方提出的基于现实市场的直接市场评价法（如生产函数法、机会成本法等）和基于虚拟市场的间接市场评价法（如旅行费用法、意愿调查法等）；我国目前在实践中较多采用机会成本法、影子价格法、碳税法、市场价格法和重置成本法等评估生态服务系统，以确定补偿的标准。在补偿内容方面，除了水量、水质，还逐步向生物多样性保护、水域保护、文化保护、景观保护等多元化方向转变。

总体上来看，经过10多年的实践探索，我国流域生态补偿确实取得很大的成绩和长足的进步，但仍存在以下一些非常突出和亟待解决的问题：一是补偿主体还不够明确。从目前的各类补偿实践来看，补偿主体主要是政府，而受益者并未出资、损害者补偿数量极少，造成补偿资金来源单一。比如1992年开始的新安江流域补偿，目前已完成两轮试点：首轮试点设置补偿基金每年5亿元，其中中央财政3亿元、皖浙两省各出资1亿元，年度水质达到考核标准，浙江拨付给安徽1亿元，否则相反。第二轮试点按照"分档补助、好水好价"标准，皖浙两省各增加1亿元。试点以来，黄山市和绩溪县共获得国家补偿20.5亿元、浙江省补偿9亿元、安徽省补偿10亿元，其中黄山市共获得国家补偿18.2亿元、浙江省补偿8.4亿元、安徽省补偿9.2亿元。[①]二是仅从政府获得的补偿与流域生态保护的需要之间的差距较大。仍以新安江的试点为例：两轮试点以来，黄山市在新安江综合治理、城乡污水治理、农村垃圾与河道整治等一批项目上已累计花了109亿元，但仅从试点工作中拿到补偿资金30.2亿元[②]。三是受偿者之间的关系不明确，对补偿资金的分配没有明确、合理的规定。也就是说，补偿资金在政府、企业、社区和居民之间的分配还没有形成科学、可行的规范，不利于调动流域生态保护中各方主体主动性和积极性。四是补偿标准还没有形成统一的、切合实际的体系。从20世纪90年代开始探索生态补偿以来，研究者和实践者都力图从理论上确定制定补偿标准的依据、形成具有操作性的补偿标准体系，但至今尚无定论。比如在流域补偿的实践中，现补偿的依据主要以水质变化为标准，但对于水量的变化、整个流域生态环境的变化、保护流域生态上游地区产业结构调整给地区财政带来的影响等因素都没有纳入补偿范围，这对补偿机制的常态化发展非常不利。如在2012—2017年实施的两轮生态补偿机制中，浙江淳安县为保护千岛湖实施了大规模产业关停整治，从而严重影响县里内生性财力的增长，致使县级财力十分薄弱，但淳安县并未从中央财政得到任何补偿补助资金。[③]五是我国流域补偿立法不完备，还没有专门的法律对此进行界定。现有涉及生态补偿的法律规定分散在多部法律之中，缺乏系统性和可操作性。自然资源产权制度不健全，亟待通过深化资源管理制度改革，实现市场在自然资源配置中的作用。同时，目前还缺乏技术支撑，生态服务价值评估核算体系、

---

① 新安江流域生态补偿实践启示录，http://wemedia.ifeng.com/75480609/wemedia.shtml．

② 新安江流域生态补偿实践启示录，http://wemedia.ifeng.com/75480609/wemedia.shtml．

③ 水利部太湖流域管理局．新安江流域跨省生态补偿两轮试点背后——一江清水何以来？[OL]．人民日报，http://www.tba.gov.cn/contents/8/30951.html．

生态补偿标准体系、生态环境监测评估体系建设滞后，没有统一、权威的指标体系和测算方法。正因为建立完善的生态补偿制度极为复杂，许多年前就列入立法计划的《生态补偿条例》至今没有出台，以致政策的落实和补偿的实施无法可依。在实践中，经研究人员提出的新的管理和补偿模式还没有相应的法律法规给予肯定和支持，一些重要法规对生态保护和补偿的规范不到位。

第二节　生态补偿的重要意义

生态补偿机制是运用市场经济理念和政府财政手段调整生态保护者、受益者之间利益关系的环境经济政策，它的建立和实施已经成为保护关键生态系统、恢复脆弱生态系统、协调区域发展、鼓励环境保护、惩治生态污染和破坏、促进人与自然和谐发展的重要手段。建立和完善生态补偿机制将推动环境资源的保护工作从漠视、无节制攫取和破坏向高度重视、节约资源、保护环境发展转变；从以行政手段调节为主向以经济、法律和行政等多手段综合运用的转变；从生态保护政府单一主体向利益相关者均参与生态补偿的多元化主体发展，进而促进资源的可持续利用、生态环境的保护和恢复，以实现不同区域、不同利益群体的和谐发展。

一、建立健全的生态补偿机制是统筹推进新时代"五位一体"总体布局的基础和重要环节

改革开放以来，我们党不断探索和丰富社会主义现代化的道路、战略部署和理论体系：党的十六大报告提出"三位一体"——经济建设、政治建设、文化建设；党的十七大报告提出"四位一体"——经济建设、政治建设、文化建设和社会建设；党的十八大报告中明确提出"建设中国特色社会主义，总依据是社会主义初级阶段，总布局是五位一体，总任务是实现社会主义现代化和中华民族伟大复兴……必须更加自觉地把全面协调可持续作为深入贯彻落实科学发展观的基本要求，全面落实经济建设、政治建设、文化建设、社会建设、生态文明建设五位一体总体布局……"，将生态文明建设纳入总体布局，正式形成了"五位一体"总体布局；党的十九大高屋建瓴地对我国社会主义现代化建设作出新的战略部署，明确以"五位一体"的总体布局推进中国特色社会主义事业，制定了新时代统筹推进"五位一体"总体布局的战略目标，明确了我国未来30多年社会主义现代化建设的基本路径。2018年5月，在全国生态环境保护大会上，习近平总书记提出：生态兴则文明兴，生态衰则文明衰。要实现中华民族伟大复兴的中国梦，就必须建设生态文明、建设美丽中国[①]。推进生态文明建设就必须着力解决生态环境问题，坚决打好污染防治攻坚战，全面践行"绿水青山就是金山银山"的理念。而建立健全生态补偿机制是将经济发展和环境保护融为一体，是恢复和保护"绿水青山"，让"绿水青山"产生巨大的生态效益、经济效益和社会效益的重要路径和基础。

---

① 习近平. 习近平在全国生态环境保护大会上强调坚决打好污染防治攻坚战推动生态文明建设迈上新台阶[N]. 人民日报, 2018-05-11.

二、建立生态补偿机制是落实创新、协调、绿色、开放、共享"五大发展理念"在生态文明建设方面的重要措施

2015 年 10 月，党的第十八届五次会议建议提出"五大发展理念"，并将其作为"十三五"乃至更长时期我国经济社会发展的一个基本理念。它是我们党认识把握社会主义发展规律的再深化和新飞跃，是实现"两个一百年"奋斗目标的思想指引。其中，"绿色发展"的理念要求正确处理经济发展和生态环境保护的关系，坚决摒弃损害甚至破坏生态环境的发展模式，切实保护好自然生态环境，保护好人类生存繁衍的家园，让良好生态环境成为经济社会持续健康发展的支撑点。贯彻"绿色发展"理念就是"要正确处理好经济发展同生态环境保护的关系，牢固树立保护生态环境就是保护生产力、改善生态环境就是发展生产力的理念，更加自觉地推动绿色发展、循环发展、低碳发展，决不以牺牲环境为代价去换取一时的经济增长"①。建立生态补偿制度，即是把生态环境建设保护提升到国家具体管理的层面上来，规范每一个参与生态环境保护、自然资源开发和利用、享用生态服务功能的主体行为，确保将资源的开发利用限制在生态系统的自我恢复能力可承受范围之内，从而科学处理生态保护与促进经济社会发展、改善民生的关系，最终实现人与自然和谐发展。

三、建立和完善生态补偿制度，有利于维护社会公平

近年来，随着环境恶化不断加剧、生态问题相继暴露，生态可持续发展的呼声逐渐高涨，环境、资源、发展问题上不公平的现象引起研究者、管理者和民众的极大关注，"生态正义"的概念逐渐普及开来。"生态正义"包含三个原则：一是生态可持续性原则，它要求人类必须以一种不危及地球生态系统完整性的方式开发利用自然资源和能源，表现为种际的公平和正义；二是社会及经济平等原则，它提出个人可以在平等的基础上按适当的标准获取自然资源和能源，满足其需要，表现为代内的公平和正义；三是对后代负责的原则，它要求上一代人对环境生态服务的利用、资源的开发，以不危及后代对自然资源和能源的需求为原则，表现为代际的公平和正义。

在现实经济生活中，部分区域、组织靠破坏生态环境和大量消耗能源资源换取本区域、本组织的快速发展，却把环境破坏的后果交由其他区域和社会来承担。由于我国自然资源的空间分布和区域经济发展均呈现不均衡的状态，必然产生生态的跨区域占用及资源跨区域流动，后发展、欠发达地区的资源低价向先发展、发达地区流动，并导致欠发达地区的生态环境遭受严重破坏，同时进一步加大区域间经济发展水平的差距。在流域生态的保护中，也存在上游地区为了保持流域水量、水质、整个流域的生态环境而"关停并转"，进行产业调整却得不到相应补偿的现象。这些不公平的问题都指向一个简单的要求：从发展中获益的一方应对他人造成的外部环境损害进行赔偿，为了保护生态环境而放弃了发展机会的一方，应该有权获取相应的补偿。约翰·罗尔斯提出："财富和权力的不平等，只要其结果能给每一个人，尤其是那些最少受惠的社会成员带来补偿利益，它们就是正义的。"② 2013 年，习近平总书记

---

① 党的十八大以来习近平总书记关于生态工作的新理念、新思想、新战略[OL]. 人民网，http://
cpc.people.com.cn/n1/2016/0330/c64094-28239465.html．
② 罗尔斯．正义论[M]．中国社会科学出版社，1988．

在海南考察时强调:"良好生态环境是最公平的公共产品,是最普惠的民生福祉。"①保护生态环境就是保障民生,改善生态环境就是改善民生。因此,坚持生态正义、生态公平的原则,建立和完善生态补偿制度,有着非常重大的意义。

四、建立和完善生态补偿制度,有利于推进主体功能区建设

国家"十一五"规划纲要提出"主体功能区"的概念;党的十七大把建立"主体功能区"布局的战略构想写入党代会的政治报告。"十二五"规划建议确立了实施"主体功能区"战略的总要求;2011 年 6 月,国务院印发了《全国主体功能区规划》,即根据不同区域的资源环境承载能力、现有开发强度和发展潜力,该规划将我国国土空间按开发方式分为优化开发区域、重点开发区域、限制开发区域和禁止开发区域四种类型。其中,对限制开发区中的农产品主产区,主要强化对农业综合生产能力的考核,而不是对经济增长收入的考核,对重点生态功能区,主要强化它对于生态功能的保护和对提供生态产品能力的考核;而对于禁止开发的区域,主要强化对自然文化资源的原真性和完整性保护的考核。落实限制开发区域和禁止开发区域的功能定位,就必然要求所在地区减少、控制或禁止生产性开发,这些地区的经济发展和居民生活势必受到影响,不仅地方财政收支的矛盾更突出(环境保护的支出越来越大,财政收入却在减少),民生问题也更突出。因此,建立健全生态环境补偿机制是推进形成主体功能区的内在要求,对限制开发和禁止开发区域为保障生态安全做出的贡献给予合理补偿,是落实规划纲要部署、推进主体功能区建设的关键。对此,我们必须充分地认识到生态地区并不是不生产产品,而是提供一种特殊的产品——那就是生态、生态服务功能,这种特殊产品要通过政府转移支付、受益者市场行为来购买。

五、建立和完善生态补偿制度,有利于激励生态环境保护行为

当前我国生态文明建设和环境保护的推进中面临两个问题:一是对破坏生态环境、浪费资源的行为管制不到位;二是对生态保护和修复、提供生态服务功能行为的正向激励不够。从而造成既不能有效震慑和控制破坏者的行为,也无法有效调动全社会保护环境积极性的局面。而且,由于环境利益及其相关的经济利益在保护者和破坏者、受益者和受害者之间的不公平分配,造成受益者无偿占有环境利益,保护者得不到应有的经济回报,缺乏保护的经济激励;破坏者未能承担破坏环境的责任和成本,受害者得不到应有的经济赔偿的层面。建立和完善科学的生态补偿制度,能让受益者支付相应的费用,使保护者得到补偿与激励,生态环境保护投资者得到合理的回报,能增强生态产品的生产和供给能力,实现生态环境保护行为的自觉、自愿和自利,从而推动社会经济的可持续发展。

另外,通过实施生态补偿机制,建立健全用能权、用水权、排污权、碳排放权的初始分配制度,使全社会树立节约、集约、循环利用的资源观,可以促进全面节约和高效利用资源,推动形成勤俭节约的社会风尚。也会促进经济发展模式从低成本要素投入、高生态环境代价的粗放模式向创新发展和绿色发展双轮驱动模式转变;能源资源利用从低效率、高排放向高

---

① 习近平. 在深度贫困地区脱贫攻坚座谈会上的讲话[OL]. 新华网,http://www.xinhuanet.com/politics/2017-08/31/c_1121580205.htm.

效、绿色、安全转型，从而使节能环保产业实现快速发展。

六、完善的生态补偿机制是重要的扶贫手段

西方的研究表明，生态补偿对环境保护和贫困减少相当有效，Erwin Bulte 通过实证经验的总结和生态补偿机制的探讨，证明生态补偿机制对减弱贫困是一种有效的机制。[①]《中国农村扶贫开发纲要》（2011—2020 年）明确指出："在贫困地区继续实施退耕还林、退牧还草、水土保持、天然林保护、防护林体系建设和石漠化、荒漠化治理等重点生态修复工程。建立生态补偿机制，并重点向贫困地区倾斜。"由此可以看出，在扶贫实践中我国把生态补偿作为一个重要的途径和手段。2015 年 10 月 16 日，习近平在减贫与发展高层论坛上首次提出"五个一批"的脱贫措施，随后写入《中共中央国务院关于打赢脱贫攻坚战的决定》。"五个一批"按照贫困地区和贫困人口的具体情况、解决好"怎么扶"的问题。其中，"生态补偿脱贫一批"，就是要加大贫困地区生态保护修复力度，增加重点生态功能区转移支付，扩大政策实施范围，让有劳动能力的贫困人口就地转成护林员等生态保护人员。这条措施既表明了生态补偿在扶贫攻坚中的重要作用，也拓展了生态补偿的手段，从单纯的资金补偿向多元化的补偿方式发展。

随着我国的扶贫进入攻坚克难阶段，深度贫困地区是难中之难。2017 年 6 月 23 日，习近平在深度贫困地区脱贫攻坚座谈会上的讲话上，分析了深度贫困的成因，其中就提到"深度贫困地区往往处于全国重要生态功能区，生态保护同经济发展的矛盾比较突出"[②]。这些地区生态环境脆弱，自然灾害频发。其实，我国的深度贫困区域基本与少数民族聚集区、生态环境脆弱区和生物多样性富集区交织在一起，这决定了这些地区在生态保护和主体功能区建设中的重要地位，也决定了这些地区在扶贫攻坚的过程中不可能采用大规模的、资源开发型和产业扶持型的扶贫道路，所以生态补偿就成为这些地区扶贫攻坚的重要手段。

---

① 李惠梅，张安录. 基于福祉视角的生态补偿研究[J]. 生态学报，2013（4）：1066.
② 习近平. 在深度贫困地区脱贫攻坚座谈会上的讲话[OL]. 新华网，http://www.xinhuanet.com/politics/2017-08/31/c_1121580205.htm.

第三章 甘孜藏族自治州水电开发建设及生态补偿的现状与问题

第一节 甘孜藏族自治州自然资源及水电开发的基本情况

一、甘孜藏族自治州地理环境基本情况

甘孜藏族自治州位于四川省西部，青藏高原东南缘，横断山脉同中北部，地理坐标为东经 97°21′ ~ 102°29′，北纬 27°58′ ~ 34°20′。北与阿坝州、青海省相邻，南与四川凉山州和云南省相连，西与西藏自治区隔金沙江相望，东越二郎山与雅安市互通。甘孜州辖区面积 15.3×10^4 km²，占全省面积的 1/4。自古以来，甘孜州就是内地通往西藏的主要通道，是汉藏连接部和过渡带，是"茶马古道"的必经之路，地理位置特殊，战略地位十分显著。

甘孜州地势高亢、河流众多，水网密布、空气稀薄；受低纬度、高海拔影响，形成气温低、太阳辐射强的高原性寒冷气候。甘孜州为海陆季风区向高原季风区过渡带，全年受西风环流和西南季风交替控制，具有"冬干夏雨"的季风特点。随着地势抬升，气温下降，气候垂直分布差异显著，气候类型多样，呈现"一山有四季，十里不同天"的奇异景象。

（一）地形地貌

甘孜州处于我国最高一级阶梯（青藏高原）向第二阶梯（云贵高原和四川盆地）的过渡地带，属横断山系北段川西高原区，是青藏高原的一部分。受"歹"字形构造体系的控制，巴颜喀拉山、牟尼茫起山、雀儿山呈北西向逶延于西北部边缘，大雪山、沙鲁里山则呈南北向耸立于中南部，邛崃山脉西段深入丹巴境内。各大山脉支脉众多，溪河遍布，"两江一河"（金沙江、雅砻江、大渡河）自北向南纵贯全境。甘孜州地势由西北向东南倾斜，北部高原与南部河谷海拔悬殊超过 3 000 m。境内平均海拔 3 500 m 以上，最高峰贡嘎山海拔 7 556 m，为四川最高峰，亦为世界著名高峰，最低点大渡河出州水面海拔 1 000 m，相对高差达 6 556 m。

甘孜州地貌呈现出地势高亢、北高南低、中部突起、东南缘深切、山川平行相见、现代冰川发育、地形崎岖、地域差异显著的特征。地貌类型复杂，区域性差异明显，但以山地、

高山原和丘状高原三大地貌类型为主①，且呈集中连片分布，整个地貌分区如下：

北部丘状高原—高平原区，包括石渠、色达、甘孜、炉霍的全部及道孚、德格的东北部，面积约为 $4.71 \times 10^4 \text{km}^2$，占甘孜州总面积的 30.78%。本区地势高亢，自西北向东南倾斜，西北部海拔为 4 500 ~ 4 700 m，东南部为 4 200 ~ 4 300 m，地貌类型以丘状高原和高平原为主，有少量高山和极高山分布。该区地表起伏和缓，古夷平面保存完整，浑圆山丘和浅切割河谷相间分布，岭谷高差数米至数百米，谷宽可达数千米至数十千米。

中部高山原深谷区，包括新龙、稻城、雅江全境及道孚、康定、白玉、理塘、乡城的一部分，面积约为 $5.24 \times 10^4 \text{km}^2$，占甘孜州总面积的 34.26%。本区为丘状高原向山地过渡地带，雅砻江自北而南纵贯其中部。由北向南切割逐渐加深，最大可达 2 500 m。完整的古夷平面经切割后，各山脊仍组成平行的、不连续的高山原面。高山原面按海拔可分为二级，其中理塘—稻城一带，为沙鲁里山主体部分，切割微弱，比较平缓，海拔高度为 4 600 ~ 4 700 m，其特点介于高山原与丘状高原之间，亦可视为丘状高原地貌；道孚—八美—塔公一带高山原面海拔为 4 200 ~ 4 300 m，由于排水不畅，常发育成沼泽。雅砻江河谷切割较深，山势陡峭，雅江县城以南实际已形成山地深谷地貌。

东西部高山深谷区，又分为东部贡嘎山—大渡河高山深谷区和西部雀儿山—金沙江高山深谷区两区。东部区包括丹巴、泸定、九龙全部及道孚、康定的一部分，面积为 $3.14 \times 10^4 \text{km}^2$，西部包括巴塘、得荣全部，白玉、德格、乡城大部及理塘的一部分，面积为 $2.21 \times 10^4 \text{km}^2$。东西部区合计面积为 $5.35 \times 10^4 \text{km}^2$，占甘孜州总面积的 34.96%。本区地势险峻，山高坡陡，峰峦重叠，贡嘎山主峰高达 7 556 m，格聂峰 6 204 m，许多山峰在 5 000 m 以上。同时岭谷高低悬殊，一般为 2 000 ~ 3 000 m，最高达 6 556 m。该地区河流深切，谷深且狭长，水流湍急，河谷一般宽百米左右，最宽处达 300 ~ 400 m。卡岗附近金沙江面宽仅 10 余米，两岸峭壁耸立，甚为壮观。因河谷深邃，呈现出该区明显的立体自然特征，且因地势封闭，焚风效应显著，形成干旱河谷。

（二）地质构造

甘孜州总面积 $15.3 \times 10^4 \text{km}^2$，历经了若干亿年的地质演变与变迁，地质构造复杂，岩浆活动强烈，受多次变质作用叠加和断裂构造的发生，形成了现代复杂多样的地质构造格局。

甘孜州地处昆仑—秦岭地槽褶皱区，松潘—甘孜印支地槽褶皱系中德格—稻城优地槽褶

---

① 根据四川省地貌区别规程，甘孜州地貌划主要分为以下几种类型：

山地指小范围内相对高差大于 200 m 的地貌类型。甘孜州山地面积为 121 447 km²，占甘孜州幅员面积的 79%，按海拔高度的不同又分为低中山、中山、高山、极高山四种类型。

高原指海拔大于 3 000 m，小范围内地面相对高差小于 200 m 的地貌类型。甘孜州高原面积为 31 223 km²，占幅员面积的 20.41%，按相对高差的差异又续分为高平原、丘状高原、高山原三种类型。

平坝指海拔 3 000 m 以下河谷地区，地表坡度小于 7° 的平坦地面。甘孜州平坝面积为 112 km²，占幅员面积的 0.07%。

台地指坡度大于 10° 的坡面上形成的坡面小于 7° 的台面，如高阶地，洪积台地等。甘孜州台地面积为 158 km²，约占总面积的 1%。

山原指海拔 3 000 m 以下的山体顶部，相对高差小于 200 m 的和缓地形，甘孜州山原面积为 60 km²，占总面积的 0.04%。

皱带，雅砻江冒地槽折叠带和巴颜喀拉冒地槽褶皱带；三江地槽褶皱系金沙江优地槽褶皱带以及扬子准地台的"康滇地轴"。总体分属"地槽区"和"地台区"两大单元。出露地层主要为中生界三叠系"义敦群"和"西康群"；古生界地层主要出露在金沙江优地槽和康滇地轴边缘拗陷地区；新生界地层主要沿山间盆地及断陷盆地、宽谷与三大主干水系（金沙江、大渡河、雅砻江）及其支流分布。地质构造具有以下特点：

（1）地质构造复杂、新构造运动强烈。甘孜州位于地质构造板块接触地带，是地质构造活动强烈的地区，发育了一系列深大断裂带。主要有鲜水河活动断裂带、甘孜—玉树活动断裂带、金沙江活动断裂带、理塘—德巫活动断裂带。这些断裂带对甘孜州新构造运动和现代构造运动（地震）有极为重要的影响。

（2）地震活动频繁、地震强度大。甘孜州属青藏高原地震区，其地震具有震源浅、强度大、频率高、周期短、分布广、损失重的特点。康定、泸定、道孚、炉霍、巴塘、甘孜等县城都曾受到强烈地震破坏，仅1949年以来的50余年内，州内先后发生5级以上地震40余次，其中13次地震造成不同程度的破坏。

（3）地层复杂、岩体破碎、易滑易蚀地层广布。甘孜州地层组成复杂，自晚太古界至近代的第四系均有出露，构造基底为康滇地轴的前震旦系变质岩系，局部出露。下统为火山岩，上统为浅变质碳酸盐岩、砂板岩及火山碎屑岩，属于巴颜喀拉山地层区的轻微变质三叠系，砂板岩与碳酸盐岩分布较广。受断裂作用影响，岩体破碎，容易受到重力和流水的侵蚀，尤其是软弱岩层分布地区，往往成为崩塌、滑坡、泥石流等山地灾害集中分布地区。（见图 3-1 和 3-2）

图 3-1　调研途中所遇见的塌方

图 3-2　易塌的山体

（三）气象条件

甘孜藏族自治州按其地理纬度属亚热带地区，但由于地势强烈抬升，地貌复杂，深居内陆，绝大部分地区已失去亚热带气候的本来面目，形成独特的大陆性高原型季风气候，与青藏高原气候相类似。

季风环流是影响甘孜州气候的基本因素。甘孜州的冬半年，大部分地区空气干燥，气温较低，多晴少雨；夏半年，降水量明显增多，气温不高，但多冰雹和雷暴。由于地势的大幅度抬升与强烈的切割以及特殊的地理位置等原因，甘孜州气候具有以下明显的高原山地特征：

1. 气候类型繁多，空间差异很大

从南至北依次出现亚热带、暖温带、温带、寒温带、亚寒带、寒带（永冻带），在6°纬度范围内，年平均气温相差17 ℃以上，相当于我国东部沿海地区从南至北跨15°纬度的温差。在高山峡谷地区，气候垂直差异极大，谷底干暖，山顶冷湿甚至终年积雪。从河谷至山顶，温差可达20 ℃～30 ℃，包含亚热带至永冻带所有的气候类型。

2. 光能丰富，降水偏少，热量不足

甘孜藏族自治州内大多数地区年日照在2 000小时以上，日照百分率超过50%，年辐射总量达130～160 kcal/cm^2，为四川省光能最丰富的地区。甘孜州年均降水量多在500～800 mm，较四川盆地少500 mm左右，也有大片半干燥、干燥地区，西南部河谷地带降水量居全省末位。"两江一河"干流流域在焚风影响下，河谷干热少雨，不利于植被生长。（见图3-3～3-5）年。均气温多数地区在8 ℃以下，约比四川盆地低8 ℃。北部丘原地区是全省最冷的地方，年均温度普遍低于0 ℃。

图3-3　焚风影响下金沙江河谷干热气候

图3-4　焚风影响下雅砻江河谷干热气候

图 3-5 焚风影响下大渡河河谷干热气候

3. 雨热同季，干湿分明，气温年变化小、日变化大

甘孜州气温较高的夏半年（5—10月）降水量占全年的80%以上，有些地方达90%，而冬半年（11—次年4月）则不到20%，形成明显的干、雨季。日平均气温年变化小，年较差仅8℃~15℃，比四川盆地低3℃~4℃，因而大部分地区冷季长，无明显的夏季，特别是丘原地区长冬无夏，春秋相连。低矮河谷地带则冬无严寒，夏无酷暑。相反，因地面白天增温和夜间辐射冷却都很强烈，昼夜温差一般达15℃~20℃，最大温差可达30℃。

灾害性天气频繁，每年都有局部地区或大范围不同程度的气候灾害。冬春大雪、春夏伏旱、低温、霜冻、洪涝、冰雹、大风等频繁交替出现，危害严重。

（四）河流水系

甘孜州河流众多，水网密布，水系多呈树枝状或羽状分布。甘孜州除石渠县北部与青海省交界查曲河流域约有2 935 km²属黄河水系外，其余绝大部分地区属长江水系。流经甘孜州的金沙江、雅砻江、大渡河自西向东，南北相平行排列，为长江上游主要干支流，并构成甘孜州水网的基本格局。除上述两江一河以外，尚有流域面积大于500 km²的一、二级支流91条，100~500 km²的小支流201条和众多细小溪流。

1. 金沙江

金沙江是长江上游干流，发源于唐古拉山北麓，全长2 308 km，为甘孜州与西藏自治区的界河，其自青海省玉树流入甘孜州石渠，干流经甘孜州石渠、德格、白玉、巴塘、得荣县西缘，从得荣县子庚乡出境流入云南中甸。金沙江在甘孜州境内干流长744 km，流域面积4.4万 km²，占甘孜州总面积的28.76%。境内径流量达$172×10^8$ m³，多年平均流量达1 185 m³/s，天然落差达1 500 m，河床比降为2.15‰，有多处大跌水。此外，在甘孜州还有流域面积在500 km²以上的一、二级支流25条，100~500 km²小支流51条。主要支流有：偶曲，干流长129 km，天然落差1 592 m，流域面积2 902 km²；赠曲，干流长228 km，天然落差1 658 m，流域面积5 472 km²；巴楚河，干流长147 km，天然落差约3 090 m，流域面积3 250 km²；定曲河，干流长226 km，天然落差1 169.75 m，流域面积达12 213 km²。

2. 雅砻江

雅砻江发源于甘孜州石渠县与青海省交界的巴颜喀拉山南麓，全长1 571 km，自西北向东南纵贯甘孜州中部，干流流经石渠、甘孜、新龙、雅江、九龙五县，从九龙三岩乡出境入凉山州，复于子耳乡入境，至小金乡再入凉山州。雅砻江在甘孜州干流长1 165 km，流域面积

$12.5 \times 10^4 \, km^2$，占甘孜州总面积的 56.80%。州内年径流量 $316.2 \times 10^8 \, m^3$，年均流量 1 890 m^3/s，天然落差 1 573 m，河床比降 2.3‰。此外，雅砻江在甘孜州有流域面积 500 km^2 以上的一、二级支流 48 条，100～500 km^2 的小支流 104 条。主要支流有：鲜水河，为其最大支流，流经色达、甘孜、炉霍、道孚、雅江，全长 411 km，流域面积 19 338 km^2，天然落差 1 340 m，年径流量 $63.7 \times 10^8 \, m^3$；霍曲河，全长 172 km，流域面积 3 339 km^2，天然落差 2 120 m；力丘河，全长 203.5 km，流域面积 5 928 km^2，天然落差 2 078 m；庆大河，全长 129 km，流域面积 1 859 km^2，天然落差 1 782 m；九龙河，全长 132 km，流域面积 3 604 km^2，天然落差 2 838 m；理塘河（无量河），全长 503 km，流域面积 19 114 km^2，天然落差 3 050 m。

3. 大渡河

大渡河发源于青海省南部，全长 1 062 km，干流经阿坝州入甘孜州丹巴县巴底乡流经丹巴、康定、泸定，从泸定县得妥乡出境入雅安市石棉县。该河在甘孜州境内干流长 204 km，流域面积达 $2.21 \times 10^4 \, km^2$，占甘孜州总面积的 14.44%。该河在州内年径流量 $153 \times 10^8 \, m^3$，干流年均流量 1 340 m^3/s，天然落差 915 m，河床比降为 5.77‰。此外，大渡河在甘孜州有流域面积 500 km^2 以上的一、二级支流 18 条、100～500 km^2 的支流 46 条。主要支流有：革什扎河，全长 94.4 km，天然落差约 2 980 m，流域面积 2 533 km^2；东谷河，全长 83.4 km，天然落差约 2 750 m，流域面积 1 840 km^2；小金川，全长 60.8 km，天然落差 472.6 m，流域面积 5 275 km^2；金汤河全长 79.8 km，天然落差 3 372 m，流域面积为 1 135 km^2；瓦斯河，全长 25.5 km，天然落差 1 102.5 m，流域面积 1 564 km^2。

甘孜州主要河流水文特征值如表 3-1 所示，金沙江、雅砻江、大渡河主要支流基本情况如表 3-2～3-4 所示。

表 3-1　甘孜州主要河流水文特征值

项目	单位	金沙江	雅砻江	大渡河
境内河长	km	744	1 165	204
控制流域面积	km^2	52 000	125 000	22 100
年平均流量	m^3/s	1 185	1 890	1 340
年径流量	$\times 10^8 \, m^3$	172	316.2	153
天然落差	m	1 500	1 573	915
比降	‰	2.15	2.3	5.77

资料来源：中水顾问集团成勘院。

表 3-2　金沙江主要支流基本情况

河名	单位	偶曲	赠曲河	巴楚河	定曲河
支流长	km	129	228	147	226
流域面积	km^2	2 902	5 472	3 250	12 213
天然落差	m	1 592	1 658	3 090	1 169.75

资料来源：中水顾问集团成勘院。

表 3-3 雅砻江主要支流基本情况

河名	单位	鲜水河	力丘河	霍曲河	庆大河	九龙河	理塘河
支流长	km	411	203.5	172	129	132	503
流域面积	km²	19 338	5 928	3 339	1 859	3 604	19 114
天然落差	m	1 340	2 078	2 120	1 782	2 838	3 050

资料来源：中水顾问集团成勘院。

表 3-4 大渡河主要支流基本情况

河名	单位	革什扎河	东谷河	瓦斯河	小金川	金汤河
支流长	km	94.4	83.4	25.5	60.8	79.8
流域面积	km²	2 533	1 840	1 564	5275	1 135
天然落差	m	2 980	2 750	1 102.5	472.6	3 372

资料来源：中水顾问集团成勘院。

二、甘孜藏族自治州生态资源基本情况

（一）土地资源

甘孜州土地总面积 152 629 km²。其主要类型和分布如下：

1. 耕地

甘孜州现有耕地面积 882.13 km²，占土地总面积的 0.6%，具有所占比重小、地域分布不均、垂直分布明显、地块小而零散、土壤肥力不高等特点。从地域分布看，耕地主要集中在康定、泸定、道孚、甘孜、丹巴等县，5 县耕地面积占甘孜州耕地总面积的 47%，其余各县耕地面积均在 66.67 km² 以下；从垂直分布看，甘孜州的耕地主要集中在低海拔河谷区域，一般沿江河两岸河谷坝子分布，形成一个狭长条状耕地带。除康定、泸定、丹巴沿大渡河河谷地带耕地外，其他地方由于受热量、水分和灌溉条件制约，耕地复种指数较低，大多为一年一熟。

2. 园地

甘孜州园地面积为 20.27 km²，仅占甘孜州土地总面积的 0.1%，主要分布在海拔相对较低、光热条件较为适宜的金沙江、大渡河，雅砻江及其支流的河谷和半高山地带。其中，丹巴、乡城、巴塘、道孚等县发展相对较好，约占甘孜州园地面积的 78.6%。园地多为苹果、梨、桃、核桃等干鲜果园，同时还有少量茶园和桑园。尽管甘孜州园地面积较少，但宜园的土地资源十分丰富，因地制宜，开发优质果园、发展特色干鲜果品生产的潜力很大。

3. 草地

甘孜州草地面积为 88 561.87 km²，占土地总面积的 58%。其中，天然草地占 99% 以上，改良草地和人工草地不足 1%。甘孜州草地主要分布在丘状高原区域，占甘孜州草地总面积的 52%，占该区域土地总面积的 70% 以上；其次为高山峡谷区域和高山原区域，分别占甘孜州草地总面积的 25% 和 23%，其中，高山原区草地占该区域土地总面积的 60% 左右，峡谷区草

地比例相对较小，如泸定仅为 28% 左右。由于多为天然草地，草地质量较差，且地势高寒，牧草生产期短，草地理论载畜能力不高。正因如此，通过草地改良和人工种草等方式，草地开发利用潜力很大。

4. 林地

甘孜州现有 75 561 km² 仿林业辅助用地，占调查面积的 50.1%；非林地 75 122.9 km²，占 49.9%。在林地中，有林地 27 643.3 km²，占甘孜州林地面积的 36.6%，其中针叶林 21 266 km²，阔叶林 3 705 km²，混交林 2 671 km²，竹林 0.389 km²；疏林地 400 km²，占 0.5%；灌木林地 34 043 km²，占 45.1%，其中国家特别规定的灌木林地 26 655 km²，其他灌木林地 7 388 km²；未成林地 695 km²，占 0.9%，其中未成林造林地 669 km²，未成林封育地 26.379 km²；苗圃地 5.194 km²；无立木林地 454 km²，占 0.6%，其中，采伐迹地 1.154 km²，火烧迹地 87.52 km²，其他无立木林地 365 km²；宜林地 1 390 km²，占 1.8%，其中，宜林荒山荒地 821 km²，宜林沙荒地 10.752 km²，其他宜林地 3.731 km²，灌丛地 555 km²；林业生产辅助用地 10 928 km²，占 7.3%。

（二）水和水能资源

甘孜州素有"中华水塔"之称，水资源极为丰富，主要有天然降水、冰雪融水、湖泊积水和外来客水。由于地下水基本上都由地表水渗透而成，再流进河川作为对地表水的补充，故地下水全计算为重复水量。甘孜州多年平均降水量 1 206.7 km³，年径流总量为 641.8 km³，占全省年径流总量 20.5%，每平方千米产水 43.3×10^4 m³，人均占有水量 8.2×10^4 m³，为全省平均水平的 26 倍，每亩耕地占有水量 4.5×10^4 m³，为全省平均水平的 41 倍。除自产水外，尚有外来客水 240 km³。

1. 大气降水

甘孜州多年平均降水量 $1\,206.7 \times 10^8$ m³，相当于平均降水深 814.7 mm。年降水量的地区差异很大，空间分布规律是自东南向西北、西南递减。西面得荣站年平均降水量仅 325.1 mm，东南泸定摩西站为 1 009.4 mm，相差 3.1 倍。降水高值区在大雪山南端，峰值超过 1 400 mm，但范围很小，年降水量超过 1 000 mm 的地方有贡嘎山、折多山、格聂山及稻城南面的贡嘎雪山等。降水低值中心在西南角的金沙江河谷地带，即得荣、乡城、巴塘一带，年降水量在 320～500 mm。巴塘、理塘、雅江一线以北的大片地区，年降水量多在 500～800 mm。降水量的年内分配也很不平衡，80%～90% 集中在 5—10 月的雨季以内，其余时间降水很少。降水量的年际变化不大，年降水变差系数一般在 0.12～0.25，个别站可达 0.3，大致趋势是由北向南递增。

2. 地表径流

甘孜州年均径流量为 641.8×10^8 m³，平均每平方千米掺水 43.3×10^4 m³。按流域划分，大渡河为 153.8×10^8 m³，占 24%；雅砻江为 316.2×10^8 m³，占 49.3%；金沙江为 171.8×10^8 m³，占 26.7%。地表径流的空间分布与降水分布基本一致，由东南向西北、西南渐减。高值区在东部贡嘎山及泸定至石棉段，径流深为 1 400 mm，低值区在西南部金沙江河谷，仅 100 mm，相差 14 倍。地表径流的年际变化幅度不大，变差系数在 0.17～0.3，个别为 0.33，大致趋势是由南向北递减。高值区在理塘、稻城一带，略大于 0.3，低值区在康定、泸定、九龙及石渠县，低于 0.2。

3. 地下水

甘孜州地下水资源为 $218×10^8 m^3$，占地表水资源的 34%。按流域划分，金沙江为 $69×10^8 m^3$，占 31.6%；雅砻江为 $102.3×10^8 m^3$，占 46.9%；大渡河为 $46.7×10^8 m^3$，占 21.4%；各占该流域地表水资源的 40.2%、32.4%、30.4%。由于甘孜州地势高亢，切割很深，地形陡峭，地下水径流条件好，形成明显的补给、径流、排泄三个带。地下水的空间分布是自东南向西南、西北渐减少。用地下水资源模数（$×10^4 m^3/km^2$）估算，共分为 15 级，概括为 4 级，变化在 7.23～45.7，模数高值区在康定、泸定至石棉段，大于 40；低值区在西北部甘孜、德格、色达以北，以及西南部金沙江河谷，为 7～10；其他地区变化为 10～40。

4. 冰雪融水和高山湖泊积水

甘孜州两江一河径流量年际变化较小的重要原因之一是，有较多的冰雪融水和高山湖泊（海子）积水给予比较稳定的补给。据甘孜州地貌区划资料，冰雪覆盖面积达 690.07 km^2。高山湖泊在州内分布甚广，特别是沙鲁里山脉海子山段更是星罗棋布，大雪山脉也有众多湖泊。据土地资源概查，甘孜州有大小湖泊近千个，总面积为 162.47 km^2。由于对州内冰川、雪山、湖泊出水量未进行专门调查和测算，故水资源总量中也基本没有计算冰川、湖泊水资源。据估算，冰川固体总储水量约 $200×10^8 m^3$，6—7 月融水量为（$0.3～0.4$）$×10^8 m^3$，湖泊总储水量约 $18×10^8 m^3$。

5. 外来客水

金沙江、雅砻江、大渡河分别发源于青海省唐古拉山北麓、巴颜喀拉山南麓和果洛山，然后流入甘孜州。三大河流入州内的客水总计约 $240×10^8 m^3$，其中大渡河约 $170×10^8 m^3$，雅砻江约 $10×10^8 m^3$，金沙江约 $60×10^8 m^3$（因金沙江是甘孜州与西藏界河，只计算外来水总量 $120×10^8 m^3$ 的一半）。

（三）气候资源

1. 日照时数

甘孜州各地常年日照时数为 1 900～2 600 小时，绝大部分地区超过 2 000 小时，日照时数一般较四川盆地多 700～1 400 小时，为全省日照时数高值区。丘状高原和山原地区为 2 400～2 600 小时，甘孜、炉霍一带和理塘、稻城一带超过 2 600 小时，其中甘孜县为 2 642 小时，居甘孜州之冠。西南隅和东部折多山以东地区不足 2 000 小时，康定 1 738 小时，泸定仅为 1 155 小时，甘孜州最少。

2. 日照百分率

甘孜州年日照百分率一般为 40%～60%，大部分地区在 50% 以上，甘孜县高达 60%，东部边缘地区较小，泸定仅为 26%。日照时数的季节变化，冬半年（11—4 月）晴天多，而夏半年（5—10 月）多云雨，故冬半年可照时数虽少，实际日照时数反而多于夏半年，占全年的 50%～58%。四季日照时数比较，春季（3—5 月）最多，占全年的 26%～28%；夏季（6—8 月）占全年的 21%～24%。各月日照百分率，冬季最高，一般为 60%～80%，稻城 12 月份高达 84%；夏季最低，一般为 30%～50%，其中泸定 6 月份最低，仅为 17%。

3. 太阳总辐射

甘孜州年总辐射量为 120～160 kcal/cm²，大部分地区在 130 kcal/cm² 以上，其中石渠、理塘、稻城一带高达 160 kcal/cm²，东部边缘的泸定不足 90 kcal/cm²，其空间分布基本与海拔高度一致。大部分地区年总太阳辐射量比四川盆地多 30～70 kcal/cm²，是四川省光能最丰富的地区，也是全国高光能地区之一。甘孜州总辐射量是夏半年多于冬半年。夏半年总辐射量一般占全年的 60%左右，春、夏多于秋、冬，春季最大，占全年的 30%左右，冬季最小，仅占全年的 18%～20%。日均温度 ≥0 ℃ 期间的总辐射，一般为 80～120 kcal/cm²。巴塘、乡城、雅江超过 120 kcal/cm²，西北部地区不足 80 kcal/cm²，泸定因年总辐射量较小，日均温 ≥0 ℃总辐射仅 86 kcal/cm²。日均温 ≥10 ℃ 的总辐射，因日均温 ≥10 ℃ 日数的地区差别很大，其分布也十分悬殊，一般为 30～60 kcal/cm²，西北部地区和理塘一带不足 5 kcal/cm²，高山峡谷地区为 60～90 kcal/cm²，丹巴、巴塘在 90 kcal/cm² 以上。

4. 大风日数

甘孜州各地年平均风速一般为 2～3 m/s，超过四川盆地 1 倍以上，丹巴县达 3.5 m/s。一年中，2—5 月风速较大，8—10 月风速较小。全年出现 8 级以上（风速 ≥17 m/s）大风的日数一般在 40 天以上，是四川盆地大风日数的 10～20 倍。其中，康定、丹巴、甘孜等地全年大风日数在 100 天以上，康定达 187 天，为全省之冠。大风日数的年际变化很大，多大风年的大风日数可以是少大风年的几倍或更多。各地瞬时最大风速均可达 30～40 m/s，甘孜瞬时最大风速为 41 m/s（>12 级）。

（四）生物资源

1. 森林资源

甘孜州是全国四大重点林区之一，西南原始林区的重要组成部分。由于位于青藏高原东南边缘，为亚热带与青藏高原过渡地带，受地形、地貌、气候等因素共同作用，甘孜州森林树木种类颇为丰富，从亚热带至亚寒带的树种都有出现，而尤以山地温带、寒温带地区的松杉属针叶树木分布范围最广、面积最大、蓄积量最高。据有关资料，组成甘孜州森林的主要乔木树种约 70 多种，分属 12 科、20 属。根据优势树种的组成特点，大致可将甘孜州森林分为 7 个类型，即亚高山明亮针叶林、亚高山暗针叶林、山地针叶林、山地硬叶常绿阔叶林、针阔叶混交林、常绿阔叶林和落叶阔叶林。

甘孜州森林资源的特点：一是水平方向分布不均。绝大部分原始森林分布在金沙江、雅砻江、大渡河及其大小支流的源头、沟尾。森林分布以高山和深谷地区分布最多，山原地区次之，丘状高原地区则基本没有森林分布。二是垂直方向分布差异大。甘孜州立体地貌、气候等条件差异明显，森林类型、森林树种随海拔高度的变化都有明显的不同，森林植被的垂直地带性十分明显。三是成熟林多、生长量低。森林资源中，成熟林面积占 75.7%，蓄积占 90.1%，所占比重极大。森林的生长量和蓄积生长率均低于全省和全国的平均水平。由于成熟林多，自然枯损率高，因而森林后备资源严重不足。四是天然林多，人工林少。目前，甘孜州森林主要以天然林为主，人工造林的成林面积很小。

2. 草地资源

草地是甘孜州自然生态系统的重要组成部分。草地资源是甘孜州最重要的农业自然资源之一，是发展草地畜牧业的重要物质基地。据有关资料，甘孜州现有草地 88 561.87 km²，占全州土地总面积的 58%，是四川省重要的草地畜牧业基地。甘孜州草地主要以天然草地为主，其类型主要有干旱河谷草地、山地灌丛草地、高寒草甸草地、高寒沼泽草地、高寒灌丛草地、农隙地草地和人工草地，共有牧草 96 科、464 属、1 256 种。因地处高寒区域，牧草生长周期短、草地理论载畜量较低、草地质量较差。

3. 植物资源

甘孜州栽培植物、药用植物和珍稀植物等植物资源丰富。栽培植物分为粮食作物、经济作物两类。甘孜州粮食作物播种面积较大，常年约占农作物播种面积的 95%。主要栽培作物有青稞、小麦、玉米、豌豆、胡豆、洋芋等。甘孜州药用植物种类繁多，数量较大，经初步考察有 1 581 种，约占全省已知种类的 40%，主产有虫草、贝母、天麻、雪莲花等 20 余种，是四川省药材主要产区之一，也是甘孜州藏医学得以发展的重要物质保证。甘孜州地域辽阔，自然环境条件复杂，且受第四纪冰川影响较小，遗留了不少古老珍稀物种。按国家重点保护植物名录，甘孜州有 32 种，占全省重点保护植物种类的 42%。按国家规定划分为 3 个类别和 3 个级别。此外，甘孜州还有丰富的食用菌资源，主要有松茸、草地白菌、美味牛肝菌、鸡蛋菌、獐子菌等。

4. 动物资源

甘孜州动物资源分家畜家禽和野生动物资源。家畜家禽主要有牛（牦牛、犏牛、黄牛、水牛）、羊（藏绵羊、藏山羊）、马、驴、骡、猪（藏猪、引进猪种）、鸡（藏鸡、引进鸡）、兔等。本地品种大多耐高寒粗饲、适应性强，但生产性能低。甘孜州有各种野生脊椎动物约491 种，分属 30 目 78 科 252 属，其中哺乳动物 8 目 21 科 58 属 92 种；鸟类 17 目 47 科 168属 358 种；爬行动物 2 目 4 科 12 属 17 种；两栖动物 2 目 4 科 6 属 11 种；鱼类 1 目 2 科 8 属13 种；种群数量大、经济价值高。珍贵稀有的动物资源共有 207 种，国家级珍稀保护动物 73种。其中，属于国家一级保护动物的是大熊猫、川金丝猴、云豹、雪豹、藏野驴、白唇鹿、野牦牛、藏羚羊等 19 种。

5. 鱼类资源

甘孜州水生生物资源主要集中表现为鱼类资源，由于江河水流湍急、水体寒冷，江河平原鱼类几乎无法在这一地区生存，鱼类大部分为本土特有种类，具有洄游习性，具有生长慢、繁殖差等特点。鱼类资源主要集中分布于金沙江、雅砻江、大渡河干支流及众多高山湖泊中，其中，金沙江干流共有鱼类 102 种和亚种，分别隶属于 7 目 17 科 66 属。其中，鲟科 1 属 2种、匙吻鲟科 1 属 1 种、鳗鲡科 1 属 1 种、胭脂鱼科 1 属 1 种、鳅科 7 属 16 种、鲤科 34 属49 种、青鳉科 1 属 1 种、平鳍鳅科 5 属 7 种、鲇科 1 属 2 种、鲿科 4 属 8 种、钝头鮡科 1 属2 种、鮡科 3 属 5 种、合鳃鱼科 1 属 1 种、鮨科 1 属 3 种、塘鳢科 1 属 1 种、鰕虎鱼科 1 属 1种、斗鱼科 1 属 1 种。雅砻江干流共有鱼类 64 种和亚种，分别隶属于 5 目 12 科 41 属。其中，鳗鲡科 1 属 1 种、胭脂鱼科 1 属 1 种、鳅科 5 属 13 种、鲤科 19 属 26 种、青鳉科 1 属 1 种、平鳍鳅科 5 属 7 种、鲇科 1 属 2 种、鲿科 3 属 7 种、钝头鮡科 1 属 1 种、鮡科 1 属 2 种、鮨科 1 属种、鰕虎鱼科 1 属 1 种、斗鱼科 1 属 1 种。大渡河干流共有鱼类 63 种和亚种，分别隶属于 5 目 12 科 47 属。其中鲑科 1 属 1 种、鳅科 6 属 9 种、鲤科 22 属 30 种、青鳉科 1 属 1 种、平鳍鳅科 5 属 6 种、鮎科 1 属 2 种、鲿科 4 属 4 种、钝头鮠科 1 属种、鮡科 2 属 3 种、鲃科 1 属 3 种、鰕虎鱼科 1 属 2 种、斗鱼科 1 属 1 种。[①]其中，虎嘉鱼、长须裂腹鱼、裸腹裂腹鱼、裸腹重唇鱼、青石爬鮡、黄石爬鮡、中华鮡、长鳍吻鮈、唇𩾃、小口裂腹鱼、松潘裸鲤等都是中国特有物种。1 种为极危级、5 种为濒危级、1 种为易危级。

6. 旅游资源

甘孜州地处青藏高原和四川盆地的过渡地带，气候带谱完整，地形地貌复杂，文化历史悠久，民族风情独特，旅游资源极为丰富。

甘孜州旅游资源门类齐全、景观丰富、景点众多，可满足旅游者多方面的需要。既有冰川、雪山、草原、江河、奇峰、峡谷、温泉、瀑布、湖泊、森林、珍稀动植物等大量的自然景观旅游资源，又有文物古迹和源远流长的宗教文化及古风尚存的风情民俗。各类景观有机地结合在一起，构成多方面的旅游功能，可为不同层次和不同爱好的旅游者提供探险、游览、观光、娱乐、狩猎、温泉治疗、康复旅游、冰川研究、地热研究、生物研究等多方面的需要。

甘孜州旅游资源特点鲜明，个性突出，原始风貌保存完整。甘孜州自然景观旅游资源有"险、峻、奇、伟、秀"五大特色。而甘孜州的人文景观旅游资源地方民族特色浓郁，宗教文化影响颇深，民间文化、民风民俗古风尚存，质朴典雅，充满地方特色。

甘孜州许多地方原始生态保存较好，特别是自然景观旅游资源绝少人工雕琢的痕迹，加之久远的历史积淀和独特的民族文化，使旅游资源具有很高的观赏价值和科研价值。如贡嘎山风景旅游区内的低海拔冰川、德格印经院等许多自然和人文景观都具有很高的欣赏品位、科考价值。

三、甘孜藏族自治州水电开发的基本情况

（一）水能资源的基本情况

1. 水能资源藏量

甘孜州地处长江上游，金沙江、雅砻江、大渡河自北向南纵贯全境，支流众多、水流湍急、落差极大、水量丰沛，水能资源十分丰富。甘孜州水能资源技术可开发装机容量达 $4\ 132.48 \times 10^4 \text{kW}$，约占全省的 34.43%；技术可开发年发电量达 $1\ 859.62 \times 10^8 \text{kW} \cdot \text{h}$。

2. 水能资源分布

本州水能资源集中分布于金沙江、雅砻江、大渡河三大水系，其分流域的分布情况如下（见表 3-5）：

金沙江流域水能资源技术可开发装机容量为 $1\ 089.48 \times 10^4 \text{kW}$；技术可开发年发电量为 $490.27 \times 10^8 \text{kW} \cdot \text{h}$。其中，干流技术可开发装机容量为 $696 \times 10^4 \text{kW}$，技术可开发年发电量为

---

① 杨齐春，陈俊华，等. 四川西部甘孜、凉山地区鱼类多样性及保护研究[J]. 四川林业科技，2010.

$313.2 \times 10^8 \, kW \cdot h$；支流技术可开发装机容量为 $393.48 \times 10^4 \, kW$，技术可开发年发电量为 $177.07 \times 10^8 \, kW \cdot h$。

表 3-5　甘孜州水能资源技术可开发量和流域分布

项目		技术可开发装机/$\times 10^4 \, kW$	技术可开发年发电量/$\times 10^8 \, kW \cdot h$
金沙江 （界河按一半计入）	干流	696	313.2
	支流	393.48	177.07
	合计	1 089.48	490.27
雅砻江	干流	1 045.9	470.7
	支流	593.81	269.46
	合计	1 639.71	740.16
大渡河	干流	907	447.98
	支流	496.29	181.21
	合计	1 403.29	629.19
总计		4 132.48	1 859.62

雅砻江流域水能资源技术可开发装机容量为 $1\,639.71 \times 10^4 \, kW$；技术可开发年发电量为 $740.16 \times 10^8 \, kW \cdot h$。其中，干流技术可开发装机容量为 $1\,045.9 \times 10^4 \, kW$，技术可开发年发电量为 $470.7 \times 10^8 \, kW \cdot h$；支流技术可开发装机容量为 $593.81 \times 10^4 \, kW$，技术可开发年发电量为 $269.46 \times 10^8 \, kW \cdot h$。

大渡河流域水能资源技术可开发装机容量为 $1\,403.29 \times 10^4 \, kW$；技术可开发年发电量为 $629.19 \times 10^8 \, kW \cdot h$。其中，干流技术可开发装机容量为 $907 \times 10^4 \, kW$，技术可开发年发电量为 $447.98 \times 10^8 \, kW \cdot h$；支流技术可开发装机容量为 $496.29 \times 10^4 \, kW$，技术可开发年发电量为 $181.21 \times 10^8 \, kW \cdot h$。

3. 水能资源特点

（1）分布广泛又集中。一是流域面积大。甘孜州面积 $15.37 \times 10^4 \, km^2$，辖 18 个县 325 个乡镇，是长江上游的源头地区，"两江一河"（金沙江、雅砻江、大渡河）自北向南流经州内 18 个县，流域面积达 $14.61 \times 10^4 \, km^2$。二是水能资源集中。甘孜州水能资源主要集中分布在东、南、西部的边缘峡谷地区的康定、泸定、九龙、雅江、乡城、得荣、丹巴、巴塘等县，约占甘孜州总蕴藏量的 90%，而这些地区的面积只占到甘孜州总面积的 45% 左右，可见峡谷地区水能资源优势十分明显。

（2）点址结构较为合理。一是大型电站点址众多。甘孜州大型电站点址主要分布在"两江一河"干流，三大干流水能资源技术可开发量达 $2\,648.9 \times 10^4 \, kW$，占甘孜州水能资源技术可开发总量的 64.1%。二是梯级开发条件较好。多数电站都呈梯级分布，通过梯级开发，实行联合运行，可大大提高电站的运行效率，取得良好的经济效益。

（3）开发条件较好。一是天然落差大。"两江一河"（金沙江、雅砻江、大渡河）干流和支流都具有很大的天然落差，金沙江天然落差达 1 500 m，平均比降为 1.44%；雅砻江天然落差达 1 573 m，平均比降为 2.3%，其中局部河段可达到 6.4%；大渡河天然落差达 915 m，平均比降为 3.72%。二是开发成本低。"两江一河"河谷深切，河道两岸坡度陡峭，地质地貌条件好，有利于建筑高坝，且多数电站选址地人烟稀少，土地淹没损失小、库区移民搬迁少，开发建设成本低。

（二）水能资源开发利用现状

在四川省"十三五"期间，将新开工"两江一河"水电建设 $2\,658.8\times10^4\,kW$，到 2020 年年底建成 $1\,470\times10^4\,kW$；其中，在"十三五"期间，金沙江流域开工建设 $1\,408.5\times10^4\,kW$，到 2020 年年底建成 $1\,349\times10^4\,kW$，建成投产乌东德 $510/2\times10^4\,kW$、观音岩 $60/2\times10^4\,kW$、拉哇 $200/2\times10^4\,kW$、岗托 $110/2\times10^4\,kW$、波罗 $96/2\times10^4\,kW$、昌波 $106/2\times10^4\,kW$、金沙 $56\times10^4\,kW$、银江 $36\times10^4\,kW$、旭龙 $222/2\times10^4\,kW$，加快乌东德 $510/2\times10^4\,kW$、苏洼龙 $120/2\times10^4\,kW$；雅砻江流域开工建设 $734.5\times10^4\,kW$，到 2020 年年底建成 $1\,470\times10^4\,kW$，建成投产桐子林 $15\times10^4\,kW$，新开工牙根一级 $27\times10^4\,kW$、牙根二级 $108\times10^4\,kW$、楞古 $257.5\times10^4\,kW$、孟底沟 $240\times10^4\,kW$、卡拉 $102\times10^4\,kW$，加快建设两河口 $300\times10^4\,kW$、杨房沟 $150\times10^4\,kW$；大渡河流域开工建设共 $515.8\times10^4\,kW$，于 2020 年年底建成 $1\,737\times10^4\,kW$，建成投产猴子岩 $170\times10^4\,kW$、长河坝 $260\times10^4\,kW$、丹巴 $119.6\times10^4\,kW$、老鹰岩一级 $22\times10^4\,kW$、枕头坝二级 $32.6\times10^4\,kW$、沙坪一级 $34\times10^4\,kW$、安宁 $38\times10^4\,kW$、巴底 $72\times10^4\,kW$。加快建设双江口 $200\times10^4\,kW$。

近 10 年来，甘孜藏族自治州"两江一河"干流开发进程加快，大渡河泸定、长河坝电站、黄金坪、猴子岩、两河口、丹巴、巴底、硬梁包、牙根一级、牙根二级等干流电站建设速度进一步加快，并大部分投入运营；各中小流域水能开发进展顺利，河流规划陆续完成，部分中型电站已投产发电。"两江一河"流域进一步推进"流域化、基地化、集群化"开发，加大大渡河、雅砻江、金沙江干流开发力度，加强甘孜东北部水电集群和南部水电集群建设，形成"三江二片"水电基地基本格局。

1. "三江"水电基地建设

（1）大渡河水电基地。

甘孜州境内，大渡河干流规划 7 级电站，自上而下为：巴底、丹巴、猴子岩、长河坝、黄金坪、泸定、硬梁包（大岗山电站坝在雅安市石棉县境内，甘孜藏族自治州泸定县德威乡属库区移民区，故未计算入甘孜州境内），总装机 $907\times10^4\,kW$。

"十二五"期间，建设规模 $907\times10^4\,kW$，建成投产 $437\times10^4\,kW$。其中，长河坝、黄金坪、泸定电站，总装机 $437\times10^4\,kW$，目前已建成投产。新开工丹巴、巴底、猴子岩、硬梁包电站，总装机 $470\times10^4\,kW$，结转到"十三五"续建（大渡河梯级电站纵剖面图，见图 3-6）。

（2）雅砻江水电基地。

雅砻江贯穿甘孜州全境，境内电源点众多，总装机容量达 $1\,045.9\times10^4\,kW$。其中，雅砻江上游河段推荐 9 级开发，自上而下为鄂曲、温波、木能达、格尼、仁达、乐安、新龙、共科、甲西，总装机容量约 $250\times10^4\,kW$，目前已开发共科、甲西电站。雅砻江中游甘孜境内为 5 级开发，自上而下为两河口、牙根一级、牙根二级、楞古、孟底沟，总装机约 $795.9\times10^4\,kW$，目前均已完成前期设计工作，正进一步加快建设步伐。

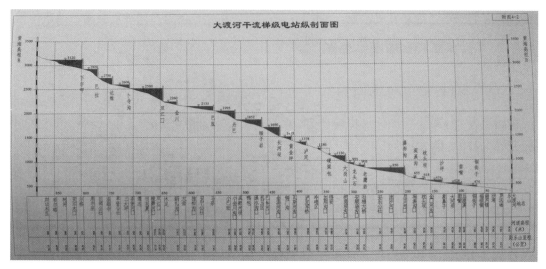

图 3-6 大渡河梯级电站纵剖面

"十二五"期间正开工建设两河口、牙根一级、牙根二级、楞古、孟底沟电站，总装机 $877.9×10^4$ kW（孟底沟电站装机 $216×10^4$ kW，为甘孜州九龙、凉山木里界河，因此装机按一半测算，即 $108×10^4$ kW），期内无新增装机建成，全部结转到"十三五"续建。

（3）金沙江水电基地。

金沙江上游为四川、青海、西藏、云南界河，水电装机按一半计入四川省。根据最新的金沙江上游规划方案，上游河段推荐 13 级开发，自上而下为：西绒、晒拉、果通、岗托、岩比、波罗、叶巴滩、拉哇、巴塘、苏洼龙、昌波、旭龙、奔子栏，总装机为 $1392×10^4$ kW，计入甘孜州的装机容量为 $696×10^4$ kW。

"十二五"已开工建设拉哇、苏洼龙、叶巴滩电站，总装机 $241×10^4$ kW，期内无新增装机建成，全部结转到"十三五"续建。

2. 水电集群建设

（1）东北部水电集群。

甘孜东北部包括康定、泸定、丹巴、九龙、雅江、道孚、炉霍、新龙、甘孜、色达、德格、石渠、白玉等 13 县，主要河流有九龙河、子耳河、孟底沟、三岩龙河、革什扎河、东谷河、金汤河、巴朗沟、瓦斯河，鲜水河、庆大河、霍曲河、力丘河、理塘河等。

东谷河：位于甘孜州丹巴县境内，规划 9 级开发，总装机 $38.1×10^4$ kW；目前在建或已建成的为东谷电站（$7.5×10^4$ kW）、国如电站（$4.8×10^4$ kW），总装机 $12.3×10^4$ kW；牦牛一级（$1.5×10^4$ kW）、牦牛二级（$2.7×10^4$ kW）、永西（$7.0×10^4$ kW）、沙冲一级（$3.2×10^4$ kW），处于前期设计阶段，总装机 $14.4×10^4$ kW。

革什扎河：位于甘孜州丹巴县境内，按规划四级开发，总装机 $46.6×10^4$ kW；目前已建成吉牛电站（$24×10^4$ kW）、二瓦槽电站（$8.4×10^4$ kW）、大桑电站（$5.2×10^4$ kW）、两河口电站（$9×10^4$ kW）。

巴郎河：位于甘孜州康定市境内，干流规划 2 级开发，总装机 $16.8×10^4$ kW；巴郎口水电站（$9.6×10^4$ kW）、华山沟电站（$7.2×10^4$ kW）均已建成投产。

金汤河：位于甘孜州康定市境内，规划 4 级开发，总装机 $42.2 \times 10^4 \mathrm{kW}$；金康电站（$15 \times 10^4 \mathrm{kW}$）、金平电站（$10 \times 10^4 \mathrm{kW}$）、金元电站（$12 \times 10^4 \mathrm{kW}$）、汤坝电站（$5.2 \times 10^4 \mathrm{kW}$）已全部建成投产。

瓦斯河：位于甘孜州康定市境内，由雅拉河和折多河汇流而成，干流规划 3 级开发，小天都电站（$24 \times 10^4 \mathrm{kW}$）、冷竹关电站（$18 \times 10^4 \mathrm{kW}$）、龙洞水电站（$16.5 \times 10^4 \mathrm{kW}$）、折多河的驷马桥电站（$2.4 \times 10^4 \mathrm{kW}$）、苗圃电站（$3 \times 10^4 \mathrm{kW}$）均已建成投产。

鲜水河：位于甘孜州甘孜、道孚、炉霍、新龙、雅江县境内，规划 12 级开发，总装机 $48.9 \times 10^4 \mathrm{kW}$，目前已建成孟拖电站（$1.89 \times 10^4 \mathrm{kW}$）、炉霍鲜水河电站（$0.75 \times 10^4 \mathrm{kW}$）、关门梁电站（$8.1 \times 10^4 \mathrm{kW}$）、朱巴电站（$5 \times 10^4 \mathrm{kW}$）。其余电站已有部分开始设计，总装机 $33.16 \times 10^4 \mathrm{kW}$。

庆大河：位于甘孜州雅江、道孚县境内，干流规划 2 级开发，总装机 $18.9 \times 10^4 \mathrm{kW}$，其中格拉基电站装机 $12 \times 10^4 \mathrm{kW}$，瓦戈吉电站 $6.9 \times 10^4 \mathrm{kW}$。目前两个项目正已于 2015 年年底建成投产。

霍曲河：位于甘孜州雅江县境内，干流规划 8 级开发，总装机 $53.15 \times 10^4 \mathrm{kW}$；已建成唐岗电站，装机 $0.75 \times 10^4 \mathrm{kW}$；在建电站为葛达电站，装机 $6 \times 10^4 \mathrm{kW}$；盆达（$2.2 \times 10^4 \mathrm{kW}$）、达阿果（$22 \times 10^4 \mathrm{kW}$）、德差（$7.2 \times 10^4 \mathrm{kW}$）、雄美（$8 \times 10^4 \mathrm{kW}$）、汪堆（$3.2 \times 10^4 \mathrm{kW}$）、巴德（$3.8 \times 10^4 \mathrm{kW}$）处于前期设计阶段，总装机 $46.4 \times 10^4 \mathrm{kW}$。

力丘河：位于甘孜州康定市境内，干流规划 4 级开发，总装机 $65 \times 10^4 \mathrm{kW}$；松林电站（$11 \times 10^4 \mathrm{kW}$）、决洛电站（$12 \times 10^4 \mathrm{kW}$）、塔坑电站（$22 \times 10^4 \mathrm{kW}$）、金顶电站（$20 \times 10^4 \mathrm{kW}$）均处于前期设计阶段，现已建成投产。

孟底沟：位于甘孜州九龙县境内，干流规划 1 级开发，小孟底沟电站，装机 $8 \times 10^4 \mathrm{kW}$，目前已建成投产。

三岩龙：位于甘孜州九龙县境内，干流规划 3 级开发，石多电站（$4 \times 10^4 \mathrm{kW}$）、石埂电站（$0.8 \times 10^4 \mathrm{kW}$）、三岩龙电站（$4 \times 10^4 \mathrm{kW}$）。目前已经建成投产。

九龙河：位于甘孜州九龙县境内，干流规划 5 级开发，溪古电站（$24.9 \times 10^4 \mathrm{kW}$）、五一桥电站（$13.2 \times 10^4 \mathrm{kW}$）、沙坪电站（$16.2 \times 10^4 \mathrm{kW}$）、偏桥电站（$22.8 \times 10^4 \mathrm{kW}$）、江边电站（$33 \times 10^4 \mathrm{kW}$），总装机 $110.1 \times 10^4 \mathrm{kW}$；左岸支流踏卡河规划 2 级开发，斜卡电站（$13 \times 10^4 \mathrm{kW}$）、踏卡电站（$11 \times 10^4 \mathrm{kW}$），总装机 $24 \times 10^4 \mathrm{kW}$；右岸支流铁厂河干流规划 2 级开发，杉树坪电站（$1.4 \times 10^4 \mathrm{kW}$）、河口电站（$6.5 \times 10^4 \mathrm{kW}$），总装机 $7.9 \times 10^4 \mathrm{kW}$。目前，均已建成投产。

子耳河：位于甘孜州九龙县境内，干流规划 3 级开发，小板桥点（$3 \times 10^4 \mathrm{kW}$）、麻窝电站（$3 \times 10^4 \mathrm{kW}$）、河口电站（$3.6 \times 10^4 \mathrm{kW}$），总装机 $9.6 \times 10^4 \mathrm{kW}$，已建成投产。

偶曲河：位于甘孜州白玉县境内，干流规划 5 级开发，玉桑、章都、阿色、协达亚通电站，总装机 $13.4 \times 10^4 \mathrm{kW}$。

色曲河：位于甘孜州德格、色达县境内，规划一库四级开发，霍西（$5.6 \times 10^4 \mathrm{kW}$）、杨各（$2.8 \times 10^4 \mathrm{kW}$）、甲学（$6.4 \times 10^4 \mathrm{kW}$）和歌乐沱（$2.8 \times 10^4 \mathrm{kW}$），总装机容量 $19.8 \times 10^4 \mathrm{kW}$。

赠曲河：位于甘孜州白玉县境内，干流规划 8 级开发，京都（$3.4 \times 10^4 \mathrm{kW}$）、嘎龙（$2.7 \times 10^4 \mathrm{kW}$）、瓦其拉（$1.7 \times 10^4 \mathrm{kW}$）、俄果（$6.6 \times 10^4 \mathrm{kW}$）、上巴卡（$18.2 \times 10^4 \mathrm{kW}$）、然章（$6.6 \times 10^4 \mathrm{kW}$）、松雪（$6.2 \times 10^4 \mathrm{kW}$）、白龙电站（$6.5 \times 10^4 \mathrm{kW}$），总装机容量 $51.9 \times 10^4 \mathrm{kW}$。

"十二五"期间，东北部集群水电建设规模达 $831.316 \times 10^4 \mathrm{kW}$。其中，新开工规模 $591.97 \times$

10^4 kW，新增装机容量 482.126×10^4 kW，结转在建装机容量 349.19×10^4 kW 到"十三五"续建。

（2）南部水电集群。

甘孜南部包括稻城、乡城、得荣、巴塘、理塘等 5 县，主要河流有巴楚河、莫曲河、定曲河、玛依河、硕曲河、东义河（甘孜境内）、赠曲河、偶曲河、赤土河、稻城河、那曲河等。

东义河：位于甘孜州稻城县境内，干流规划 6 级开发，卡斯电站（3.1×10^4 kW）、尼隆电站（3×10^4 kW）、浪都电站（3.3×10^4 kW）、东义电站（12.4×10^4 kW）、色苦电站（3.4×10^4 kW）、益地电站（16.8×10^4 kW），总装机 42×10^4 kW。

硕曲河：位于甘孜州乡城、得荣县境内，干流规划 6 级开发。其中，乡城县 5 级：古瓦电站（22.2×10^4 kW）、娘拥电站（9.3×10^4 kW）、乡城电站（12×10^4 kW）、洞松电站（18×10^4 kW）、格龙电站（5.1×10^4 kW），总装机 66.6×10^4 kW；得荣县境内 1 级：去学电站（24.6×10^4 kW）。

定曲河：位于甘孜州乡城、得荣县境内，干流规划 8 级开发。其中，乡城县 3 级：松多电站（6×10^4 kW）、正斗电站（2.48×10^4 kW）、水若电站（2.9×10^4 kW），总装机 11.38×10^4 kW；得荣县境内 5 级：门扎电站（3.3×10^4 kW）、扎杂电站（3.2×10^4 kW）、得荣电站（5.0×10^4 kW）、奔都电站（5.0×10^4 kW）、古学电站（9×10^4 kW），总装机 25.5×10^4 kW。

玛依河：位于甘孜州乡城、得荣县境内，干流规划 9 级开发。其中，乡城县境内 7 级：扎古电站（3.2×10^4 kW）、尼格电站（4.6×10^4 kW）、阿都电站（0.9×10^4 kW）、热打电站（0.7×10^4 kW）、尼丁电站（0.9×10^4 kW）、玛依河一级跌水电站（1.2×10^4 kW）、玛依河二级跌水电站（1.8×10^4 kW），总装机 13.3×10^4 kW；得荣县境内 2 级开发：且勇电站（1.95×10^4 kW）、指岛电站（5.1×10^4 kW），总装机 7.05×10^4 kW。

巴楚河：位于甘孜州巴塘县境内，干流规划 5 级开发，拉拉山电站（9.6×10^4 kW）、松多电站（8.1×10^4 kW）、党恩电站（16.8×10^4 kW）、党村电站（4.2×10^4 kW）、巴塘电站（5.1×10^4 kW），总装机 43.8×10^4 kW。

莫曲河：位于甘孜州巴塘县境内，干流 4 级开发，中咱电站（1.3×10^4 kW）、雪波电站（1.55×10^4 kW）、蒙龙西电站（2.48×10^4 kW）、穷德电站（9×10^4 kW），总装机 14.33×10^4 kW。

无量河：位于甘孜州理塘县境内，干流规划 6 级开发，确如多（12×10^4 kW）、查日马东（11.2×10^4 kW）、隆果（2.8×10^4 kW）、木拉（8×10^4 kW）、尼木（8.5×10^4 kW）、舒鲁亚扎（11.5×10^4 kW），总装机 54×10^4 kW。其中确如多电站正在开展前期工作。

规划"十二五"期，南部集群水电建设规模达到 369.9×10^4 kW。其中，新开工规模 293.38×10^4 kW，新增装机容量 210.66×10^4 kW，结转在建装机容量 159.24×10^4 kW 到"十三五"续建。

"十二五"期也是甘孜州水电发展的高峰期。在"十二五"期间，启动了干流大部分水电开发项目，完成了主要中小流域开发，新增装机容量 $1\,129.786 \times 10^4$ kW。其中，干流新增装机容量达到 437×10^4 kW，中小流域新增装机容量 692.786×10^4 kW。总装机达到 $1\,409.786 \times 10^4$ kW，在建项目装机达到 $2\,097.33 \times 10^4$ kW。至 2015 年前后，水电装机容量已达到 $1\,000 \times 10^4$ kW，在建装机容量达到 $1\,500 \times 10^4$ kW。

甘孜州重点区域及电站规划新增装机建设时序如表 3-6 所示。

表3-6　甘孜州重点区域及电站规划新增装机建设时序

年　份	所属流域名称	基准年	"十二五"期	"十三五"期	远期	小计	备注
一、三江水电基地			437	2 211.9		2 648.9	
（一）大渡河水电基地			437	470		907	
1　大渡河长河坝电站	大渡河		260				康定市
2　大渡河黄金坪电站	大渡河		85				康定市
3　大渡河猴子岩电站	大渡河			172			康定市
4　大渡河泸定电站	大渡河		92				泸定县
5　硬梁包电站	大渡河			120			泸定县
6　丹巴电站	大渡河			110			丹巴县
7　巴底电站	大渡河			68			丹巴县
（二）雅砻江水电基地				983.9	62	1 045.9	
1　孟底沟电站	雅砻江			216（108）			界河计一半装机，九龙县
2　两河口电站	雅砻江			300			雅江县
3　牙根一级电站	雅砻江			21.4			雅江县
4　牙根二级电站	雅砻江			99			雅江县
5　楞古电站	雅砻江			271.5			雅江县
6　温波电站	雅砻江				6		石渠县
7　木能达	雅砻江				34		德格县
8　格尼电站	雅砻江				22		甘孜县
9　仁达电站	雅砻江			52			甘孜县
10　乐安	雅砻江			30			新龙县
11　新龙	雅砻江			24			新龙县
12　共科	雅砻江			42			新龙县
13　甲西	雅砻江			36			新龙县
（三）金沙江水电基地				545	151	696	
1　旭龙电站	金沙江			222（111）			界河计一半装机，得荣县
2　奔子栏电站	金沙江				188（94）		界河计一半装机，得荣县
3　拉哇电站	金沙江			168（84）			界河计一半装机，巴塘县
4　苏洼龙电站	金沙江			116（58）			界河计一半装机，巴塘县
5　昌波电站	金沙江			106（53）			界河计一半装机，巴塘县

续表

年　份	所属流域名称	基准年	"十二五"期	"十三五"期	远期	小计	备注
6　巴塘电站	金沙江			74（37）			界河计一半装机，巴塘县
7　叶巴滩电站	金沙江			198（99）			界河计一半装机，白玉县
8　波罗电站	金沙江			96（48）			界河计一半装机，白玉县
9　西绒电站	金沙江				32（16）		
10　晒拉电站	金沙江				38（19）		
11　果通电站	金沙江				14（7）		
12　岩比电站	金沙江				30（15）		
13　岗托电站	金沙江			110（55）			
二、两大集群		280.065 5	692.786	508.43		1 481.281 5	
（一）东北部水电集群		269.444 5	482.126	349.19		1 100.760 5	
康定		121.72	74.32	83.7		279.74	
1　2.5万以下电站	大渡河/雅砻江支流		50.42				
2　金平电站	金汤河		8.1				
3　金元电站	金汤河		10.8				
4　松林电站	力邱河			8			
5　决洛电站	力邱河			10			
6　塔坑电站	力邱河			18			
7　金顶电站	力邱河			20			
8　龙洞水电站	瓦斯河			16.5			
9　汤坝电站	金汤河			5.2			
10　桦胶桥电站	折多河		5				
11　2.5万以下电站	大渡河/雅砻江支流			6			
泸定		16.624 5	24.16	6		46.784 5	
1　2.5万以下电站	大渡河支流		15.36				
2　新兴电站	雅家埂河		2.8				
3　湾东河二级电站	湾东河		6				
4　蔡阳电站	燕子沟			6			

续表

年 份	所属流域名称	基准年	"十二五"期	"十三五"期	远期	小计	备注
丹巴		3.8	105.81	55		164.61	
1 吉牛电站	革什扎河		24				
2 关州电站	小金河		24				
3 东谷电站	东谷河		7.5				
4 国如电站	东谷河		4.8				
5 2.5万以下电站	大渡河支流		19.71				
6 大桑电站	革什扎河		4.5				
7 东谷河三级电站	东谷河		4				
8 沙冲一级电站	东谷河		3.2				
9 永西电站	东谷河		6.9				
10 牦牛二级电站	东谷河		2.7				
11 牦牛一级电站	东谷河			4.5			
12 二瓦槽电站	革什扎河				8.4		
13 两河口电站	革什扎河				9		
14 2.5万以下电站	大渡河支流				14.6		
15 党岭沟一、二级电站	党岭沟				4.6		
16 喇嘛寺电站	小金河				3		
17 插草坪电站	插草坪沟				4.5		
18 磨子沟一、二、三级电站	磨子沟				10.9		
九龙			114.872	149.91	10	274.782	
1 2.5万以下电站	大渡河/雅砻江支流			57.01			
2 溪谷电站	九龙河			24.9			
3 斜卡电站	踏卡河			13			
4 麻窝电站	子耳河			3			
5 小板桥电站	子耳河			3			
6 石多电站	三岩龙河			4			
7 三岩龙电站	三岩龙河			4			

续表

年　份	所属流域名称	基准年	"十二五"期	"十三五"期	远期	小计	备注
8 江边电站	九龙河			33			
9 小孟底沟电站	孟底沟河			8			
10 湾三电站	湾坝河				10		
11 雅江		1.222	10	58.69	35.43	95.342	
1 葛达电站	霍曲河			6			
2 2.5万以下电站	雅砻江支流		15.49				
3 达阿果电站	霍曲河		22				
4 德差电站	霍曲河		7.2				
5 雄美电站	霍曲河		8				
6 瓦戈吉电站	庆大河			6.2			
7 汪堆电站	霍曲河			3.2			
8 巴德电站	霍曲河			3.8			
9 2.5万以下电站	雅砻江支流			22.23			
道孚		3.015	12.45	20.9		36.365	
1 2.5万以下电站	雅砻江支流		4.4				
2 沙冲河电站	沙冲河		4.05				
3 甲斯孔电站	甲斯孔河		4				
4 庆大河电站	庆大河			7.4			
5 大览村电站	鲜水河			3.2			
6 银恩电站	鲜水河			4			
7 那曲电站	那曲河			6.3			
炉霍		1.211	6.39	37.7		45.301	
1 2.5万以下电站	雅砻江支流		6.39				
2 关门梁电站	鲜水河			8.1			
3 朱巴电站	鲜水河			5.1			
4 卡娘（宗达）电站	鲜水河			3			
5 斯木乡瓦达电站	鲜水河			7.5			
6 旦都乡马居电站	鲜水河			5			
7 旦都乡瓦角电站	鲜水河			3			
8 朱倭乡苦马电站	鲜水河			3			
9 充古乡折诸电站	鲜水河			3			
新龙		0.547 5	35.476	10.9		46.923 5	
1 2.5万以下电站	雅砻江支流		28.176				
2 库边电站	仁达沟		3.8				
3 朗村一级电站	郎村沟		3.5				
4 娃日电站	那曲河			10.9			

续表

年　份		所属流域名称	基准年	"十二五"期	"十三五"期	远期	小计	备注
	甘孜		0.969 5	1.6	11.04		13.609 5	
1	2.5万以下电站	雅砻江支流		1.6				
2	玉龙河梯级开发	阿洛曲			6			
3	2.5万以下电站	雅砻江支流			5.04			
	色达		1.18	1.78	18.02		20.98	
1	2.5万以下电站	大渡河支流		1.78				
2	霍西电站二期	色曲河			4.4			
3	杨各电站	色曲河			4.14			
4	翁达电站	色曲河			4.08			
5	歌乐沱电站	色曲河			5.4			
	德格		1.467	4			5.467	
1	2.5万以下电站	雅砻江/ 金沙江支流		4				
	石渠		0.704	2.44			3.144	
1	2.5万以下电站	雅砻江/ 金沙江支流		2.44				
	白玉		2.112	5.1	60.5		67.712	
1	2.5万以下电站	金沙江支流		5.1				
2	协达电站	偶曲河			3.5			
3	然章电站	赠曲河			6.6			
4	嘎龙电站	赠曲河			2.7			
5	上巴卡电站	赠曲河			18.2			
6	松雪电站	赠曲河			6.2			
7	京都电站	赠曲河			3.4			
8	俄果电站	赠曲河			6.6			
9	白龙电站	赠曲河			6.5			
10	玉桑电站	偶曲河			3.4			
11	亚通电站	偶曲河			3.4			
（二）南部水电集群			10.621	210.66	159.24		380.521	
	理塘		1.551		56.85		58.401	
1	2.5万以下电站	雅砻江支流			2.85			
2	查日马东	无量河			11.2			
3	隆果	无量河			2.8			
4	木拉	无量河			8			
5	尼木	无量河			8.5			
6	舒鲁亚扎	无量河			11.5			
7	确如多	无量河			12			

续表

年　份		所属流域名称	基准年	"十二五"期	"十三五"期	远期	小计	备注
	稻城		1.04	79.82			80.86	
1	2.5万以下电站	金沙江支流		7.42				
2	日霍水电站	稻城河		6				
3	日瓦水电站	赤土河		11				
4	黑龙水电站	赤土河		6.2				
5	额斯水电站	稻城河		5.1				
6	各瓦水电站	稻城河		2.8				
7	益地电站	东义河		16.8				
8	色苦电站	东义河		3.5				
9	东义电站	东义河		11.6				
10	浪都电站	东义河		3.3				
11	尼隆电站	东义河		3				
12	卡斯电站	东义河		3.1				
	乡城		6.325	56.48	38.5		101.305	
1	娘拥电站	硕曲河		9.3				
2	乡城电站	硕曲河		12				
3	洞松电站	硕曲河		18				
4	2.5万以下电站	金沙江支流		9.18				
5	水若水电站	定曲河		2.9				
6	格龙水电站	硕曲河		5.1				
7	松多水电站	定曲河			6			
8	古瓦水电站	硕曲河			22.2			
9	2.5万以下电站	金沙江支流			2.5			
10	扎古电站	玛依河			3.2			
11	尼格电站	玛依河			4.6			
	得荣		0.64	46.3	9.1		56.04	
1	2.5万以下电站	金沙江支流		2.6				
2	古学电站	定曲河		9				
3	去学电站	硕曲河		24.6				
4	门扎电站	定曲河		3.3				
5	扎杂电站	定曲河		3.2				
6	得荣电站	定曲河		3.6				
7	奔都电站	定曲河			4			
8	指岛电站	玛依河			5.1			

续表

年　份	所属流域名称	基准年	"十二五"期	"十三五"期	远期	小计	备注
巴塘		1.065	28.06	54.79		83.915	
1　2.5万以下电站	金沙江支流		18.46				
2　拉拉山水电站	巴楚河		9.6				
3　松多水电站	巴楚河			8.1			
4　党恩水电站	巴楚河			16.8			
5　党村水电站	巴楚河			4.2			
6　巴塘水电站	巴楚河			5.1			
7　2.5万以下电站	金沙江支流			11.39			
8　波密电站	定曲河			3.3			
9　扎忠电站	定曲河			2.6			
10　吉绒溪电站	定曲河			3.3			

第二节　甘孜藏族自治州"两江一河"水电开发区所取得的成果

一、甘孜藏族自治州水电资源开发利用取得的成果

经过10余年的水电资源持续开发，甘孜州水电产业走上了"整体、组团"发展的道路，水电产业已取得初步成效。随着甘孜藏族自治州水电开发产业化，不管是对本地水电产业自身发展，还是对地方社会、经济、政治、文化、生态都带来了巨大的效益。

（一）水电规划持续扩大，区域电网初具规模

随着水电产业装机规模持续增长，截至2010年，甘孜州水电装机容量达到280×10^4 kW，占甘孜州技术可开发量的6.8%，是2000年26×10^4 kW的10.8倍，比2000年年底净增254×10^4 kW。2013年核准开工硬梁包、两河口、牙根二级、苏洼龙等电站，装机约640×10^4 kW；2014年核准开工牙根一级、丹巴、巴底、拉哇、叶巴滩等电站，装机约550×10^4 kW；2015年核准开工孟底沟、楞古、甲西、共科、仁达、新龙、巴塘、昌波等电站，装机约830×10^4 kW。加快约850×10^4 kW水电项目前期工作，其中，金沙江上游川藏段波罗、岗托电站约210×10^4 kW；金沙江上游川青段约84×10^4 kW、川滇段约410×10^4 kW；雅砻江上游约146×10^4 kW。到2015年，竣工投产猴子岩、黄金坪、吉牛、关洲、溪古、去学等大中型水电站，新增装机600×10^4 kW，总装机容量达到$1\,000\times10^4$ kW。

为满足水电开发产业化发展的需求，甘孜州骨干电网建设步伐进一步加快。截至2011年，甘孜州就已建成投运九龙、康定500 kV输变电工程，核准开工泸定500 kV开关站工程，启

动丹巴、乡城、康定新都桥、溪古 500 kV 输变电工程前期工作，一批 220 kV 输变电工程完工或开展前期工作。迄今为止，这些工程已大部分建成并投入使用。电网建设的全面推进，有效提升了甘孜州水电资源送出能力。以电网建设引导水电开发，对促进甘孜州经济发展有着十分重要的作用。

在水电开发产业化的带动下，农村电网建设硕果累累。国家实施扩大内需、完善农村电网和无电地区电力建设，极大地改善了甘孜州农村电力基础设施的条件，使农牧区用电难问题得到逐步解决，提高了农牧区用电质量，使农牧民生产生活条件得到改善，信息交流更为畅通，了解各方面的经济信息的渠道变得更为多样，开阔了农牧民生活的视野，拓宽了他们脱贫致富的路子，从而推动当地社会稳定和经济发展。截至 2011 年，甘孜州已建成 35 kV 线路 1 921.05 km，变电站 82 座；10 kV 配电变压器 4 079 台，主变容量 359.157 MVA，线路 8 049.235 km；低压线路 10 362.34 km。

（二）项目储备规模越来越大，投资主体多元化

随着水电开发产业化的推进，国家和四川省对甘孜州水电产业的关注度日益提高，仅 2006—2010 年 5 年间，国家和省两级核准的水电项目的装机规模就达 585×10⁴ kW。迄今为止，当年由国家核准的长河坝电站、泸定电站、江边电站三座大型水电站（总装机 385× 10⁴ kW），四川省核准的九龙斜卡电站、乡城洞松电站、乡城电站、康定金元电站、金平电站、丹巴东谷电站、国如电站、关洲电站、雅江葛达电站等（装机容量约 200×10⁴ kW），大部分都已建成并投入使用。

随着一大批符合规划、技术经济指标优越的大中型水电项目相继建成并投入使用，彻底扭转了长期以来水电前期工作经费严重不足、前期工作进度严重滞后的被动局面，水电项目基本上每年均能"投产一批，开工一批，储备一批"，水电开发产业建设走上了良性发展的道路，项目储备逐步扩大（如康东、康南流域开展前期工作的水电站装机容量超过 1 000×10⁴ kW），并走上规范化、程序化、科学化之路。

到目前为止，各企业对甘孜州水电开发的热情空前高涨，投资主体多元化。二滩公司、川投集团、久隆公司等国有大型企业都已进驻甘孜州，并正在大力开发各县水电项目；各类中小型民营开发企业已达 130 余家，并已加入甘孜州水电能源开发大军，为加快甘孜州水电能源建设做出了积极的贡献。

（三）政策机制逐步完善

在过去 5 年期间，甘孜州先后出台了《关于进一步加快甘孜州生态能源产业发展的意见》《关于进一步规范水电开发秩序的通知》《关于进一步加强水电项目管理的几点意见》《关于加快电网建设的若干意见》等规范性文件，并将以水电为主的生态能源产业作为当地主要支柱产业之一，极大地促进了水电事业的发展，为甘孜州水电、电网建设程序化、科学化、规范化提供了依据。2009 年，甘孜州顺利完成水电开发利益共享机制试点工作，为下一步甘孜州实施水电资源有偿使用和补偿机制工作积累了经验，奠定了基础。同时，甘孜州加强与省电力公司的合作，与之签订十二县《代管地方电力公司协议书》，进一步推进地方电力体制改革工作。

二、甘孜藏族自治州水电开发产业带来的经济效益

（一）水电投资总价值

"十二五"期间，仅甘孜州大渡河干流长河坝、黄金坪、泸定水电站及一大批中小型电站的竣工投产，就新增装机总容量约 $1\,000\times10^4$ kW，加上"十二五"期间开工建设，结转到"十三五"建设的项目，甘孜州"十二五"期总投资就超过 1 000 亿元。"十二五"期甘孜州还加大了电网投资力度，建设成 500 kV、220 kV、110 kV 以及农网电网建设工程，其总投资达到 170 亿元左右。综上，在整个"十二五"期，甘孜州甘孜州水电产业总投资就达到了 1 170 亿元。

（二）水电企业电力生产效益核算

1．水电企业电力生产直接效益

在 2011—2015 年 5 年间，甘孜州共有约 $1\,000\times10^4$ kW 新增装机容量先后投产，按 2010 年年发电量 450×10^8 kW·h，保证发电量 360×10^8 kW·h，根据测算的基础上网电价，每年有效电量收入为 103.68 亿元；按四川电网独立电厂上网平均（不含税 0.239 元/kW·h）电价测算，每年发电收入可达 86.04 亿元。

2．对地方财政收入的作用

（1）建设期收入：在"十二五"期间，全甘孜州水电开发产业总投资为 1 170 亿元，应上缴的建筑业营业税、城市维护建设税、教育附加（综合税率 3.18%）合计 37.21 亿元，征收价调基金（3‰）3.52 亿元，则建设期州内可得地方税共计 40.73 亿元。

（2）运行期收入：2015 年新增装机约 $1\,000\times10^4$ kW 实现销售收入 103.68 亿元。根据现行税法规定，独立核算的电力企业电力产品增值税税率为 17%，增值税为国税，但州内提留 25%，则提留增值税部分为 3.63 亿元，增值税附加的城市维护建设税 0.883 亿元，附加的教育税 0.31 亿元，仅 2015 年 1 年投产正常运行的电站，就为甘孜州上缴地税税金 4.823 亿元（未计所得税）。

由此可见，随着水电开发产业化的发展，甘孜州获得了较多的地方税收，水电开发产业对甘孜州地方财政收入做出了较大贡献。

三、甘孜藏族自治州水电开发产业带来的环境效益

随着我国工业化进程的快速推进，我国的生态环境日益恶化，环境污染日益严重。其中，大气污染以煤烟等为主，占电力装机 73% 左右的火电机组则是主要的污染源。尤其是在我国南方特别是四川省，不仅煤炭资源缺乏，而且煤质差发热量低，含硫量高污染大，我国南方不少地区成为全国酸雨重点地区，造成重大的环境破坏和经济损失。大力发展以水电为主的生态能源，用清洁的可再生能源对高污染的不可再生能源形成替代，促进我国能源消费乃至经济社会的可持续发展，将具有重大的生态环境效益和经济社会效益。

（一）对全国资源和环境的改善作用

随着我国经济社会的快速发展，我国已成为世界上能源消耗的第二大国。我国能源消耗

具有以煤炭为主的特点，是世界上唯一以煤炭为主的能源消费大国。我国 2010 年能源消费总量增长 5.9%，达到 32.5 亿吨标准煤。若折算成标准油，中国 2010 年的能源消费总量约为 22.75 亿吨标准油。以煤炭为主的能源消费结构，对我国资源和环境造成了很大的压力，主要表现在两个方面：一是我国人均煤炭资源量仅为世界平均水平的 56%，但我国煤炭占能源消费结构的比重却比世界平均水平高 47 个百分点。而煤炭是不可再生能源，尽管我国煤炭资源较为丰富，但薄煤和贫煤占有较大比重，长期以来的无序开发、过量开采、采富弃贫、采易弃难，从长远看势必造成我国煤炭资源的开采成本上升甚至煤炭有效资源短缺，制约我国经济可持续发展；二是以煤炭为主的能源结构势必造成严重的环境污染，每年我国 SO_2 排放量高达 1 900 ~ 2 000 万吨，超出环境容量 1 200 万吨的 66.6%，大气中烟尘含量也严重超标。而全国大气 90% 的 SO_2 和 70% 的大气烟尘是由燃煤造成的，对我国环境的危害十分严重。

甘孜州水电开发产业的发展，将有力促进我国以火电为主的电力结构和以煤炭为主的能源结构的合理调整和有效改善，为我国资源环境的保护、经济社会的可持续发展发挥重要作用和重大效益。这种作用和效益主要表现在两个方面：一是用可再生资源替代不可再生的煤炭资源，使可再生能源得到合理开发利用，使数量有限的不可再生能源得到合理保护，促进我国能源资源的可持续利用和经济社会的可持续发展；二是用环境污染破坏较小的可再生能源发电代替环境污染破坏较大的火力发电，减轻能源需求对生态环境的沉重压力，减少能源开发对生态环境的污染破坏，促进我国生态环境的改善和经济、社会、环境的协调发展。

（二）对区域资源和环境效益的分析

四川是我国的缺煤大省。据有关资料，全省累计探明煤炭储量仅占全国的 1%，按人均计算，全省人均煤炭探明储量仅为全国平均的 13%，且产量受诸多制约，难以满足实际需求，省外调入量逐年增加。同时，四川省煤炭资源品质较差，含硫较高，灰分较重，煤层较薄，可选性较差，勉力开采，不仅成本较高，事故频发，而且势必造成酸雨污染、大气粉尘等环境危害。

而甘孜藏族自治州又是四川省的主要缺煤地区，州内基本上没有煤炭资源赋存，生产和生活用能除了用电外，主要靠木材、薪炭、秸秆和牛羊粪等。由于长期地燃烧木材和牛羊粪等，已经造成较为严重的森林资源破坏和草地资源退化。实施天然林资源和草地资源保护后，这种状况虽有明显改善，但能源需求和环境保护的矛盾并未根本解决。

1. 节约煤炭资源，减少环境污染效益明显

根据甘孜州规划，到 2020 年将新增水电年发电量 1 210×10^8 kW·h，按甘孜州发改委提供的目前燃煤电站平均耗煤量 343 克标准煤/千瓦时计算，再考虑火电厂用电比水电厂用电高 7%，因而水电厂发电量相当于 1.07 倍火电厂发电量，预计到 2020 年，本州水电产业可为国家每年节约 4 440.8 万吨标准煤，相当于减少碳排放量 11 057 万吨。

2. 改善生态环境的效益

甘孜州大部分地区海拔在 3 000 ~ 4 000 m，气候寒冷，空气稀薄，植物以草原和灌木为主，植物生产缓慢，荒漠化严重，生态环境脆弱。区域内冬季漫长寒冷，当地缺少燃料，当地居民砍伐灌木以及燃烧牛羊粪生火取暖的现象普遍。据统计，农村能源消费中薪材占 30.7%，畜粪占 31.4%，草皮占 12.6%，生物质能源的消耗给环境带来一定的破坏；当地年人均生活能源

消耗折合标准煤为 700 kg，按 4 口之家计算，一年煮饭、取暖等烧柴约 5～6 t，折合木材 6～7 m^3，相当于破坏植被 2 666.67～3 333.33 m^2。随着生活水平的提高，这一消费量还将提高。同时，大量燃烧柴油、煤炭、木材产生大量的 CO_2、SO_2 等有害气体，带来空气污染。因此，随着电源和电网的建设，在日益扩大的电网覆盖范围内如能实现"以电代柴"，将大大减少牛羊粪和薪炭燃烧，牛羊粪可更多的用作牧草地肥料，提高土地生产力，保护当地植被。这些对于保护当地的较为脆弱的生态环境有着重要的意义。

3．创造旅游景观的效益

水能资源开发将在河流上形成或大或小的人工水体，这些人工水体比之一般的干旱河道更具有观赏价值，有的水利工程，本身就是优美的旅游景观。例如：美国田纳西河流域开发所形成的珠链状的人工湖泊，是其迷人风光的重要内涵；三峡水利枢纽工程的建设，为美丽的长江三峡平添了高峡出平湖的神采；地处甘孜州雅江县、道孚县的二滩水电站建设，也会成为雅砻江上新的旅游景观。甘孜州水能资源的开发，将使青藏高原上出现大量或大或小的人工湖泊，不仅有利于气候的改善，而且在高原增加了大量的旅游景观，使雄浑苍凉的高原生态景观平添一抹壮美秀丽的湖光山色，其经济、社会和环境效益都是巨大的。

四、甘孜藏族自治州水电开发产业的社会效益

（1）电站前期"三通一平"准备工作，不仅仅只是为工程服务，电站修建完成后，还可以对道路、通信等设施进行进一步改造，为当地人民服务，在一定程度上改善了当地人民的生产生活条件。"十二五"期间的资金投入规模也是巨大的，州内企业可以借此机会，大力发展餐饮、服务、建材等相关产业，以此带动州内经济的发展。

（2）依托水电优势产业的发展和移民安置区建设，加快社会主义新农村建设，改善农村基础条件，提高城镇化水平，调整优化生产力布局，促进区域协调发展。

（3）甘孜州骨干电网的建成，及重点区域的通达，不但可以实现对中、小流域电站的统一调度、管理，而且为甘孜州发展旅游经济、开发矿产资源提供了可靠的能源保障。

（4）在水电开发建设期间，为四川省及甘孜州劳动就业提供了大量的就业岗位。2011—2015 年的 5 年时间内，新增了 1 000×10^4 kW 装机容量，需要投入 10 000 万工日左右，按一年 260 个劳动日计算，5 年时间内需要劳动力 36.5 万人，相当于提供了 36.5 万个就业机会，平均每年需要劳动力 7.3 万，如果其中一半是甘孜州本地居民，则该期间内可解决甘孜州内 3.65 万人就业。

第三节　甘孜藏族自治州水电开发区"生态补偿"中存在的问题

一、甘孜藏族自治州水电开发的生态负效应

（一）甘孜州的自然生态现状

1．甘孜州是我国长江上游的生态安全屏障

我国第一大江——长江，江河源头流经甘孜州的广袤土地，重要支流雅砻江发源于甘孜州。

毫无疑问，甘孜州是长江上游生态环境保护工程及长江上游绿色屏障工程的重要组成部分；同时，还是我国南水北调工程西线的主要调水区，其水源涵养和水土保持功能对长江流域和全国水资源的保障起着十分重要的作用。甘孜州的森林面积占全省的20%，天然草场面积占四川省的54.9%；森林和草地生态系统不仅在保护水源和维持整个流域的生态稳定性方面有着极为关键的作用，同时也为该区域的生物多样性和资源的丰富性奠定了基础。

2. 甘孜州是我国重要的生态系统脆弱区

根据环境保护部编制的《全国生态脆弱区保护规划纲要》（环发〔2008〕92号），分布于青藏高原向四川盆地过渡的横断山区的四川阿坝、甘孜、凉山等州及云南省迪庆、丽江、怒江以及黔西北六盘水等40余个县市，均属于"西南山地农牧交错生态脆弱区"。其生态环境脆弱性表现为：地形起伏大、地质结构复杂，水热条件垂直变化明显，土层发育不全，土壤瘠薄，植被稀疏；受人为活动的影响强烈，区域生态退化明显。《国务院关于落实科学发展观加强环境保护的决定》明确指出，在生态环境脆弱地区要实行限制开发。

甘孜州自然地带和生物群落交错性明显，自然生态环境弱性特征突出，如地质构造活跃和自然作用强烈、自然环境稳定性差、山地自然灾害频繁、植被容易发生逆向演替等。因此，甘孜州已成为全国生态环境问题最突出的地区之一，生态恢复和重建的难度很大。目前，甘孜州水土流失面积达到 $5.45 \times 10^4 \, km^2$，占甘孜州总面积的35.7%，占长江上游水土流失面积的15.5%，占整个长江流域水土流失面积的10%。除康定市和泸定县外，甘孜州所辖其余16个县均处于国家级水土流失重点防治区，其中得荣县、巴塘县、稻城县、乡城县、九龙县、雅江县、理塘县、白玉县、新龙县、道孚县、炉霍县、甘孜县、德格县、石渠县14个县为金沙江上游预防保护区；色达县和丹巴县属于岷江上游预防保护区。

3. 甘孜州自然生态系统恢复取得了一定的成绩

受藏族民族文化的影响，客观上对甘孜州生态环境保护起了积极作用，甘孜州生态环境总体较好。但随着人口的迅速增长与人类活动的加剧，特别是不合理的资源开发利用，甘孜州生物多样性受到了严重的威胁。近年来，随着甘孜州"天保工程"和退耕还林、还草等政策的实施，部分区域森林等植被逐步得到恢复，流域生态环境和水土保持状况得到一定程度的改善。同时，由于甘孜州工业发展较落后，区域内人口密度较小，区域的大气环境、地表水环境、地下水环境等环境质量良好。随着甘孜州地方经济的发展，特别是州内水电资源的开发、旅游资源的开发以及矿产资源的逐步开发利用，甘孜州局部地区的污染负荷将会增大。但随着城镇的发展，相应城市污水处理站、垃圾处理场等环保基础设施将逐步建成，重点城镇区域环境质量总体上得到改善。

截至"十一五"末，甘孜州共建立各级自然保护区51个。其中，国家级自然保护区5个，省级自然保护区14个，州级自然保护区7个，县级自然保护区25个，自然保护区总面积45 980 km^2，占甘孜州总面积的29.95%。"十一五"期，甘孜州"两江一河"等主要干、支流流域水质得到有效控制，COD、NH3-N排放总量保持2005年的水平，全部达到国家规定；工业污染源和畜禽养殖业实现了稳定达标排放，主要水污染物COD、NH3-N年排放量分别控制在8 000 t、1 000 t内，工业 SO_2 排放量控制在5 000 t内，并净削减420 t，圆满完成了"十一五"规划要求和省政府下达的总量减排任务；环境空气质量达一级标准的达标率为99.6%；声环境质量全面达标；城市环境质量得到明显改善，农村环境质量基本保持稳定；生态环境恶化趋势基本遏制，重要生态功能区的生态功能开始恢复，自然保护区管护能力明显加强；城市、城镇、乡镇集中式饮用水水源水质安全得到保障；康定市污水处理厂已正式投入使用，出水水质稳定达标；完成了 7 家Ⅲ类放射源许可证发放工作，核与辐射安全得到保障；环境法规、政策体系和监督管理能力进一步加强。

（二）水电开发对甘孜藏族自治州生态环境的负效应

在水能资源的开发过程中，如果对环境重视不够、开发不合理或环保措施不力，也可能对局部地区的生态环境造成一定的负面影响，如森林植被的破坏、石料废渣的堆积、天然河道的干涸、旅游景观的损害等。

甘孜州水电产业的发展，客观上存在一些对生态环境的负面影响。如果只是看到其对资源和环境的正面效益，而忽视其对生态环境的负面影响，不仅是对事物认识上的误区，而且在实践上也是有害的。事实上，正是由于水电开发中因忽视对生态环境的负面影响所造成的危害，我们对能源开发造成生态环境的负面影响的认识才逐步提高。但是，正如对水电能源开发的正面环境效益缺乏定量的分析一样，对其负面环境影响同样缺乏定量分析。在此，仅根据本州的实际予以初步分析。

1. 对河流生态的负效应

水能资源开发主要采取以下几种方式：一是坝后式，在河道上建筑高坝抬高水位，坝后建厂房发电。其一般适用于江河干流的大型电站建设。二是引水式，在河道上建筑低坝引水，在下游建厂房发电。其一般适用于江河支流的中小电站建设。三是混合式，即由坝和引水道两种建筑物共同形成发电水头的水电站。发电水头一部分靠拦河坝壅高水位取得，另一部分靠引水道集中落差取得。适用于上游有良好坝址，适宜建库，而紧邻水库的下游河道突然变陡或河流有较大转弯的情况。这三种方式都将改变天然河流的状态，从而对河流生态造成影响。一是在河道上筑坝后，如处置不当，有可能影响鱼类的洄游，破坏水生生物的生态平衡；二是在引水河段引水后，若处置不当，有可能造成引水河段缺水甚至季节性干涸，对河流生态造成负面影响。

2. 对森林植被的负效应

如前所述，虽然对于本州干旱河谷地带，河流水体的扩大可有效改善局部的气候环境，有利于森林植被的生长。但在水能资源开发建设施工中，由于交通运输和施工场地等需要，不可避免地或多或少需要砍伐森林树木；最为严重的是库区蓄水对河谷森林淹没，由于受本地地理环境和气候条件的影响，甘孜州"两江一河"地区河谷地带森林资源极为丰富，而水电库区蓄水回流往往会达到 20 km 以上，这会使大量森林资源淹没于水底，从而对森林植被造成巨大的负面效应。尽管电站建成后都将进行植树造林予以恢复，但对于少数边远干旱河谷，植树造林的成效仍有待提高，尤其是森林的原始生态更难以恢复。

叶巴滩水电站水库淹没的水位线及所在地将被淹没的茂密森林如图 3-7 所示。

图 3-7　叶巴滩水电站水库淹没的水位线及所在地将被淹没的茂密森林

3. 对水土流失的负效应

尽管水能资源开发尤其是大型水库的建设，可以减少河流洪水期的洪峰流量，对于减少水土流失有利。但在水电建设工程施工中，需要大量开挖土石方，其将对地表植被造成破坏，兼之要废弃大量碎石废土。若不能科学合理地组织施工和合理处置碎石废土，很可能成为水土流失，乃至其他地质灾害的隐患，如 2009 年 7 月 23 日康定舍联乡长河坝水电站响水沟发生特大泥石流，阻断大渡河，形成长 100 m、宽 50 m、高 20 m，库容 500×10^4 m³ 的堰塞湖，灾害来临，大量人员被埋，据官方报道，此次泥石流中失踪和死亡人数为 54 人；事隔不到 1 年，2010 年 6 月 14 日，离长河坝不足 15 km 处的黄金水电站再次发生泥石流，官方上报失踪和死亡人数为 34 人。两次泥石流灾害的成因除了天降大雨外，主要还是由于水电开发过程中破坏山体，导致两岸山体疏松以及工程弃渣乱堆乱放。

4. 存在地震诱因隐患

甘孜藏族自治州"两江一河"水电开发区均处在地震活跃带上，大渡河与雅砻江流域处于炉霍—康定地震带，金沙江流域处于东川—嵩明地震带，岷江流域处于龙门山地震带，在这样的地质结构条件下进行密集型的水电开发，是否会诱发地震至今还没有科学的论证。就世界范围来看，水库诱发地震确有据可查：至 1995 年，世界上因水库诱发地震共 109 例，其中 MS>6.0 有 4 例，MS≥5.0 的有 19 例，MS4.0～4.9 的有 25 例，MS3.0～3.9 的有 25 例，MS<3.0 的有 40 例。其中，最高发震震级是印度柯伊纳水库的 MS6.5 地震。109 个震例中，中国有 19 例，最大的是新丰江的 6.1 级地震。以上数据表明，水库蓄水会改变局部区域地应力平衡，可能诱发库区或边缘地区地震，特别是在断裂带上修建水电更应慎重对待。因此，在没有科学理论指导和充分科学考察论证，以及建设完备的地震监测设施前提下，对处于地质结构脆弱区的江河进行大规模密集性梯级水电开发存在着巨大的风险。

5. 对旅游景观的负效应

如前所述，尽管科学合理的水能资源开发，可以丰富和提升本州的旅游景观，但在开发中若不注意对旅游景观的保护，也可能会对现有的旅游景观造成破坏。尤其是对于本州处于国家旅游风景区边沿或附近地区的水电站点址，其开发很可能对旅游景观和自然风光造成负面影响，必须对其进行严格的环境评价，在施工中也应该慎之又慎，以减少对旅游景观的负面影响。

二、甘孜藏族自治州水电开发区"生态补偿"中存在的问题

（一）甘孜藏族自治州"生态补偿"实践操作中，重生态系统（产品）服务价值调整，轻生态系统功能保护恢复

目前，在甘孜藏族自治州"生态补偿"实践操作中，工作重心在生态系统服务价值分配调整上，而对生态系统功能保护恢复方面重视不足，缺乏具体可行的工作安排和措施。其具体原因在于：

1. "生态补偿"主流观点和"生态补偿"实践操作流行趋势的影响

20 世纪 90 年代以来，我们逐渐认识到生态补偿的重要性，国内专家学者以及各级政府都对"生态补偿"进行了理论研究和实践探索，较为流行且影响较大的观点认为"生态补偿"是依靠"自然生态"的自我调节和还原的能力而进行生态恢复的补偿，或者通过生态使用付费以达到抵消生态损害的行为，激励生态资源投入从而达到补偿目的等主流观点。如：1991年版《环境科学大辞典》"生物有机体、种群、群落或生态系统受到干扰时，所表现出来的缓和干扰、调节自身状态使生存得以维持的能力；或者可以看作生态负荷的还原能力"或者是"自然生态系统对由于社会、经济活动造成的生态破坏所起的缓冲和补偿作用"[1]。毛显强、钟俞等提出"二分法"："生态补偿是通过对损害（或保护）环境资源的行为进行收费（或补偿），提高该行为的成本（或收益），从而激励损害（或保护）行为的主体减少（或增加）因其行为带来的外部不经济性（或外部经济性），达到保护资源的目的"。[2]基于这样的认识，得出了"生态补偿"的对象是"生态服务功能价值"，"生态补偿"的内容就是对"生态功能服务价值"的核算和有偿使用的结论，如"与资源产权相关成本可以归结为两种类型：其一，生态服务功能价值；其二，产权主体的机会成本"。"支付生态服务功能价值这一方式难以实现，因为生态系统服务功能价值难以准确计算，并常常是天文数字。"[3]在这个观点的指导下，国家为指导"生态补偿"实践，于 2008 年公布执行了《LY/T 1721—2008 森林生态系统服务功能评估规范》（*Specification for assessment of forest ecosystem services in China*）标准，据此得出了"10 万亿森林生态服务功能价值相当于现在我国 GDP 的 1/3"的结论。在国内这种"生态补偿"流行趋势的影响下，甘孜藏族自治州在水电开发区"生态补偿"中，不管是在政策制定还是理论操作中，都把关注点放到以水电开发区利益分配、调整难度集中的"移民安置"问题上。

2. 水电开发区"移民安置"情况复杂，工作难度大

甘孜州民族结构复杂，共辖 18 个县 325 个乡、镇，截至 2010 年年末总人口为 106.06 万人，其中农业人口 89.82 万，非农业人口 16.23 万，分别占总人口的 81.93 % 和 18.07%。本州居住着藏、汉、彝、回等 21 个民族。农牧民人均年收入 3 657 元。涉及水电工程建设征地移

---

① 环境科学大辞典编委会. 环境科学大辞典[M]. 中国环境科学出版社，1991.

② 毛显强，钟俞，张胜. 生态补偿理论探讨[J]. 中国人口·资源与环境，2002（12）.

③ 毛显强，钟俞，张胜. 生态补偿理论探讨[J]. 中国人口·资源与环境，2002（12）.

民工作的大中型电站共 54 座，装机达 2 335.1×10^{4}kW［其中，大岗山、杨房沟、巴底、上通坝、汗牛河等大中型电站属跨市（州）项目］，涉及移民约 2.8 万人。在"十一五"期，就审批（核）大中型电站移民安置规划大纲 30 个，移民安置规划 32 个，实物指标调查细则和工作方案 45 个，移民安置实施规划 5 个，积极协助省政府下达封库令 28 个，组织移民专项州级验收 9 个；完成大中型电站移民工作程序的清理规范工作，签订 16 座在建中型电站移民安置协议。争取大中型电站库区基金实施项目 31 个，下发移民后期扶持结余资金和库区基金项目资金 402 万元。

甘孜藏族自治州特殊的区位条件、民族结构、生产生活方式和社会人文环境，致使移民安置人口总量虽不多，但矛盾突出，情况复杂，具体工作难度大，任务艰巨。移民工作难度表现如下：

（1）群众对土地依赖性强，土地资源紧张。

甘孜州水电开发均处高山峡谷地区，"两江一河"及其中小支流沿岸均是甘孜州气候条件相对较好、出产最为丰富的重点农产区和农作物多熟区，农业产出高，农作物附加值高，农民的收入主要来源于第一产业，土地是其生存的根本，这就决定了移民对土地的依赖性特别强。因此，群众生产、生活区域人多地少的矛盾十分突出，耕地后备资源相当匮乏，人均占有耕地量极为有限。水电建设一旦占用现有耕地后，几乎没有可供开发用于安置移民的土地，因而移民安置环境容量十分有限。耕地资源的稀缺，使以土安置的难度增大，移民搬迁后其长远生计难以维系。为不打破移民的社会网络关系、不影响移民的生产生活环境，甘孜州移民以土安置多为后靠安置。甘孜州地处高原，海拔本来就高，后靠安置后，海拔增加，气候更加恶劣，耕地产出降低，难以实现"让移民达到或超过原有水平"的安置目标。

（2）独特的区域环境，现行移民政策难以涵盖特殊性问题。

甘孜州地处藏区腹地，自然环境独特、宗教氛围浓郁，具有独特的民族文化、风俗习惯及生产生活方式，民居建筑、宗教设施特殊，群众收入构成多样，现行移民政策一时还难以完全涵盖少数民族地区特殊性问题，移民普遍对自己的去向和搬迁后的长远生计问题、宗教活动及场所等问题感到担忧。

一是移民安置涉及宗教和文化问题，敏感度高，难度很大。甘孜藏族自治州境内共有汉族、藏族、彝族、羌族、苗族、回族、蒙古族、土家族、傈僳族、满族、瑶族、侗族、纳西族、布依族、白族、壮族、傣族等 26 个少数民族，州内常住人口 114.79 万。藏民族信仰藏传佛教，其他各民族因受藏传佛教的影响，大多也信奉藏传佛教。而且藏民族文化丰富，在历史学、人类学、民族学、宗教学、社会学等方面具有极为重要的社会价值和学术价值。二是水电移民对当地居民的生产方式和生活习俗产生强烈冲击，不可避免地会带来一些社会问题。千百年来，在漫漫的历史长河中，各民族之间通过不断的交往和融合，如历史悠久的汉藏通婚、明清繁荣的茶马古道等，形成了相对稳定的社会关系网络。而今较大规模移民，一定程度上打破了固有的社会关系网络，改变了当地居民的生产和生活方式。移民搬迁后，居民需要一段时间来适应才能形成新的社会关系，这自然会产生一些新的社会问题。三是宗教建筑和民居保护成为移民安置补偿的一大新课题。甘孜藏族自治州宗教建筑和民居具有地域性和独特性，积淀着上千年来康巴文化建筑艺术的结晶，如丹巴的古碉、道孚的民居、石渠的摩崖石刻等，都是这一地区藏族文化的珍贵遗产。如何保护这些文化确实是个难题。四是当地居民收入受到影响。因地区的差异性，当地居民收入构成较为多样，除了耕种土地，农牧民主要还依托库区丰富的自然资源获得收入，如采挖松茸、虫草、贝母、大黄、秦艽等名贵大宗中药材增收致富。电站建设不可避免地会淹没大量的自然资源，使农牧民采摘来源减小。加之移民迁出原居住地后，对库周剩余资源也难以利用，这些都直接影响移民群众的经济收入。

（3）基础设施不完善，制约移民群众发展。

甘孜州是目前国内集"老、少、边、穷"于一体的民族自治州，甘孜州农牧区"行路难、用电难、饮水难、住房难、通信难、就医难、上学难"等问题仍然突出。因此，库区和移民安置区基础设施总体较为薄弱，制约着移民群众的发展。农村供水工程建设滞后，供水量及水质难以满足要求，移民群众存在人畜饮水困难、饮水不安全等问题。交通设施差，路网覆盖率低，已建公路技术等级低，路面质量差，晴通雨阻现象严重，通而不畅的矛盾突出，移民的生产生活物资运输困难，当地群众出行难。供电覆盖率不足，农村电网质量差，适合农村的清洁能源不足，通信设施薄弱，制约了农村经济的发展。

（4）州内三大区域间移民安置的可行性差。

因地形地貌和自然气候原因，甘孜州在经济布局上大体形成了三大区域，农村经济构成中，东部经济区以农业为主，南部经济区基本上是半农半牧区，北部经济区以畜牧业为主。目前，已核准在建和开展前期工作的几座大型电站均在东部区内，涉及大量的移民搬迁安置。由于耕地后备资源匮乏，安置容量极其有限，在原住区域基本无法以土安置。但东部地区千百年来形成的独特的农耕生产方式和河谷区域的生活方式，决定了他们很难向广袤的以畜牧业为主的北部经济区内进行移民安置。

（5）移民就业门路狭窄，就业压力大。

甘孜州社会经济发育程度低，经济结构不合理，第二、三产业很不发达，加之移民群众自身文化和生产技能水平普遍不高，致使就业门路不广，失地后就业更加困难。同时，移民就业观念不能适应市场就业机制，就业和再就业的优惠政策不能覆盖到移民。提高库区和移民安置区劳动力素质，改变农民相对滞后的思想观念，充实其科技知识和提高其接受新科技能力是增加移民劳动力就业率和增加收入的关键。

综上所述，在国内流行"生态补偿"理论观点和实践操作趋势的影响下，加之甘孜藏族自治州水电开发"生态补偿"中移民工作的特殊性，大大增加了政府"生态补偿"的难度。因此，在甘孜藏族自治州水电开发区"生态补偿"中，补偿的关注点和补偿的工作重心仍局限在生态系统（产品）服务价值利益分配的均衡上，而在生态系统功能的保护与恢复方面，迟迟没有开展有效的补偿工作。

（二）水电开发对水电开发区生物多样性造成了严重危机，在"生态补偿"中缺乏有效的补偿措施

甘孜藏族自治州水电开发规模宏大，本州境内"两江一河"干流已进行开发的大型水电站达33座，其中，金沙江13座、雅砻江13座、大渡河7座。水电站库区容量大，淹没面积广，通常库区回水长度在20 km左右，如位于大渡河上的大岗山水电站上游回水到泸定县得妥镇，回水长度22 km多，水库淹没高度至界碑处标记为1 150 m；又如泸定水电站从泸定水

库起，上游回水至康定市鸳鸯坝，库长 19 km，库容量为 $2.2×10^8\,m^3$。由于是梯级开发，电站与电站之间相距路程并不远，如泸定水电尾水鸳鸯坝距上一个电站黄金坪电站距离不到 10 km，密集的开发和大面积的淹没区域对水陆生生物影响巨大，让水电开发区生态资源和生物物种生境受到了严峻的挑战，本地生物物种面临严重危机。（见图 3-8）

图 3-8　大唐国际黄金坪水电站大坝

1. 水生生物生存繁衍危机

水电站的修建，使局部区域水生生态环境发生了巨大变化，水流流速变得相当缓慢，江河水流被阻断，从而对水生生物种群产生巨大影响：其一，库区浮游生物从江河型向湖泊型转变，库内浮游藻类增多，广温型、广布型浮游动物明显增加，底栖动物种类发生显著变化，石生、喜高氧浪击的生物种类明显减少，喜静水、沙生软体动物种类有所增加，鱼类食物结构发生巨大变化。其二，随着生存环境和食物种类的变化，鱼类区系群落种类也将发生巨大变化。大坝阻断了鱼类洄游通道，这对"两江一河"流域长期生活的形成大范围迁移习惯的鱼类来说，影响是毁灭性的。如过去的葛洲坝大坝的修建，导致中华鲟、鳗鲡在四川境内绝迹，沦为珍稀濒危物种。同时，梯级电站的建立，把河流切割成不完整的微小生态单元，使漂流性卵生鱼类所生产的鱼卵很难存活，特别是在水库库尾和库湾尾生产的鱼卵，一般都会在库中沉没死亡，从而导致物种逐渐毁灭。据调查，大渡河流域水电站绝大部分没有建设过鱼通，2015 年后开建的大型水电站开始有修建过鱼通道设施，但坡度较陡，过鱼量很少。坝库建成蓄水会造成库内水体温度、空气成分发生变化，对水生生物来说，也是致命的。据测量，库内深水初春水温一般比江水周期水温低 1 ℃ ~ 2 ℃，水温过低，将影响亲鱼生长和性腺发育，进而推迟产卵 1 ~ 2 个月。水库蓄水同样也会导致水体氨气饱和，这对幼鱼甚至成鱼都会有很大影响，严重时会导致鱼类大量死亡。"两江一河"水生鱼类绝大部分属于洄游鱼类，而且鱼类种类是本地特有的，属高山冷水鱼，多为重口裂腹鱼、齐口裂腹鱼、青石爬鮡等种类。其生长缓慢，适宜生活于水流湍急的高山冷水之中，离开江河水体进入缓流或静水中自然存活时间很短，据实验一般不会超过 3 个小时。水生环境的改变必然导致本土鱼类面临巨大的生存挑战。事实上，这种危机已然出现，距道孚县城 3 km 的电站（是一个小型电站），因河坝修建 20 余年，导致雅砻江最大支流鲜水河从道孚县城向上逆流百余千米很少见到本土鱼类的踪影。其三，由于宗教的影响，当地农牧民有放生习俗，水库成为放生之地，放生物种为平原江河下游鱼类。为厘清水电站库区鱼类种类，课题组对当地垂钓者进行了访谈，得知在泸定水电站、康定黄金坪水电站等库区，存在大量放生的草鱼、鲶鱼、泥鳅等平原鱼类，而本土鱼类数量有所减少。平原鱼类入侵，挤占了大量有限的本土鱼类生存资源，鲫鱼、鲤鱼等常以本土幼鱼为食，鲶鱼更为凶猛，在库区无天敌，专门以各种鱼类幼鱼和成年鱼类为食，严重威胁本地鱼类的生存繁衍。同时，放生鱼类主要通过市场购买，病毒携带现象普遍，容易造成病毒传播和物种入侵，大大缩减了本土鱼类的生存空间，因而本土水生鱼类物种面临着巨大的生存危机。2012 年，青海省门源、互助两县的鱼养殖场发现了虹鳟鱼传染性造血器官坏死病，该病是农业部认定的二类动物疫病，发病急、死亡率高，经调查是外来放生鱼类引发的疾病传染。后又发现有人居然在湟鱼产卵河道里违规放生，渔政人员顿时被惊出了一身冷汗。因为一旦引发疫情，对于正在产卵的湟鱼亲鱼和鱼苗将是灭顶之灾。

未修建过鱼通道的水电站大坝如图 3-9 所示。

图 3-9　未修建过鱼通道的水电站大坝

2. 河谷森林、植被等资源被大量淹没，森林功能萎缩，导致一些珍稀植物物种面临绝种危机

"两江一河"流域水电开发区大部分地区，如大渡河甘孜州境内全段，雅砻江甘孜州境内部分地段，金沙江甘孜州境内大部分河段均属于干河谷地带，因植物生长对温度和水分要求较高，加上河谷山体多数为沙砾岩体，保水功能极差，此地植物多生长于河谷和山顶，山腰部分极为干燥，植被稀少，岩石裸露，只有少量矮株灌木和仙人掌等耐旱植物生长。在"两江一河"水电开发中，淹没占用了大量的森林资源，经对水电开发区村民和县上相关部门领导干部座谈访问得知，每一个库区都会淹没大量河谷森林，如雅江二滩电站仅淹没道孚县扎坝区森林面积就达 3.33 km²，均不会再造补偿。

下面是一段泸定县得妥乡一位村民的采访录音内容："不给村民栽林木，林地我们村少，（村民）不在的，林木就不管了，国有林远得很，周围山上的都是集体林，水淹的都是集体林，每亩有林地（松木、杉木，建材）赔偿 9 000 元，但如果是私人的经碳林，一千多块钱一亩，一次性付清。和老百姓发生矛盾，比如占地，村民配合就放宽一点，不配合就严一点，至今都还没有整好。有规划，但是并不是完全按规划来做，有些随意。按我们村来说，头等田一个人一亩四分四，头等干地一个人二分三，有九厘荒坡，人均九分多地，地不够的就要买来凑齐一亩，才能拿到补偿款，如果土地没有补齐就拿不到赔偿款，就连介入移民都不能当，只能当白占。所以必须达到人均一亩一分四。"（为忠实于村民愿意，未对村民原话做修饰，但大体意思能够看得出来）。

甘孜藏族自治州部分地方地处横断山区中心地带，境内高山林立，谷深壁陡，沟壑交错，许多山峰都在 4 000 米以上，如泸定县县城海拔约为 1 300 米，而西南与康定市接壤之贡嘎山海拔达 7 556 米，为四川省最高峰，被誉为"蜀山之王"。二郎山海拔 3 437 米。县境内岭谷相间，山岭到大渡河的水平距离，不超过 10 千米，大部分岭谷相对高差达 3 000 米以上（贡嘎山主峰到大渡河河谷相对高差达 6 500 多米），构成高差大、坡面短、坡度峻峭、山高坡陡、岩体破碎、岩石祖露等地貌特点。山间植物呈垂直分布，河谷低海拔地区植物难以在半高山及高山等高海拔地区生长，而密集的水电开发淹没了河谷大量土地和植物资源，部分珍稀植物物种濒临绝种。其中，"五小叶槭"诉讼案在国内外引起了巨大的反响。被誉为植物中大熊猫的五小叶槭，迄今为止仅发现有 4 个种群，主要分布在四川省的康定市、雅江县、九龙县和木里县。据相关调查统计，其总量仅有 527 棵。按照世界自然保护联盟（IUCN）濒危等级标准认定，五小叶槭属"极危物种"。2014 年，中国生物多样性保护与绿色发展基金会（简称"绿发会"）对雅砻江流域水电开发有限公司提起了公益诉讼。绿发会指出，水电项目中的牙根一、二级水电站正常蓄水后，将淹没雅江县五小叶槭的绝大部分所在地，对其生存构成严重威胁，急需进行抢救性保护。而为了修建水电工程铺设的道路施工，也被指已经毁坏了一些五小叶槭。这是我国第一例保护濒危植物的公益诉讼。正是因为此次诉讼，才让这个同大熊猫一样珍贵却在国内默默无闻的"极危物种"，开始受到人们的关注。据实地考察，雅砻江及其主要支流鲜水河上正在修建两河口、牙根一级、二级梯级水电站，电站修建施工过程中对五小叶槭等植物资源造成的直接伤害不可避免，同时在大坝建成后，库区蓄水更会导致水位上升，大量淹没野生植物及其生长地，这些都会让五小叶槭的野生种群及当地独特的植物资源遭受灭顶之灾。

甘孜州野生动物资源丰富，种类繁多，共有各类野生动物 29 目 76 科 244 属 467 种，珍稀动物有 41 种，占全国 113 种的 36%，占省内 55 种的 74%。其中，14 种属该州特产动物，属国家一类保护动物的有 8 种：大熊猫、金丝猴、黑金丝猴、牛羚、白唇鹿、野驴、野牦牛、黑颈鹤；属二类保护动物的有 23 种：小熊猫、雪豹、马麝、林麝、白臀鹿、水鹿、毛冠鹿、猕猴、短尾猴、兔狲、猞猁、金钱豹、云豹、盘羊、白马鸡、藏雪鸡、棕尾虹雉、绿尾虹雉、红腹角雉、白尾梢虹雉、大天鹅、小天鹅、疣鼻天鹅；属三类保护动物的有 10 种：石貂、斑羚、藏羚、鬣羚、岩羊、马来熊、血雉、高山雪鸡、金鸡、水獭。[①]森林、植被具有为野生动物提供栖息、食物供给等重要功能，特别是到了冬季，高山深处经常冰雪覆盖，气温极低，河谷坝子成为野生动物越冬的必要场所。道孚县扎坝区位于鲜水河谷，河谷平坝是此地少有的平地，野生动物十分丰富，常年居住的野生动物有黑金丝猴、牛羚、白唇鹿、野驴、野牦牛、雪豹、马麝、林麝、白臀鹿、水鹿、毛冠鹿、猕猴、短尾猴、盘羊、白马鸡、藏雪鸡、棕尾虹雉、绿尾虹雉、红腹角雉、白尾梢虹雉、鹦鹉等几十种。每到冬天，大量动物会聚集在下托乡、扎托乡、仲尼乡、红顶乡等地河谷坝子晒太阳，场面十分壮观。但随着雅江县二滩电站的建成，这一场景恐怕将不会再现。密集的"两江一河"水电开发，使河谷森林、植被大量淹没，河谷平坝大量丧失，动物生存空间被压缩，又使野生动物失去了越冬场所和冬季食物来源，野生动物生存面临重大危机。

---

① 彭基泰. 四川甘孜野生动物资源简报[J]. 四川动物，1987（2）.

面对严重的水、陆动植物种群危机，甘孜州水电开发区"生态补偿"并没有科学、有效、常态化的补偿措施，不过让人欣慰的是，部分大型水电开发公司已经开始注重水生鱼类的恢复。据甘孜州农牧供销合作社消息："2017 年 10 月 18 日上午，四川大唐国际甘孜水电开发有限公司在甘孜州、康定市两级渔政管理部门的现场指导及监督下，在康巴公证处的现场公证下，来到鱼通乡、姑咱镇开展了大渡河长河坝、黄金坪水电站珍稀鱼类放流活动。在本次放流活动中，州、市两级渔政部门及大唐国际有限公司积极向广大市民呼吁：为进一步丰富大渡河水域土著鱼类种群数量、促进渔业水域生态环境改善，希望有更多的爱心人士、企业及社会团体积极参与、支持和开展天然水域鱼类公益放生活动。同时，在开展鱼类放生公益活动时，所选择的放生品种要适合水域生态环境的需要，最好是与本地渔业水域环境相适应的土著鱼类，一定要向当地渔政部门申请报批手续，并按规定依法开展放生活动。不允许放生不利于渔业生态平衡的外来物种、杂交种和转基因鱼种。"据悉，本次放流齐口裂腹鱼苗和重口裂腹鱼苗共计 30 万尾[①]。不过，从消息报到内容可见，这次放生活动是一次公益活动，并非制度化、常态化的"生态补偿"措施。除水生鱼类外，甘孜州也在每年植树节进行植树造林活动，各大单位发动职工在指定地点进行植树造林活动。但这个活动只种植，并没有后续管理。

（三）水电开发区移民安置，引发了新的生态、环境问题

水电开发区库区建设、移民搬迁等，导致大量资源重新组合，生态环境发生了巨大改变，从而引发了新的生态和环境问题。

1. 移民拆迁中的耕地补偿，毁林开荒占用了大量森林资源，造成了新的生态破坏

甘孜藏族自治州耕地资源十分贫乏，耕地资源最为丰富的是泸定县和康定市的姑咱镇，这里我们以泸定县为例来进行分析：泸定县耕地资源主要集中分布于大渡河谷的冲积坝子和河谷台地上。其中，甘孜州灌溉水田资源总面积为 7.168 66 km²，仅分布在泸定和九龙两县（见表 3-7），泸定县灌溉水田面积就占了 6.219 33 km²，约占甘孜州灌溉水田总面积的 86.76%。

表 3-7　甘孜州耕地基本情况统计表（农区）[②]

辖区、市、县数	乡镇数	人口/万人	1996 年基期耕地面积/km²	耕地面积/km²	基本农田面积/km²	灌溉水田面积/km²	人均耕地面积/m²	市、州基本农田占全省比例/%	市、州基本农田全省排名	灌溉水田占全省比例	备注
18	326	91.550 7	1 423.825 0	911.564 933	580.36	7.168 666	993.33	0.011 2	20	0.000 327	灌溉水田面积来源于农业部门统计数据
康定市	22	10.647 4	143.733 3	94.256	60.26		866.67				
泸定县	12	7.921 5	94.198 7	50.521 467	23.57	6.219 333	640				
丹巴县	15	5.716 3	78.622 7	26.326 6	9.86		460				
九龙县	18	5.412 4	76.343 7	38.235 333	14.95	0.949 333	706.67				

---

① 资料来源于 http://www.gzznmj.gov.cn/12593/12629/12633/2017/10/20/10600958.shtml.

② 四川省耕地基本情况统计表（四川省国土资源厅）[OL]. http://www.scdlr.gov.cn/adminroot/site/site/portal/nsckljkjjhj/scgttwnr.portal.

大渡河黄金坪电站有限的耕地资源如图 3-10 所示。

图 3-10　大渡河黄金坪电站有限的耕地资源

但在泸定县境内不到 100 km 的大渡河干流上，梯级设计并进行了"大岗山水电站""硬梁包水电站""泸定水电站" 3 个大型水电站的开发，县域内大部分河谷耕地被水库蓄水所淹没，为补偿农民被淹没的耕地，只得新造土地以满足用地需求。例如，硬梁包水电站移民安置点所在的大渡河河谷国家划定退耕还林地带，属长江天然林保护工程的封山育林区。根据《四川省人民政府贯彻〈国务院关于保护森林资源制止毁林开垦和乱占林地的通知〉的通知》第二条的规定："各地必须采取坚决措施，立即制止毁林开垦和乱占林地的行为，对有令不行、有禁不止的，要坚决依法从严查处。各级政府和有关部门要组织力量对各地发生的毁林开垦和乱占林地情况进行一次全面清理，凡未经批准擅自毁林开垦的，或者在超过 25 度坡地上毁林开垦的，必须在 2000 年以前全部退耕还林；对违反《森林法》规定乱批乱占林地的，要限期纠正，重新办理林地征占用手续，补交森林植被恢复费等费用。对乱占林地严重破坏森林资源，或者违法批准占用林地的，要依法追究责任。"[①]但硬梁包水电站 3 个移民安置点共新增造地面积 0.182 9 km^2。根据实地调查发现，绝大部分新增造地是占用半山林地开垦，林地坡度也远超过 25 度，这种毁林开垦的耕地补偿方式与国家退耕还林的方针政策背道而驰，增加了水土流失和土地沙化的风险，对当地生态环境带来了较大的破坏（见图 3-11）。

图 3-11　耕地紧缺，当地农民毁林垦地现象严重
（照片里横向平台和山上耕作部分为农民新垦土地）

---

① 四川省人民政府贯彻《国务院关于保护森林资源制止毁林开垦和乱占林地的通知》的通知[OL].四川省人民政府，1998-09-09.

2. 移民集中安置，使生态环境自我净化能力减弱，造成新的环境污染

在甘孜藏族自治州水电开发区移民搬迁之前，村民以散居或小聚居的形式分散居住于沿河两岸，呈现出自然耕种的经济形态，绝大部分生产和生活垃圾作为农家肥料又用到了农业生产之中，即使有少量废旧包装，通过焚烧处理，因水电开发区相对地广人稀，少量垃圾焚烧和生活废水通过环境自然净化即可处理，不会产生大规模的垃圾环境污染。在农村居民生产、生活垃圾中，厨余垃圾、灰土垃圾以及人畜粪便占所有生活、生产垃圾的极大比例，在农村，厨余垃圾、灰土垃圾以及人畜粪便都是上等的有机农家肥料，全部被农民返回到了田间地头，农村经济呈现出小范围的循环利用模式。而水电开发移民集中安置后，农村土地资源锐减，居民点周围仅有的少部分补偿耕地也是用沙石填造，肥力无法达到耕地需求，被农民废弃荒芜，而新垦耕地一般在半山位置，离居民点较远，耕种极为不便，移民安置点安置房门前设计的花园成为种植蔬菜的重要资源，农业生产规模急剧缩小，根本无法消除居民日常生活所产生的垃圾，居民日常生活垃圾成为环境污染的重要污染源；移民安置点没有废水处理系统，日常生活废水、人畜粪便无一例外被排入距安置点不远的江河之中，严重污染了江河水质。再加之水电开发的库坝修建，库区水流流速下降到几乎为静水状态，江河自我净化能力被严重弱化，居民日常生活垃圾、生活废水、人畜粪便进入库区，在水温和微生物等多种因素的作用下，库区水质逐渐演化为富营养水质，使大量微生物、藻类繁殖，江河水质因污染而严重下降。

移民安置点居民生活污染不容小觑，截至 2010 年，甘孜州涉及水电移民的大中型电站54 个，移民人数为 2.8 万人，再加上近 7 年水电大规模的开发，移民人数成倍上升，除去少量分散安置的移民，总体移民安置人数在甘孜州也相当于 3 个县城人口数。如果按总移民人数 6 万人，每人每年产生垃圾 440 千克计算，安置点居民日常生活中所产生的生活性垃圾每年约 2 640 吨。如此庞大的移民安置点所产生的生活垃圾和生活废水、人畜粪便对环境的污染是巨大的，即使生活垃圾有垃圾清运车进行清运，虽然甘孜州土地广阔，但每年2 640 吨垃圾处理也会占据不少环境资源，如果采用传统的填埋、焚烧等垃圾处理方式，也会大面积污染土壤和地下水，进而对江河水源造成巨大的污染。甘孜州县级城市几乎都没有废水处理设施，生活废水和人畜粪便就近排入江河，而移民安置点更没有城市生活废水处理设施。此类污染在库区静水的作用下，污染结果可想而知。

（四）移民补偿标准过低，使移民区出现新贫困趋势

在国家"新一轮西部大开发"战略的指引下，新一轮西部民族地区各种资源开发正在如火如荼地进行。从国家和地区发展战略高度看，全国带状（或块状）经济能源区正在形成，各种能源基地正在打造，如四川规划未来的能源开发中将形成的"三江七片两线"格局——金沙江、雅砻江、大渡河"三江"水电基地，这对国家经济有计划成规模的发展有着重要意义。但是站在开发区农村农民的角度看，新一轮的资源开发意味着农民对土地"永佃权"（"农村土地承包权"是一种具有较长承包期限，以土地承包为形式，耕种、放牧为目的，存在于集体所有制土地上的土地用益物权，可以视为事实上的土地"永佃权"）的丧失，农村农民在资源开发过程中虽然可以通过以移民为主的农村城镇化建设解决居住问题，改善生存、交通、教育、卫生等环境，但"土地永佃权"的丧失将使大量农民从土地资源上游离出来，成为新型的"失地农民"。而西部民族地区因受地域环境、思想观念、人口素质、交通条件等种种因素的影响，如果"土地永佃权"不能有效地转换成为其他"土地孳息权"，加之很大一部分失地农民又不懂经营，将会导致大部分拆迁移民得到补偿款后，基本都用于房屋装修，新房装修完成后手中余钱所剩无几，靠有限的拆迁补偿余款度日，逐渐会轮为农村"新贫困人群"。

水电开发区移民安置中补偿标准较为陈旧，农村"新贫困"趋势风险已然显现，这种情况农区比牧区明显，这里我们以甘孜藏族自治州农区代表泸定县为例进行说明：泸定县水电开发移民区土地资源补偿采用土地权属一次性买断的货币补偿形式，并给居民发放过渡安置费。其中，土地补偿额度采用青苗费的形式进行价格核算，青苗费按该土地前三年的平均产值赔偿。例如生产水稻水田，水稻亩产 1 000 多千克，每千克 1 元多，也就 1 000 多元。在泸定县德妥乡的实地调查中发现（泸定县德妥乡属大岗山电站移民搬迁范围，库区拆迁已经基本完成），对于生产小麦的土地，按小麦亩产量折算出来的产值为 1 870 元/亩（1 亩 ≈ 666.67 平方米），除了每年每亩地赔偿 1 870 元的青苗费，不再对土地进行任何补偿，青苗费支付截止到移民搬进移民房，以后就不再支付。关于青苗费补偿和过渡生活费的发放，该乡一位村干部给我们做了介绍，他以自己一家 5 口人为例向我们进行说明：他们家属生产安置移民（大岗山水电站移民分两种：一种是占了土地没占房的，成为生产安置移民，也叫介入移民；另一种是既占了土地又占了房屋的，称为全移民），家里原有土地每人平均 9 分多地，按规定土地补偿核算标准为每人为 1 亩 1 分 4，他们家里只能有 4 个人享受土地补偿和过渡生活费。他说："现在我们村就是按人均 1 亩 1 分 4 的标准来算过渡生活费的，我家的土地不够，还要买土地来补齐 5 亩 7 分，才能得到以后的过渡生活费，过渡生活费是人均 350 元/月，一年 4 200 元，政府许诺老百姓一直可以拿到过渡生活费直到死亡，进入移民房之后就不再付给青苗费，就只有过渡生活费，上 60 岁的人，最多一个人 10 年平均拿 42 000 元就解决了。原来水电公司讲的是还农民的土地，但是开不出来。如果是全移民，每月补助 50 元，补助 20 年，后期再补助你 12 000 元。到了 60 岁以后，可以再领取低保 45 元，农村老年保险 55 元，共计 450 元。"

对泸定县德妥乡的物价情况我们也做了调查，猪肉为 12 元/斤（1 斤=0.5 千克），蔬菜最便宜的是白菜，为 3 元/斤，其他蔬菜每斤价格均 5 元以上。当我们询问蔬菜经营者菜价为什么偏高时，得到的答案是：土地被占用，能用来种植蔬菜的土地不多。从以上的情况可以预知，如果水电开发区移民的拆迁补偿款不用于投资（实际调研中我们发现，由于受相对落后而封闭的地域条件、人口综合素质较低、思想观念落后等因素的影响，大部分移民将拆迁补偿款用于补齐移民房超平方部分和房屋的装修），失地农民的收入就只能依靠每月的过渡生活费，在现有物价水平下，每人每月 350 元仅能维持基本生活（按人均 30 斤大米计算），本地居民用于食物支出的部分占全部支出的比例高达 90% 左右，甚至可能达到 100%，即该地区恩格尔系数接近 1，人们购买能力严重不足。这种情况在泸定县其他两个水电开发移民区同样存在，如伞岗坪、沙湾、烹坝所调查的补偿数据都一样，只是物价指数因地域位置不同而稍有不同。由此可见，数年之后，这一地区的"新贫困"将是一个普遍而又严重的问题，泸定县水电开发移民区的"新贫困"趋势正逐步突显。

这种移民安置与补偿中的"新贫困"趋势在其他农区和半农半牧区都比较普遍，就其原因有以下几个方面：

1. 水电开发移民政策缺乏系统性、补偿标准陈旧，补偿执行时未考虑各地物价差异

甘孜藏族自治州水电站移民的政策依据：以国务院《大中型水利水电工程建设征地补偿和移民安置条例》（国务院 471 号令）、国务院《关于完善大中型水库移民后期扶持政策的意见》（国发〔2006〕17 号）、四川省《关于我省大中型水电工程移民安置政策有关问题的通知》（川发改能源〔2008〕722 号）等国家和省级补偿政策文件为依据，甘孜藏族自治州制定了《甘孜藏族自治州水电资源开发惠民补助办法》，并于 2013 年 5 月 5 日第十一届甘孜藏族自治州人民政府第九次常务会议审议通过。现摘录其规定的第三章、第八条、第九条移民补偿标准如下："第三章第八条　补助标准：（一）农村移民。1. 选择有土安置（或复合安置）、逐年补偿安置的，每人每月 150 元，每年补助 1 800 元；2. 选择无土安置的，每人每月 300 元，每年补助 3 600 元；3. 占房不占地的，每人每月 80 元，每年补助 960 元。（二）非农村移民。1. 涉及永久占用耕地，每人每月 300 元，每年补助 3 600 元；2. 永久占用耕地，采取逐年补偿的，参照农村移民补助标准，每人每月 150 元，每年补助 1 800 元；3. 占房不占地的，每人每月 80 元，每年补助 960 元。第九条　补助对象在补助期间死亡的，按相应标准一次性补助 60 个月。"[①]

而在具体政策执行过程中，各县都制定了相关移民政策，对政策执行也有所不同，同样以泸定县为例：泸定县政府针对各个水电站移民的相应政策，如《泸定县人民政府关于印发〈大渡河泸定水电站库区农村移民安置办法〉的通知》（泸府发〔2012〕37 号）、《泸定县人民政府关于印发大渡河硬梁包水电站工程建设区移民人口界定等 4 个办法的通知》（泸府发〔2013〕8 号）等。从政策依据上看，该县水电移民主要依据国务院 2 个文件、四川省的 1 个文件和泸定县针对不同水电站制定的不同的移民政策，而甘孜州作为"两江一河"（金沙江、雅砻江、大渡河）水电开发的重要基地，州级政府却没有出台相应适应民族地区水电移民的指导性政策。国家政策在民族地区水电开发移民中落实不具体，地方政府对国家政策理解力不够，移民政策缺乏系统性，在政策实际落实过程中，泸定县水电移民通常采用的是"一库一策"的政策形式，而在大岗山水电移民中，甚至出现了"一库多策"，即同处于库区两岸因属不同地区（一面属甘孜藏族自治州泸定县，一面属雅安市石棉县），导致不同乡镇移民补偿标准不同，泸定县的得妥乡补偿标准低于石棉县的草科乡，导致移民矛盾突出，移民工作难度加大。就泸定县补偿标准而言，主要依据四川省《关于我省大中型水电工程移民安置政策有关问题的通知》（川发改能源〔2008〕722 号）的规定，如对养老保障补助的标准从 160 元/（人·月）调整为 190 元/（人·月），没有充分考虑民族地区环境差异、交通条件等因素影响导致的生活成本上升，更没考虑近几年物价因素导致的生活成本的增加。

2. 地方政府在水电开发资源配置中角色混乱、职能模糊

水电资源是一种公共物品，所有权属国家。我国物权法第四十六条和四十八条规定："矿藏、水流、海域属于国家所有""森林、山岭、草原、荒地、滩涂等自然资源，属于国家所有，但法律规定属于集体所有的除外"。可见，水电开发中所使用的水流资源属国家所有，而森林、山岭、荒地、滩涂等生态资源除法律明确规定属于集体所有的外，其余均为国有。

---

① 甘孜藏族自治州人民政府令（第 30 号），2013-05.

国家是一个政治主体，地方政府应视为国有资源的授权管理者。然而在调查中我们发现，有的地方政府持有水电站一定数量的股份，这使地方政府在水电开发过程中角色混乱，他们既是水电开发利益的享受者，又是资源配置与补偿政策的制定者和监督者，还是国有资源的管理者。这种混乱的角色使地方政府的行为在水电开发资源配置中更倾向于现有既得利益，而基层政府的管理与监督职能被弱化，更像消防队，疲于应对移民搬迁中出现的村民矛盾，保证搬迁进程如期进行。

3. 库区淹没面积大、产业单一、就业容量严重不足

如泸定县各乡镇沿大渡河两岸分布，在纵贯泸定县 80 多千米的大渡河流域内，三大水电站回水淹没长度约 60 千米，除岚安、新兴等 4 乡镇外，其余 2 镇 6 乡均有土地被水库回水淹没，属移民搬迁范围，移民人数近 7 000 人，约占全县人口总数的 10%。但全县产业单一，工业除少数矿业外，还有两个水泥厂和沿河的沙厂；未建电站之前沿大渡河公路 G318、S211 两旁有大量的农家乐、商店、餐旅馆等服务业，但电站修建后均被淹没，由于地势限制，重建的可能性很小；县城城市建设基本完成，该县解决就业能力有限，从土地上游离出来的剩余劳动力在该县形成了很大的就业压力。

4. 水电开发移民区居民受教育水平和劳动技能低、社会就业力差

以甘孜藏族自治州教育最为发达、居民受教育程度最高的泸定县为例：泸定县虽是甘孜州教育水平较高的一个县，但与内地相比，教育水平仍很落后，这与甘孜州整体教育基础设施落后有很大关系，甘孜州甘孜州仅有高中 2 所，泸定中学高中部虽是其中之一，可教育对象是甘孜州 18 个县的适龄学生，教育资源并非一县独享，对本地学生容量有限。从水电开发库区移民的抽样调查来看，移民区居民 40 岁以上的小学文化程度占 70% 左右，20 ~ 40 岁居民 81% 左右为初中以下文化程度（抽样群体以 S211 线、G318 线道路两旁为主，因交通条件限制暂未对半山居民进行调查），库区移民受教育程度普遍偏低。

移民区居民劳动技能也很低，社会就业能力差。由于交通条件恶劣，从泸定县城到成都路程虽不到 300 千米，道路畅通时行程为 6 个小时左右，如遇堵车，最长行程时间会达 18 小时以上。G318 线翻越二郎山和 S211 线出走石棉县是出州的仅有两条通道，本地地理位置相对较为闭塞，制约了本地居民与外界的交流。这对移民区居民劳动技能的提高极为不利（这一因素因 2017 年年底，雅康高速雅安—泸定段通车而得到改善，但甘孜州其他县市交通条件仍然不容乐观）。甘孜州职业教育水平低，仅有甘孜藏族自治州职业教育学校这一所专业职业学校，原来几所承担职业教育职能的中专学校因 2004 年高校合并并入甘孜藏族自治州学院。专业的职业教育基础设施严重不足是制约居民劳动技能提升的又一重要原因。水电搬迁前，本地居民主要靠种植蔬菜、水果等农副产品和经营农家乐、路边商店等服务业作为家庭收入的主要来源，劳动技能以农副产品种植和家庭烹饪为主，随着农村土地资源丧失，传统的种植、服务产业规模缩减，居民原有的就业劳动技能逐渐过时。移民搬迁后，大多数居民靠就近的建设工地打零工为生，社会就业能力很差，严重影响该地居民脱贫致富。

（五）生态资源权属关系混乱，生态代际补偿追偿主体不明确

1. 移民安置补偿成为水电生态付费的主要对象

甘孜藏族自治州地区水电开发区水电资源的有偿使用重点工作，在移民搬迁安置补偿方面。移民搬迁安置工作是水电开发的重点，也是补偿工作最难开展的方面，历来受到政府及水电开发受益主体的高度关注。就其原因在于水电开发受损利益主体明确、群体集中且数量庞大。水电开发淹没占用了大量农牧民的耕地、林地、其他经济用地和房屋。在中国数千年农耕牧养形成的传统观念中，土地是农牧民的命脉，也是农牧民赖以生存的基本物质基础，当农牧民根本利益受损，受损主体对利益受损追偿目的明确，这就导致移民安置补偿成为水电资源有偿使用的重大难题，也容易成为关注的焦点。

2. 其他水电生态因权属关系不明，导致有偿付费不力

相对于移民安置补偿，其他生态资源付费使用却很难得到政府及相关利益主体的重视。从公平理论和科斯定理的视角来看待这一问题，主要症结在于水电开发对生态资源使用，损害的是不特定主体的利益，从而导致资源受损后追偿主体缺失。

在水电生态资源使用中，受益主体通常包括：① 地方政府。地方政府是一个地区公共利益的代表，也是地区经济建设的主体，随着水电开发企业增多，地方经济产值也随之增加，地方政府对水电开发企业往往以征税的形式获取经济利益，提高地方 GDP。水电产业开发与建设既是地方经济增长的主要手段，也是地方政府一些人员谋取政绩的重要途径。② 水电开发者。水电开发者是水电生态资源的主要使用者，一旦水电站建设成功，后期仅只有电站运转的维护成本，而国内能源市场相对稳定，水电企业属垄断行业，处于强势的卖方市场地位，因此，通过前期对水电企业的投入和建设，开发者会取得长效而丰厚的利润回报。③ 其他间接受益主体。甘孜藏族自治州地区水电开发受益主体与长江、黄河中游水电开发相比，相关受益主体相对单一。这些水电开发区地处高原峡谷，水电站建成后几乎不具有灌溉和航运功能，其综合利用价值主要体现为库区周边经济发展和下游地区安全方面，受益主体主要是以库区资源而形成的库区经济实体和江河下游地区。库区的建成可形成独特的高原湖区风景，从而使库区成为一种新的旅游资源，由此可产生以库区旅游为主的旅游休闲经济实体；而水电库区建设具有减少洪水发生机会和减弱洪水危害程度功能，这对保障下游地区安全有一定的作用。

但是，在水电开发过程中对生态资源使用受损主体除农牧民这一主体明确外，其他主体均具有不确定性。① 甘孜藏族自治州地区水资源丰富，是我国优质水资源的主要供应地、我国西部生态屏障的主体和关键区域，其水量水情的变化、水土流失、洪旱灾害等，都会直接影响流域下游的工农业生产用水、城乡居民生活、生态用水，同时也威胁着国家生态安全。水电开发导致大量河岸森林和植被破坏，土地沙化，水土流失严重，从而使江河水量和水质受到严重影响，因此受损利益主体主要为区域主体。② 甘孜藏族自治州地区江河流域地处亚热带，生态环境垂直变化明显而完整，是高原生态脆弱区和全球气候变化敏感区，水电开发致使大量河谷森林植被毁坏，而恢复极其不易，从而使河谷森林、植被覆盖率及碳汇总量锐减，对长江、黄河流域乃至全球生态环境演变都将产生重大影响。③ 甘孜藏族自治州地区水电开发过程中，由于开山修坝和库区被淹没，大量野生植物资源毁坏、

野生动物和水生生物因环境变化而失去生存的基础，从而导致野生动植物、水生生物物种变异或灭绝，环境和气候发生重大变化。

上述三类受损主体均为不特定主体，资源权属关系不特定导致生态利益受损却缺乏特定追偿人，依据"科斯定理"的理论，资源交易缺乏自由交易和自由谈判的主体，使本来应该由双方或多方谈判的水电生态资源交易利益主体缺失，水电生态资源有偿使用不力。并因此导致具有公共产品属性的"水电开发区生态资源"交易失衡，出现典型的"市场失灵"。在实际操作中，水电开发受益主体对水电生态资源形成实质性的低偿或无偿使用，甘孜藏族自治州水电开发区生态资源的使用"搭便车"现象就在所难免，从而出现我们不愿看到的"公地悲剧"，更不用说达到"帕累托最优"。这种情况在公平理论 $Q_p/I_p=Q_o/I_o$ 关系式中，I_p 值仅包含农牧民现有资源有偿使用和其他生态资源的象征性付费，造成水电生态资源使用的外部不经济，打破了水电开发区生态资源使用时本应遵循的公平准则。

（六）文化生态资源被淹没，河谷地带民族文化正在消亡，拯救措施显得羸弱

甘孜藏族自治州属康巴藏区的重要组成部分，属中国第二大藏区，藏族文化十分浓厚。其藏族文化分物质文化和非物质文化两大部分，甘孜藏族自治州物质文化主要以寺庙、雕刻、墓葬、建筑等物质形态的形式存在，如泸定石棺墓葬群、丹巴古雕群、石渠摩崖石刻、道孚扎坝陶艺、寺庙等；而非物质文化则以民族语言、民族歌舞和各种民风民俗形式呈现，如大渡河谷榆通语言文化、道孚扎坝母系文化（现在叫走婚文化）、农耕文化和各地藏族歌舞及民风民俗等。

自古以来，人类都是"依水而生，倚水生城"。"两江一河"河谷地带，历来都是当地百姓生长繁衍的重要之地。靠着为数不多的河谷平坝和江水的滋养，当地形成了独特而又历史悠久的河谷藏族文化。但随着甘孜藏族自治州"两江一河"大规模的水电开发，河谷藏文化的生态环境遭受极大破坏，对此地的非物质文化也造成了极大的损害。为了解水电开发库区建设对非物质文化带来的影响，我们专程采访了当地有名的赤珠老师（赤珠：小学老师，扎巴本地人，受"文化大革命"影响未完成学业，后参加教师培训班，又被推荐到西南大学学习）。赤珠老师是扎巴民俗文化热心保护者，曾为保护扎巴文化而奔走。当我们问及水电开发对扎巴文化的影响时，他说："我这个建议就是比如扎巴语，扎巴文化习俗面临着消失的风险，也就是成了濒临文化，要求给予保护。""我觉得即使不修水库，大家使用这个语言的频率也会慢慢降低，语言也会这样慢慢消失啊。我想知道从你这个角度来讲，如果说一旦是修了库区，然后由于我们搬迁了，那么你觉得对这一系列——你比较钟爱的这一文化，你觉得有没有影响？……修了水库的话，它的消失时间就会加快。……然后生产劳动方式也要改变，可能就没有土地了，只有出去打工。一出去打工，我们的语言就用不着了。""扎巴还有个习俗是走婚。走婚这个词是现在打造出来的，我们之前不叫这个，用扎巴话来说，是找'相好'，也就是找对象。他们上次开人大会说打造扎巴的走婚文化，我就提出我的建议，走婚不是文化，走婚是婚姻的一种习俗而言，不成文化，叫啥子文化呢，'母系文化，走婚习俗'，这个样子提出要好得多。扎巴人现在的婚俗就接近母系时候。扎巴的母系文化能够沿袭到现在可能还是跟地理环境有关，这里一直处于封闭半封闭状态，几千年都是这种情况。只是后来修了几条公路就打破了。……这个地方水淹了，生产等各方面都会变化。如资源缺少了。现在我们面临的一个问题是怎样生产下去，怎样安置，全

靠国家来改革。个人没什么主意和看法，至于如何保存传统文化还无从谈起。"赤珠老师从本土文化传承者的视角，深入地分析了水电开发对河谷民族文化特别是对民俗文化的生存环境的改变，进而导致民族文化走向衰亡的过程，从语言中已表达出他内心深深的忧虑。

少数民族文化是少数民族在历史发展长河中沉淀下来的具有本民族特点的物质和精神产物，来源于民族内部及民族间交流，是民族精神的体现，是民族智慧的积晶，是民族团结的精神纽带，也是实现少数民族地区繁荣发展和民族振兴的强大动力，也是人类社会共有的宝贵财富。在甘孜藏族自治州"两江一河"大规模的水电开发中，像"扎坝文化"这样的文化还有很多，不管是物质的，还是非物质的。然而，在水电搬迁中，除了对寺庙有较为妥善的保护解决方案外，其他物质的、非物质的河谷民族文化保护和拯救措施还相当乏力，甚至没有成型的方案。

（七）水电生态资源有偿使用标准缺失，缺乏生态资源有偿使用效果评价制度

1. 甘孜藏族自治州地区水电生态资源有偿使用标准缺失

甘孜藏族自治州地区水电开发区是西部最为落后的地区之一，当地生态资源有偿使用观念陈旧，生态价值测算技术落后是不争的事实。到目前为止，甘孜藏族自治州地区水电开发中生态价值测算和生态补偿额度都还没有统一标准。在大规模的水电开发移民补偿和耕地补偿基本均按地方政策进行补偿，而对其他生态价值评估缺乏科学的测算。水电生态系统服务价值测算、有偿使用标准缺失和额度并不确定，严重制约着生态系统功能恢复补偿的有效性和生态系统服务价值利益分配的公平性，导致水电生态有偿使用不公平。

2. 缺乏水电生态资源有偿使用效果评价制度

水电生态环境补偿效果的评价是对补偿工作的有力监督，并能通过效果评价总结经验，吸取教训，为今后的水电生态系统功能恢复、生态系统服务价值补偿工作改进提供重要依据。但由于甘孜藏族自治州地区水电开发生态环境具有高原生态的特殊性，特别是本地区特有的珍稀生物资源有着极强的地域性，离开其生存环境就再也无法复制和繁衍。因此，对这一地区水电生态资源有偿使用效果评价，不能完全采用国际或国内其他地区的评价标准。但目前甘孜藏族自治州地区水电生态有偿使用却注重形式，本地区国土资源及环境保护部门也未制定出科学可行的生态补偿效果评价标准，对水电生态有偿使用缺乏科学的评价体系。从公平视角下看待，这一现状将对甘孜藏族自治州地区水电生态有偿使用产生错误的导向，致使水电开发受益主体最大限度地削减水电生态资源的有偿使用成本。

第四章　西部民族地区水电开发区生态补偿的主体、客体及内容

第三章系统分析了甘孜藏族自治州水电开发建设情况和水电开发中生态补偿存在的问题。水电资源是世界各地广泛利用的一种十分常见和重要的能源形式，水电发展也是在全球范围引起广泛讨论的问题之一。西部大开发以来，甘孜藏族州经济快速增长，特别是2004—2015年，经济增长速度连续10年保持在8%以上的较高增长，而第二产业对地区经济增长的贡献较为突出。甘孜州第二产业以工业为主，工业发展主要依赖于水电开发产业。甘孜州水电开发产业的发展，将有力促进我国以火电为主的电力结构和以煤炭为主的能源结构的合理调整和有效改善，为我国资源环境的保护和经济社会的可持续发展发挥了重要作用。水电资源的开发必定会涉及开发区的生态补偿问题。水电开发区的生态补偿因地域特点存在较大的差异。从系统论的角度来看，水电开发的生态补偿是一个体系，有学者将这一体系归纳为机制。水电开发区的生态补偿机制是以保护生态环境、促进人与自然和谐发展为目的，根据生态系统服务价值、生态保护成本、发展机会成本，运用政府和市场手段，调节生态保护利益相关者之间利益关系的公共制度[1]。在水源地生态补偿主体与客体的相关研究中，国内外学者在主客体的界定方面具有高度一致性，普遍认为补偿主体应当是水源地生态的受益方或破坏方，补偿客体则应当是水源地生态的保护方或受损方。但在进一步细分不同地区水源地生态补偿主客体时，有的学者根据流域地理位置、经济发展程度将补偿义务主体与权利主体笼统地确定为下游地区和上游地区[2]。有的学者则依据具体受益、受损部分，分别将受益地区及保护地区的企业、居民及政府划定为水源地生态补偿主体及补偿客体。[3]还有学者则考虑生态利益相关程度，将补偿主客体统一划分为核心、次要及边缘利益相关者[4]。水电开发的生态补偿系统应由主体、客体以及两者之前的联系即补偿标准、补偿方式和生态补偿内容构成。

本章中水电开发区生态补偿系统包括主体、客体和内容三个要素。主体主要包括政府、水电开发者、水电开发受益者；客体主要包括生态环境保护者和建设者、利益受损者、生

---

① 李文华，刘某承. 关于中国生态补偿机制建设的几点思考[J]. 资源科学，2010（5）：791-796.

② 王淑云，等. 饮用水水源地生态补偿机制研究[J]. 中国水土保持，2009（9）：5-7，64；周映华. 流域生态补偿的困境与出路[J]. 公共管理学报，2008（4）：79-85，126.

③ 张晓峰. 基于利益相关者的南水北调中线水源区多元化生态补偿形式探讨[J]. 南都学坛，2011（2）：125-126.

④ 郑海霞，等. 金华江流域生态服务补偿的利益相关者分析[J]. 安徽农业科学，2009（9）：12111-12115.

态环境本身；生态补偿内容包括自然生态补偿、经济生态补偿、文化生态补偿和社会生态补偿几方面的内容。

第一节　水电开发区生态补偿的主体

生态补偿的主体，即"谁补偿"的问题。理论上，水源地生态补偿应是因水源地生态建设和保护所受益的各类群体。通常，水源地可为各用水户带来供水、纳污、养殖、旅游等方面的经济收益，因而，水源地生态服务功能的受益群体，即水源地沿线上、下游地区的政府机关单位、农牧业主、工业企业主、城乡居民、水利开发项目者和水产养殖者等，应对水源地生态建设和保护成本给予相应的补偿。然而，真正的受益对象往往很难被精确地划定，在现有的水源地生态补偿实践中，常将上、下游地区政府作为生态补偿主体，承担水源地的生态补偿相关责任。

水电开发的主体也可以叫作水电开发的利益相关者。利益相关者理论（stakeholder theory）源自西方学者对企业和股东以及其他人之间权益关系的思考。最为经典也是被引用最多的是弗里曼（Freeman）对利益相关者的定义，他认为利益相关者是能够影响一个组织目标的实现或被组织实现目标的过程影响的团体和个人；Freeman（2003）和 Blaire（2005）认为，股东在内的所有利益相关者都对企业的生存和发展注入了一定的专用性投资，同时也分担了企业的经营风险，或是为企业经营活动付出代价，因而都应该拥有企业的所有权。大量水电研究运用这一理论，界定出水电开发利益相关者的范围。世界大坝委员会（2000）认为，以承认权利和评估风险为基础的利益相关方分析，应被用来确定规划过程的主要利益相关者，就水坝情况来说，这种分析应该包括居住在上游、下游地区拟议的库区内的居民，相关的民间社会团体或科学家等。王文珂（2006）[①]将水电开发企业的利益相关者界定为投资者（股东）、政府行业主管部门、银行等债权人、管理者、公司员工、环保部门、移民、地区居民等。

本章讨论的水电开发区生态补偿的主体，是指研究区域生态补偿系统中的利益各方，也指利益相关者。利益相关者是指因企业活动，主动投入或被动投入了一些实物资本、人力资本、金融资本以及其他可以为企业带来经济收益的价值物，并因此而承担了一定风险的个人或团体。根据这个定义，水电开发企业利益相关者必须对该企业投入一定的资源[②]。水电开发企业的利益相关者投入资源可以是主动的，也可以是被动的。水电开发企业的利益相关者因水电开发而承受风险。结合利益相关者的定义与特征可知，水电开发企业的主要利益相关者包括：股东（投资者）、政府、安置区居民。

一、水电开发区生态补偿主体及相互关系

水电开发区生态补偿的主体就是在水电开发中围绕开发的各种利益相关者。从水电开

---

① 王文珂. 基于利益相关者权益的水电开发企业公司治理机制研究[J]. 水利经济，2006（1）：1-4，81.

② 施国庆. 水电开发利益相关者分析与其所有权实现[J]. 南京社会科学，2008（1）：37-42.

发的规律来看，水电开发生态补偿主体有极强的阶段性。这主要是由水电开发产生的阶段性特征所决定的。在水电工程建设时期，水电开发以水电工程建设产生的生态影响为主，应遵循"谁开发谁保护"的补偿原则，补偿资金应由水电开发者承担（包括水电开发公司和其他受益者）；在水电工程运营期，水电开发以防洪和发电带来的综合效益为主，应遵循"谁受益谁补偿"的补偿原则。补偿资金应来源于用水用电的人群，以及从防洪受益地区进行筹集。一般来讲，水电开发生态补偿的主体主要包括政府、企业、本地居民和生态福利代际享受者。因此，甘孜藏族自治州水电开发生态补偿主体主要包括政府、企业、本地居民和生态福利代际享受者。

（一）政府

政府职能归结为四项内容：经济调节、市场监管、社会管理和公共服务。公共服务职能是服务型政府的核心职能，即政府直接或间接提供上述纯公共产品和准公共产品以满足社会、公众需求的职责和功能。政府在水电资源开发中发挥了主导作用。而如果水电开发破坏了流域的生态环境，同时缺乏有效的生态补偿机制，就无法为民众提供稳定的生态产品及服务。由于水电开发对生态环境的影响涉及整个流域，辐射面较广，势必要求一个能代表整个流域公共利益的组织在水电开发生态补偿中发挥作用，而这个组织只能是政府，唯有政府能代表更广大人民的利益，也只有政府能够妥善解决流域生态建设和经济发展之间的矛盾，因此，政府应成为水电开发生态补偿的主体。为此，建立水电开发生态补偿机制，制定和完善生态环境保护法律、政策，将生态破坏和环境污染损失纳入国民经济核算体系，加大政府公共财政投入，筹措生态环境保护资金，为社会提供更多的公共产品及服务，有利于打造公共服务政府，强化政府公共服务职能。同时，由于众多单位或个人从水电开发中受益，要核算水电开发对生态造成的损耗、受益者的受益程度，协调补偿对象和补偿主体之间的关系、完成生态补偿费用的收缴并非易事，也只有政府有资格、有能力完成上述事项。由此可见，政府主要发挥管理和调控的作用。

（二）企业

企业主要指独立的营利性组织，在这里主要指水电开发企业，它承担着水电开发者和开发受益者的角色。依据"谁开发谁补偿、谁受益谁补偿、谁破坏谁恢复"的原则，水电开发者是水电开发生态补偿的重要主体。开发者即取得水电开发权的投资者，水电开发会对流域生态环境造成一定的负面影响，开发者应支付相应的经济补偿，用于流域生态环境的恢复和建设，以保证流域生态环境恢复到未开发前的水平。水电开发的经济效益主要体现在提供水资源、电力、防洪减灾、航运、旅游等方面。水电开发的企业是水电开发所产生的经济效益的直接受益者。水电开发企业承担着保护和改善开发区域自然环境的责任。水电开发的防洪功能减少了洪水发生的机会，保障了库区周围经济的发展和下游地区的安全，也促进了区域旅游资源的开发，这些会对除水电开发直接受益者之外的间接受益者，按照"消费补偿""公平公正"等理论，根据受益情况向其他方给予补偿。

（三）本地居民

在利益机制中，本地居民可归为利益相关者中的水电工程移民和安置区居民。水电工程移民指因水电资源开发中库区、大坝及相关配套工程建设等占地而丧失或被影响其生产生活资料，需要进行搬迁、基于补偿和安置的农业和非农业人口。政府通过补偿、搬迁、安置、扶持等多种措施，完善移民群众在被安置地的生产生活基础设施，最大限度地恢复原有人文系统的相关要素，最终达到移民顺利搬迁妥善安置、工程顺利建设、社会稳定发展的目的。因此，移民搬迁和安置工作是水电资源开发中最重要的任务之一，移民群体也是影响当前水电开发管理工作最大的施工的因素之一。随着市场经济体系的确立，水电开发中的移民问题变得越来越重要、现实。目前，中央和地方都很重视水电工程移民，国家在制定相关政策的过程中也更加注重和保护移民，特别是少数民族的权益。

目前，我国水电资源开发移民安置的政策是坚持以农业生产安置为主，遵循因地制宜、利于生产、方便生活、保护生态的原则。甘孜州水电资源开发移民安置以国家的安置政策为基础，通过将涉及水电资源开发的移民迁移到土地资源相对富集的区域，通过调整耕地、改造中低产耕地、改善生产性基础设施条件等方式进行生产安置。在移民的搬迁和安置过程中，被安置区居民的利益便不可避免地受到影响。目前，移民政策中对安置区调地费的标准、土地营权流转程序等均无明确的规定；各水电开发项目涉及的地方政府在实施移民安置时采用的调地费标准不一致；在征求当地居民流转意见方面的做法也不尽相同。

（四）生态福利代际享受者

水电开发生态补偿的理论基础是外部效应理论。所谓外部效应是指主体的活动对周围以人和物为主要载体的环境所产生的影响。外部性包括正外部性和负外部性。水电资源的开发也会产生外部效应，并且水电资源的开发不仅会对当代人的生存环境产生影响，也会对后代人产生影响，这种影响就是代际的外部性。在水电资源的开发利用中，代际外部性体现为水能资源的开发利用可能会破坏后代人生存的生态环境，而且还可能会使后代人生存的环境有所改善。前者为负外部性，后者为正外部性。

二、水电开发区生态补偿主体间的相互关系

水电开发企业是一个服务社会的经济系统，尽管有其自身追求经济利益的目的，但其社会责任高于其自身的经济利益。政府与企业的关系阐释最为贴近的是"相关利益人治理模式"。"相关利益人治理模式"的特点就是将企业看作是一个服务社会的经济系统，优先履行其广泛的社会责任，同时追求一定的商业利益。水电开发企业的运营目标是为包括社会公众、政府组织、商业机构在内的所有的相关利益人服务。这一点与"相关利益人治理模式"的特点相匹配。关注所有相关利益人的利益，而不是仅仅为股东的利益最大化服务。政府作为竞争性企业和公用事业型企业的相关利益人具有不同的特点，对水电开发企业控制权的配制具有不同于竞争性企业控制权配制的特殊性。在竞争性企业中，政府作为企业的相关利益人与企业的关系不是很密切，对竞争性企业只做宏观上的经济指导。而在公用事业型企业中，政府与企业有着密切的关系，表现在其对公用事业型企业进行进入、退出管制，以及产品、服务质量和安全方面的管制等。而且政府的这种管制是在企业所有权之外的，并对公用事业型企业具有最权威的控制能力。水电开发企业的目标是立足社会、实现长期可持续发展。这决定了公用事业型企业不能处于少部分人的控制之下，而必须受到

整个社会相关利益人的监督和控制。水电开发企业对社会的贡献包括经济利益在内的社会综合效益。而"相关利益人治理模式"要实现的就是包括经济效益在内的社会综合效益的最大化。这样，双方在这一点上也相符。

综上所述，就水电开发企业等公用事业型企业和"相关利益人治理模式"的特征来看，双方在一些主要方面是完全一致的。"相关利益人治理模式"的相关利益人共同治理的特点使其成为公用事业型企业治理的最佳选择，而公用事业型企业的社会性和公益性使其成为"相关利益人治理模式"的最佳载体。水电开发企业采用"相关利益人治理模式"的实现基于以下几个方面：第一，水电开发企业的发展越来越依赖消费者的满意、政府的支持、职工的人力资本、供应商的合作等。所以，水电开发企业在发展过程中必须更加关注相关利益人的利益。第二，保障广泛的相关利益人参与水电开发企业的公司治理有助于取得公众对公用事业型企业的广泛支持。第三，相关利益人参与公司治理有利于水电开发企业的长远发展。第四，在水电开发企业中，相关利益人参与公司治理有利于照顾公司内各方的利益，实现公司的内部平衡，形成有效的监督约束机制。第五，"相关利益人治理模式"的共同治理逻辑，有助于扭转水电开发企业这样的公用事业型企业中存在的个人决策、集体负责的现象。[①]

第二节　水电开发区生态补偿的客体

一、补偿客体的界定

生态补偿的客体，即回答"补偿谁"的问题。资源开发补偿的客体主要是指生态开发补偿的对象。水源地生态补偿客体是指为确保水资源可持续利用做出贡献或牺牲的所有生态建设者和保护者，一般包括水源地及其周边地区的政府、企业和居民等。

水电开发生态补偿客体独有的特点在于其多元性。针对水电开发的直接生态影响，其生态补偿对象主要为受损生态系统，需要进行"人—物"补偿，即水电开发受益者支付具有生态补偿性质的相关费用。例如，对陆地生态系统采取的就地、异地恢复或保护措施，对河流生态系统采取的恢复河流连通性、修复局部生境、营造鱼类产卵场等工程修复措施所产生的费用。针对水电开发的间接生态影响，其生态补偿对象主要是移民，需要进行"人—人"补偿，对移民采取实物和非实物的福利补偿方式，从而保护库区及安置区生态环境。

整体而言，关于生态补偿，国内就森林生态补偿和流域生态补偿做了较多的实践研究、探索，对矿产资源、自然保护区、湿地和游园的生态补偿也有所涉猎。早在 1992 年年末，林业部就邀请 10 个部委用 40 天时间，到 13 个省的林区考察调研，提出了面对"濒危林业"的严峻县市，必须尽快建立中国森林生态补偿机制，同时还提出"直接受益者付费"的方案。自 1998 年我国相继启动天然林保护、退耕还林等重大生态建设工程以来，国内学者针对生态建设工程"投入高、周期长、范围广、见效慢"的特点，对生态补偿机制的研究主要着眼于流域生态补偿机制和森林生态补偿机制、森林方面的生态补偿实践研究。森林生

---

① 王文珂. 基于利益相关者权益的水电开发企业公司治理机制研究[J]. 水利经济，2006（1）：
1-4，81.

态补偿涉及的一个重要方面是对退耕还林的经济补偿。

二、甘孜藏族自治州水电开发生态补偿客体研究

甘孜州地质环境多样，气候带谱完整，地处长江上游生态屏障的核心地带。独特的地理环境和气候条件给甘孜州提供了丰富的土地资源、矿产资源、动植物资源、能源资源、旅游资源和文化资源，这些资源也成为甘孜州水电开发生态补偿的客体。

（一）土地资源

甘孜州土地总面积 15.262 9 km²，土地类型主要为耕地、林地、草地和园地。甘孜州现有耕地面积 882.133 3 km²，占土地总面积的 0.6%，比重小且地域分布不均，主要集中在甘孜州的康定、泸定、道孚、甘孜、丹巴。其中泸定县的耕地资源最为丰富，其耕地资源主要集中分布于大渡河谷的冲积坝子和河谷台地上。泸定县灌溉水田面积就约占甘孜州灌溉水田总面积的 86.76%。泸定县境内不到 100 km 的大渡河干流上，开发了大岗山水电站、硬梁包水电站、泸定水电站三个大型水电站，县域内大部分河谷耕地被水库蓄水所淹没，为补偿农民被淹没的耕地，只得新造土地满足用地需求。

甘孜林区是长江水源涵养、水质保护的天然屏障，是长江上游生态屏障的重要防线，是祖国半壁河山的"水塔"，是生物多样性的宝库和特有资源的中心，在维系长江流域生态平衡中发挥着重要的作用。甘孜州森林资源多，全州林业用地面积 65 220 km²，活立木蓄积 4.81×10⁸ m³，森林覆盖率 33.90%。甘孜州境内有各类木本植物 1 192 种，药用植物 1 539 种（藏药植物 500 余种），食（药）用菌 330 种，野生动物 491 种，属国家级保护动物 88 种。区内自然保护区面积大。共建森林、野生动物及湿地类型自然保护区 38 处（其中国家级 5 处），森林公园 5 处，保护区面积 37 720 km²，占全州总面积的 24.98%。

甘孜州草地面积为 88 561.866 7 km²，占土地总面积的 58%。其中，天然草地占 99% 以上。甘孜州草地主要分布在丘状高原区域，占全州草地总面积的 52%，占该区域土地总面积的 70% 以上。由于多为天然草地，草地质量较差，且地势高寒，牧草生产期短，草地理论载畜能力较低。

甘孜州园地面积为 20.266 7 km²，仅占全州土地总面积的 0.1%，主要分布在海拔相对较低、光热条件较为适宜的金沙江、大渡河、雅砻江及其支流的河谷和半高山地带。

（二）植被资源

植被是全球生命系统的重要因素，是人类可持续发展的宝贵资源，是生物多样性的重要基础。植被资源的重要价值还在于它的可再生性。水电建设工程在施工中，需要大量开挖土石方，以致对地表植被造成破坏，兼之要废弃大量碎石废土，若不能科学合理地组织施工和合理处置碎石废土，很可能导致水土流失，甚至形成地质灾害隐患。另外，开发中还会破坏森林植被，使草地退化，加之水体的污染，使水生植被严重破坏，土流失土地面积迅速增加，沙化程度日趋增大。由于植被大面积的减少，其调节气候、涵养水源的作用大为降低，由此造成全球水资源紧缺、气候变暖，自然灾害频发。受水电资源开发等因素的影响，甘孜州的生物多样性受到威胁。生态系统退化导致牛羚、马鹿、白唇鹿、黑颈鹤、高寒水韭等珍稀野生动植物栖息地退化和破碎化，生物多样性保护受到威胁。

（三）流域生态资源

由于水流的方向性，人类生产生活必定对流域的生态环境产生影响。如：上游地区的水源受到了污染，下游地区的生产生活用水势必会受到较大的影响。因此，上游的生态环境对下游将产生巨大的作用。一般来说，流域生态资源主要指水生生物。水电站的修建，对局部区域水生生物的生态环境产生巨大影响，从而影响流域中的水生生物种群。河坝的修建使雅砻江最大支流鲜水河从道孚县城向上逆流，以致百余千米很少见到本土鱼类的踪影，本土水生鱼类物种面临着巨大的生存危机。

水电开发中，河谷森林、植被等资源被大量淹没，森林功能萎缩，导致一些珍稀植物物种面临绝种危机。在"两江一河"水电开发中，由于本地高山相对高度差极大，植物呈垂直分布特征明显，河谷植物很难在山顶生长，密集的水电开发淹没了河谷大部分土地和植物资源，致使部分珍稀植物物种濒临绝种。

（四）本土文化资源

通过对大量的研究文献的梳理和分析发现，藏族地区的生态资源开发问题的研究的文献可归为两大方向：其一是选取某个研究对象，针对区域生态经济的发展模式和发展路径展开研究；其二是结合环境、宗教、文化等内容研究藏区的生态文化、生态伦理等内容。这些研究内容为藏区水电开发的深入研究提供了丰富的研究视角和研究思路。在对大量历史资料、文献、个案进行分析研究的基础上，基于藏族生态伦理的研究视角，笔者将影响藏族地区生态资源开发的非经济因素归纳为三方面：其一是从民族地区的区位条件，研究自然资源、区位条件等客观因素；其二是从藏族地区的意识形态来看，包括文化观、价值观、风俗习惯、宗教信仰、行为偏好和民族心理。意识形态中的很多内容都涉及本土文化资源与水电资源开发之间的相互影响和作用。因此，从系统论的角度厘清影响因素间的关联效应，梳理促进各因素之间相互作用的助推机制，能丰富藏区生态伦理的内涵，增强藏区生态经济的现实价值，有助于实现藏区水电开发的持续、健康发展。

尽管青藏高原生物呈多样性，然而脆弱的生态环境让处于青藏高原的藏族地区面临的紧迫问题是人与高原生物如何生存、生态环境与经济、社会如何协调发展。人类学家弗洛伦斯·克拉克洪认为，不同文化和不同历史时期的人对自然大致有 3 种取向：① 人屈从于自然，生活为强有力的自然所支配；② 人凌驾于自然之上，支配、利用和控制环境；③ 人是自然固有的一部分，与动物、树木和河流一样，设法与环境和谐相处。第三种取向主张人与自然的和谐共生，与生态文明思想的内涵一致，也符合藏族生态伦理中所主张的人与自然的关系，对保护藏区生态环境起到了十分积极的作用。[①]因此，发展生态经济就是要在保护环境的同时，发挥生态的经济效益，实现社会效益。

在特殊的自然环境和文化中，藏族同胞形成了独有的物质观、精神观、人生观和发展观。这些观念对藏族地区生态经济的发展产生了不同程度的积极影响。正如有学者所说"观念比权利更能影响人的行为"。自然的限制和传统的生活方式让人们在对自然环境和空间的认识中形成了一种索取有度的物质观和发展观，轻物质、重精神，特别注重对精神世界的培养。在物质生活与精神生活的关系上，藏族同胞更注重精神生活的追求；在对消费生活的选择中，

---

① [美]欧·奥尔特曼，马·切莫斯．骆林生，王静译．文化与环境[M]．东方出版社，1991：24．

藏族同胞更注重节制消费，注重与自然环境的融合，从而保证了藏区绿色植物的生产量大于消耗量，野生动植物的多样性。藏族生态伦理提出了崇敬自然、尊重生命、万物一体的价值观念，保护整体环境、保护一切生物，是藏族伦理道德和生活方式的出发点，因此他们的经济开发活动是局部的、有限的，以维持人的基本需求为目的的。[①]

在民族资源开发过程中，少数民族"文化生态"也在发生着变化。"文化生态"是指由构成文化系统的诸多内在、外在要素及其相互作用所形成的生态关系，主要由社会环境和规范环境构成。水电资源开发中，本土的文化资源也受到了较大的影响。

甘孜州地处藏区腹地，自然环境独特、宗教氛围浓郁，具有独特的民族文化、风俗习惯及生产生活方式，民居建筑、宗教设施特殊，群众收入构成多样。现行移民政策一时还难以完全涵盖少数民族地区特殊性问题，部分藏区移民群众对自己的去向和搬迁后的长远生计问题、宗教活动及场所等信教问题感到担忧。

甘孜州州内绝大多数农牧民群众信仰藏传佛教，具有浓厚的宗教感情。移民安置涉及宗教和文化问题，敏感度高，难度很大。甘孜州是藏、汉、彝、羌、回、满等20多个民族杂居区，千百年来，各民族之间通过不断的交往和融合，形成了相对稳定的社会关系网络。较大规模移民，固有的社会关系网络被打破，其生产方式和生活习俗遭到冲击，不可避免地会带来诸多社会问题。同时，宗教和民居建筑具有的地域性和独特性，积淀着几千年来康巴文化建筑艺术的结晶，这成为移民安置补偿的一大新课题。除了耕种土地，当地居民主要依托库区丰富的自然资源，如采挖松茸、虫草、贝母、大黄、秦艽等名贵大宗中药材增收致富。电站建设不可避免地要淹没大量的自然资源，移民迁出原居住地后，对库周剩余资源也难以利用，直接影响移民群众的经济收入。

第三节　水电开发生态补偿的内容

1990年前后，国外已有生态补偿理论的基本雏形，国外学者较多地使用了生态服务付费（payments for environmental services，PES）的概念。其主要包含自然生态补偿、经济生态补偿、文化生态补偿和社会生态补偿。

一、自然生态补偿

自然生态补偿是对自然资源的消耗、破坏的补偿。目前，甘孜州水土流失面积达到 $5.45 \times 10^4 \ km^2$，占全州总面积的 35.7%，占整个长江流域水土流失面积的 10%，占长江上游水土流失面积的 15.5%。除康定市和泸定县外，甘孜州所辖其余16个县均处于国家级水土流失重点防治区，其中得荣县、巴塘县、稻城县、乡城县、九龙县、雅江县、理塘县、白玉县、新龙县、道孚县、炉霍县、甘孜县、德格县、石渠县14个县为金沙江上游预防保护区；色达县和丹巴县属于岷江上游预防保护区。

水电站的修建，使局部区域水生生态环境发生了巨大变化，水流流速变得相当缓慢，江河水流被阻断，从而对水生生物种群产生巨大影响：其一，库区浮游生物从江河型向湖泊型

[①] 南文渊. 藏族生态伦理[M]. 民族出版社，2007：3.

转变，库内浮游藻类增多，广温型、广布型浮游动物明显增加，底栖动物种类发生显著变化，石生、喜高氧浪击带生物种类明显减少，喜静水，沙生软体动物种类有所增加，鱼类食物结构发生巨大变化。其二，随着生存环境和食物饮料的变化，鱼类区系群落种类也将发生巨大变化。当地农牧民有放生习俗，水库成为放生之地，放生物种为平原江河下游鱼类，容易造成病毒传播和物种入侵，大大缩减了本土鱼类的生存空间，本土水生鱼类物种面临着巨大的生存危机。

河谷森林、植被等资源被大量淹没，森林功能萎缩，导致一些珍稀植物物种面临绝种危机。"两江一河"流域水电开发区大部分地区，如大渡河甘孜州境内全段，雅砻江甘孜州境内部分地段，金沙江甘孜州境内大部分河段均属于干河谷地带，因植物生长对温度和水分要求较高，加上河谷山体多数为沙砾岩体，保水功能极差，此地植物多生长于河谷和山顶，山腰部分极为干燥，植被稀少，岩石裸露，只有少量矮株灌木和仙人掌等耐旱植物生长。在"两江一河"水电开发中，淹没占用了大量的森林资源，经对水电开发区村民和县上相关部门领导干部座谈访问得知，每一个库区都会淹没大量河谷森林，如雅江二滩电站仅淹没道孚县扎坝区森林面积就达 3.33 km²，均不会再造补偿。另外，本地高山相对高度差极大，植物呈垂直分布特征明显，河谷植物很难在山顶生长，密集的水电开发淹没了河谷大部分土地和植物资源，致使部分珍稀植物物种濒临绝种的危险。"五小叶槭"是植物中的大熊猫，目前已发现的只有 4 个种群，主要分布在四川省的康定市、雅江县、九龙县和木里县，加起来一共也只发现了 527 多棵。而为了修建水电工程而铺设的道路施工，也被指已经毁坏了一些五小叶槭。雅砻江及其支流上正在大量修建梯级水电站，修建施工过程中的直接伤害，以及大坝建成后水位上升造成的淹没，都会让五小叶槭的野生种群遭受灭顶之灾。

二、经济生态补偿

一般来说，上游水源地生态环境保护者为生态受益者带来了经济效益、生态效益和社会效益。由于保护水源的需要，区域会限制一些产业的发展，这势必会限制当地经济的发展。因此，生态受益者必须采取相应的补偿措施弥补上游地区受损者的经济利益。

常用的补偿方式包括两类：一是受益对象根据水源地提供的水资源和水生态环境价值，对生态保护者的损失进行针对性补偿，包括资金补偿、政策补偿和实物补偿等方式。最常见的是资金补偿，即通过生态补偿基金、信贷优惠、税收减免、财政转移支付等形式来弥补水源地生态保护的经济效益损失。政策补偿主要是上级政府通过制定投资项目、移民外迁等相关优惠政策对水源地上游地区进行一定程度的补偿。实物补偿是提供生产、生活要素，进行物质、劳力和土等资源进行补偿，这些补偿方式被称为"输血型"的补偿模式。这种补偿模式在一定程度上减少了生态补偿的运行成本，且受偿方能自由自配资金。然而，这种补偿方式所需资金较大，持续性不强，区域后续经济发展能力有限，区域可持续发展能力薄弱。

相对于"输血型"补偿模式，还有一种"造血型"补偿模式。这种补偿方式是采用项目支持等方式将补偿资金间接安排至水源地上游贫困区，同时为受偿地区提供相关的技术指导及优惠政策，帮助水源区居民对现有产业进行优化升级，或重新建立可替代的产业，提高区域居民的可行能力，实现区域的可持续发展。该补偿形式多样，实践中通常采用产业补偿、智力补偿和部分政策性补偿等方式。其中，产业补偿主要是促进区域产业的优化升级，通过产业发展的梯度推进，通过产业转移促进上游地区经济发展。智力补偿则是由生态补偿地区将先进技术、先进人才输送到受偿地区，加强对受偿地区技术和管理人才的培养，提高区域的生产技能。"造血型"补偿可在一定程度上弥补水源地因限制性开发和禁止开发所带来的收入减少问题，从而避免水源地"因保护而返贫"现象的发生。

因此，在水源地生态补偿方式的选择中，应根据补偿阶段，因地制宜地采用不同的补偿组合方式，即在短期内应着重选择资金补偿、政策补偿和实物补偿等方式。甘孜州水电开发中移民安置补偿成为水电生态付费的主要对象。

在水电生态资源使用中，受益主体通常包括地方政府、水电开发者和其他间接受益主体。地方政府主要通过对水电开发企业往往以征税的形式获取经济利益，提高地方 GDP。水电开发者是水电生态资源的主要使用者，水电站一旦建设成功，后期仅有电站运转的维护成本，而国内能源市场相对稳定，水电企业处于强势的卖方市场地位，因此，通过前期对水电企业的投入和建设，开发者会取得长效而丰厚的利润回报。由于甘孜藏族自治州水电开发区地处高原峡谷，水电站建成后几乎不具有灌溉和航运功能，其综合利用价值主要体现为库区周边经济发展和下游地区安全，受益主体相对单一。但是，水电开发的受损主体除农牧民这一主体明确外，其他主体均具有不确定性，即受损主体均为不特定主体，所以因资源权属关系不特定导致生态利益受损缺乏特定追偿人。

三、文化生态补偿

在民族经济开发过程中，文化生态也在发生着变化。"文化生态"，是指由构成文化系统的诸内在、外在要素及其相互作用所形成的生态关系，主要由社会环境和规范环境构成。

甘孜藏族自治州属康巴藏区的重要组成部分，属中国第二大藏区，藏族文化十分浓厚，藏族文化分物质文化和非物质文化两大部分。物质文化主要以寺庙、雕刻、墓葬、建筑等物质形态的形式存在，其主要代表如泸定石棺墓葬群、丹巴古雕群、石渠摩崖石刻、道孚扎坝陶艺、寺庙等；而非物质文化则以民族语言、民族歌舞和各种民风民俗形式呈现，如大渡河谷榆通语言文化，道孚扎坝母系文化（现在大家都叫走婚文化）、农耕文化和各地藏族歌舞及民风民俗等。

自古以来，人类都是"依水而生，倚水生城"。"两江一河"河谷地带，历来都是当地百姓生长繁衍的重要之地，靠着为数不多的河谷平坝和江水的滋养，形成了独特而又历史悠久的河谷藏族文化。但随着甘孜藏族自治州"两江一河"大规模的水电开发，河谷藏族文化的生态环境遭受极大破坏。同时对非物质文化也会造成了极大的损害甚至毁灭。水库的修建让当地居民移民搬迁，使本民族的语言使用大大减少，一些民俗文化也随之消失。在康定市水电移民安置点的走访中，一些移民户告诉访谈者："水电移民打破了过去的生产、生活方式，但最难的还是心理的调适。面对新的生产、生活和文化环境，要接收新的文化、适应新的习俗。原有的民族文化像个'外来者'，嵌入式地出现在新的环境，总有些'不自在'。一些民族文化遗产在逐渐消失。移民者文化在安置地的生根、发芽很困难，更谈不上文化的延续和传承。自己可以把文化传给后代，但后代面对的文化、生活环境已不是自己当初的那个环境，后代对文化的传承能力肯定比较有限。另外，进入一个新的环境，首先要适应的是安置地区的生活、生产，文化会不经意被搁置，至于如何保存传统文化还无从谈起。"

因此，随着水电开发的推进，区域文化生态补偿将成为生态补偿的重要研究对象，也势必成为社会学家、民俗学家重点关注的研究领域。

四、社会生态补偿

分析上述内容，其共同点是将生态补偿的目的定位于保护生态，补偿所采取的方式也仅仅是经济方面的补偿。但是，生态补偿不仅涉及生态和经济，还涉及社会的可持续发展，而且受偿区域乃至整个区域的可持续发展才是生态补偿的终极目的。所以，王金南等认为，生态补偿有狭义和广义的区别。狭义的生态补偿是指对由人类社会经济活动给生态系统和自然资源所造成的破坏及对环境所造成的污染的补偿、恢复、综合治理的一系列活动的总称。广义的生态补偿还应该包括对因环境保护丧失发展机会的区域内居民所进行的资金、技术、实物上的补偿与政策上的优惠，以及为增进环境保护意识，提供环境保护水平而进行的科研、教育费用的支出。[①]由于生态补偿涉及社会的可持续发展，因此，不应单纯从经济方面进行生态补偿，还要对水源区贫困农村进行社会的、系统的生态补偿，从而使其摆脱贫困，走上可持续发展的道路。从社会公平的角度来看待生态补偿，必然会涉及社会经济发展中的区域差异问题。引起区域差异的原因很多，但地理要素禀赋的差异始终是一个重要的根本性原因。根据前文的分析，社会生态补偿可以大致分为两个层次：一是社会公平层次。由于自然地理条件的不同而引起的各地农业生产中投入产出中的先天不平等（同工不同酬），这有违社会公平，因而应对进行补偿。二是区域协调发展层次。随着人类文明的发展，自然地理条件的初始差异也会慢慢引起经济地理条件的不同，从而导致区域社会经济发展的差异，这也需要进行相应的协调和补偿。

基于此，本书提出的社会生态补偿为：社会生态补偿是由生态受益方向生态保护方所进行的补偿，其目的是确保区域生态、经济和社会的可持续发展。补偿的具体方式包括经济补偿、政策补偿和促进区域可持续发展的其他相关活动。从这个定义来看，社会生态补偿不仅是生态问题，更是经济和社会问题，其目的是保障社会、经济与生态的可持续发展。社会生态补偿应集中体现为社会整体通过一系列经济手段和法规、行政措施以及相关的系统的社会活动，对已在人类活动影响下丧失自我反馈机制和恢复能力的生态系统进行物质、能量的反哺和调节机能的恢复，确保该区域的生态、经济与社会的可持续发展。社会生态补偿，必将更进一步优化生态环境，而且也将促进该生态区域的经济和社会的全面的可持续发展，其结果是有利于全社会的。

从内涵上看，社会生态补偿包括使用补偿、受益补偿和损害补偿。使用补偿是指使用生态环境但是没有造成破坏支付的补偿，如从生态环境中获得的景观、娱乐等享受而支付的补偿；受益补偿是指从其他人或其他地区的生态保护行动中获得收益而支付的补偿，如生态保护收益区向保护区所支付的补偿；损害补偿是指从事对环境有害的活动而支付的补偿，如为了恢复开发矿产资源或修建建设项目所破坏的生态环境而支付的补偿。从补偿的目的看，社会生态补偿包括对生态环境的补偿、对经济发展的补偿和对社会政治文化补偿。对生态环境补偿的目的是保护和恢复生态环境；对经济发展补偿的目的是保持受补偿区合理的经济发展

---

① 王金南. 基于生态环境资源红线的京津冀生态环境共同体发展路径[J]. 环境保护，2015（12）：22-25.

速度；对社会政治文化补偿的目的是保持全社会的可持续发展。全社会的可持续发展与区域内均衡发展及和谐是社会生态补偿的最终目标。[①]

社会生态补偿的这些特征决定了一定区域范围内的相关法规的健全、宏观政策的制定、制度的完善，如国家针对各地区的中央财政转移支付、财政补贴、生态税费收取、对口支援与补偿等区域政策的制定。甘孜州先后出台了《关于进一步加快全州生态能源产业发展的意见》《关于进一步规范水电开发秩序的通知》《关于进一步加强水电项目管理的几点意见》《关于加快电网建设的若干意见》等规范性文件，将加快发展作为主要支柱产业之一的以水电为主的生态能源产业，极大地促进了水电事业的发展，为全州水电、电网建设程序化、科学化、规范化提供了依据。甘孜州于2009年顺利完成水电开发利益共享机制试点工作，为下一步全州实施水电资源有偿使用和补偿机制工作积累了经验、奠定了基础。甘孜州加强与省电力公司的合作，与之签订12县《代管地方电力公司协议书》，进一步推进了地方电力体制改革工作。

完善和创新生态文明建设的体制和机制，克服制约协调保护与发展的制度性障碍，引导全社会积极参与生态文明建设，是甘孜州生态建设规划和实施的基础。甘孜州生态文明建设政策支持体系包括：建立资源开发利益共享机制、完善生态转移支付政策、加快藏区民生基础设施建设、推进飞地工业园区建设、建立健全生态产业的金融和税收扶持制度、完善对口支援政策，规划启动甘孜藏区生态保护以及民生基础设施建设重大项目等。

针对甘孜州水电资源、风能资源、太阳能资源等清洁能源丰富、经济水平低的状况，以及资源开发企业上缴资源地税收少、国家资源税标准和分配比例不合理、生态建设和资源开发补偿政策落实难等问题，依据将生态和资源优势转变为经济优势的思路，在中央政府、地方政府、企业、当地居民等层面实施资源开发的利益共享机制，实现清洁能源开发成果投资者和项目区普遍受益，人人共享。具体措施如下：

（一）建立资源产权分解制度

将清洁能源资源产权按照国有产权、地方产权、企业产权和自然人产权分解开来，并经过科学计算使四方均获得一定比例的产权。打破中央企业垄断资源开发经营权的局面，顾及各方利益，明确各相关利益主体的产权，从制度上保障甘孜州政府和当地居民都能参与资源的开发与经营。

（二）建立开发企业运行共享制度

通过对现有资源开发企业实行规范的股份制改造，使资源开发企业在资源开发和经营过程中实现资源产权组合。改变资源开发企业往日的垂直管理体系，由中央政府、地方政府、企业以及当地居民按照各自在资源产权中所占的比例入股，并以多种筹资方式吸引社会资本参股，成立规范的股份制公司，保证各个利益主体的产权得以实现。同时将资源开发中的四方利益统一于股份制企业中，促进资源开发企业产权的多元化以及公司治理结构的规范化，调动地方政府和当地居民参与资源开发的积极性，实现通过经营资源开发公司的方式来兼顾各方利益，以减少资源开发公司与地方政府、当地居民的矛盾和摩擦。

---

① 王金南．基于生态环境资源红线的京津冀生态环境共同体发展路径[J]．环境保护，2015（12）：22-25．

（三）建立资源开发收益分享制度

各个利益主体根据其在资源产权中所占的比例，通过资源开发企业的运营，对资源开发所获得的收益进行共享。通过资源开发收益分享制度，保障地方政府和资源所在地居民从资源开发中受益，减少资源开发中的短视行为，实现资源的可持续开发与利用。

（四）建立资源开发收益再投入制度

采取有效的措施保障适当的开发收益，用于当地的经济建设以及生态环境建设，避免开发利益全部外流。中央政府和清洁能源开发企业将其所得收益按照一定的比例再投入资源所在地的经济建设与生态环境建设中，使资源所在地实现社会效益、经济效益和生态环境效益的统一。

（五）完善生态转移支付政策

为推动地方政府加强生态环境保护和改善民生，充分发挥国家重点生态功能区转移支付的政策导向功能，中央财政正式设立国家重点生态功能区转移支付，并于 2011 年 7 月 28 日印发《国家重点生态功能区转移支付办法》。针对目前生态转移支付标准偏低、一刀切和资金使用效率低等问题，甘孜州完善生态转移支付政策的措施包括：一是加大专项转移支付资金整合力度。根据国家"十一五"规划和《国务院关于编制全国主体功能区规划的意见》精神，研究主体功能区转移支付制度，统筹考虑税收政策、专项转移支付、财力性转移支付等手段，整合专项转移支付，形成政策合力，提高资金使用效率，为甘孜州生态环境保护与建设、基本公共服务提供财力保障。二是完善生态转移支付资金使用分配方法。提高生态转移支付用于生态环境保护项目的资金比例，将生态转移支付资金主要用于生态环境保护，将污水处理、垃圾处置等生态环境保护设施运行经费纳入生态转移支付资金使用范围。

（六）加快甘孜民生基础设施建设

甘孜州县乡民生基础设施落后，是制约甘孜经济社会发展，及居民生活水平、教育水平提高和改善，以及少数民族居民融入现代社会的主要障碍。加强甘孜州县乡交通体系、电力、水利、教育、通信、文化基础设施建设，是推动甘孜社会发展以及融入现代化进程、促进民族和谐的重要措施。为了加快甘孜民生基础设施建设，国家规划与启动甘孜民生基础设施建设，集中力量解决甘孜目前面临的民生基础设施建设严重滞后的局面。重点开展乡镇与重点景区交通建设、水利工程配套建设、安全饮用水设施、通信设施、小城镇基础设施等，推动藏区与外界的交流和沟通，加快藏区融入现代化的进程。

（七）建立健全生态产业的金融和税收扶持政策

针对甘孜州产业发展落后、生态环境保护任务重的情况，政府应建立健全生态产业的金融和税收扶持政策，促进甘孜州生态产业发展和生态环境保护。具体措施包括：一是推进扶持重点和优势产业的金融税收政策。财税优惠政策进一步向甘孜州重点产业和特色优势产业倾斜。如中央财政可通过专项补贴、贴息等方式扶持甘孜州特色优势产业，并引导社会资本增加投资。二是探索和完善税收优惠政策。扩大享受优惠企业的范围，不受企业性质、资金来源等局限，凡进入符合国家鼓励类产业的，都享受同等的税收优惠，降低政策准入"门槛"。二是对困难地区因税收优惠而导致的地方财政减收，给予一定比例的补助。对于重点资源开发区，财税政策重点支持资源的合理开发与优化利用，进一步探索和完善资源税收体制，建立合理的生态补偿机制；对于重点生态治理区，财税政策支持把促进环境保护放在首位，支持社会资金进入环保产业，带动区域绿色经济发展。

第五章　西部民族地区水电开发区生态补偿意愿及额度调查

第一节　西部民族地区水电开发区生态补偿与生态补偿意愿

一、生态补偿与生态补偿意愿

（一）国内外生态补偿研究

正如第一章所述，生态补偿分为生态系统功能修复和生态服务价值付费两个大部分，从资源交易的市场机制出发，在国际上，生态补偿问题与国际上使用的生态服务付费（Payment for Ecosystem Services，PES）或生态效益付费（Payment for Ecological Benefit，PEB）的大致意思相同，生态补偿引起世界各国的重视并采取了不同的方法进行研究。法国在 1960 年就通过法律在自然区和敏感区域征收部门费，收取费用作为土地管理费；美国征收煤炭开采税用于复垦，用于恢复因露天采煤而破坏的植被和土壤；19 世纪 70 年代，美、英、德等国建立矿区补偿保证金制度，美国麻省马萨诸塞大学 Larson 和 Mazzarse 提出帮助政府颁发湿地开发补偿许可证的湿地快速评价模型；1992 年，里约联合国环境与发展大会提出"可持续发展公平"原则，发达国家每年拿出 GDP 的 0.7%帮助发展中国家，同时，一项旨在削减 CO_2 排放的碳补偿贸易（COT）在国际上发展起来。国际生态补偿主要呈现出公共支付、限额交易计划、一对一交易的趋势。

在国内，我国建立生态补偿机制的重点领域有四个方面，分别为：自然保护区的生态补偿、重要生态功能区的生态补偿、矿产资源开发的生态补偿、流域水环境保护的生态补偿。针对流域水环境保护的生态补偿的研究主要集中于：各地应当确保出界水质达到考核目标，根据出入境水质状况确定横向补偿标准；建立流域生态补偿机制的政府管理平台，推动建立流域生态保护共建共享机制；推动建立促进跨行政区的流域水环境保护的专项资金等。对于在流域的部分区域建设大型或中小型水电站而引起的当地和下游、上游地区生态的变化、破坏该如何补偿，目前也有学者在进行研究，经文献检索，有《贵州水电开发环境保护法律问题研究——以乌江水电开发为例》（林晓明）、《水电开发的生态补偿理论与应用》（陈雪）、《金沙江中上游水资源开发的利益共享机制研究》（孟蓓蓓）、《水电开发的生态补偿方法探讨》（曹丽军）、《民族地区资源开发利益协调机制研究——以清江水电站资源开发为例》（陈祖海）、《水　　电开发项目生态补偿机制研究》（葛捍东）、《水电项目开发利益共享模型研究》（樊启祥）、《流域水电开发生态补偿机制初探——以四川省金沙江支流硕曲河为例》（陈明羲）等20余条研究成果，以上研究者均集中于生态服务价值付费研究。

综上，目前参与这方面研究的人员还很少，研究的成果也不多。其原因在于：一是存在技术上的难题——生态服务价值的定量分析目前尚有待完善，制定适合各地区域生态保护标准的难度较大；二是经研究人员提出的新的管理、补偿模式还没有相应的法律法规给予肯定和支持，一些重要法规对生态保护和补偿的规范不到位；三是生态补偿的主体不明确，主要集于政府，资金渠道单一，使所需资金严重不足等；四是生态补偿涉及公共资源管理的许多层面和领域，关系复杂，头绪繁多，研究难度较大。目前，国内生态补偿研究主要呈现出生态补偿机制理论研究逐步深入，研究方法逐渐多学科交叉融合，定性研究向定量研究转化，生态补偿法制建设研究的深入发展趋势。

在资源富集的西部民族地区开发水电资源，既是能源经济开发的行为，更是生态文明建设的行为。在甘孜藏族自治州"两江一河"流域开发建设水电站，对于发展地方经济、促进生态保护、加强民族团结是一项具有重要意义的政治经济活动。但是，这样一项政治经济活动能否达到发展地方经济、保护生态环境和团结少数民族群众的目的，关键在于解决好生态补偿问题。

（二）生态补偿意愿研究是生态服务价值付费补偿的关键环节

因每个人都能直接或间接地从生态系统得到利益，换言之，每个人都有享受生态福利的权利，主要包括向经济社会系统输入有用物质和能量、接受和转化来自经济社会系统的废弃物，以及直接向人类社会成员提供服务等。一方面，生态资源是一种公共资源，其具有公共产品所具有的非排他性，每一个人都拥有使用生态资源的权利，只是人们拥有的资源能力各不相同，也就决定了每一个人不能均等地占用生态资源，谁的能力大，占用的资源量也就越大，而资源占用量越大，往往又会提升该拥有者的资源占用能力。另一方面，生态资源作为自然资源的一种，同样具有资源禀赋的有限性，在使用生态资源的过程中，人们不可能无限突破资源阈值，因为生态资源的禀赋有限性决定着生态资源承载能力的有限性。因此，当一部分人占用更多的生态资源，享受更丰厚的生态福利时，即意味着另外的人就会丧失生态资源占用和生态福利享受的权利，这就需要对丧失生态资源占用和生态福利享受权利的这部分人进行补偿。从这个角度来看，生态服务价值的补偿可以说是一种权利的转让或利益的交易，对交易各方对生态补偿意愿的达成和补偿额度确定，则是生态服务价值补偿公平交易的重要前提条件。

随着生态经济学、环境和自然资源经济学的发展，生态学家和经济学家在评价自然资本和生态服务价值的变动方面做了大量研究工作，将评价对象的价值分为直接和间接使用价值、选择价值、内在价值等，并针对评价对象的不同，发展了"直接市场法""替代市场法""假想市场法"等评价方法。Costanza 等人（1997）关于全球生态系统服务与自然资本价值估算的研究工作，进一步有力地推动和促进了关于生态系统服务的深入、系统和广泛研究。如第一章所述，Costanza 等人在测算全球生态系统服务价值时，首先将全球生态系统服务分为17类子生态系统，之后采用或构造了物质量评价法、能值分析法、市场价值法、机会成本法、影子价格法、影子工程法、费用分析法、防护费用法、恢复费用法、人力资本法、资产价值法、旅行费用法、条件价值法等一系列方法，分别对每一类子生态系统进行测算，最后进行加总求和，计算出全球生态系统每年能够产生的服务价值。每年的总价值为 16 万亿～54 万亿美元，平均为 33 万亿美元。33 万亿美元是 1997 年全球 GNP 的 1.8 倍。可见，生态系统的某些重要功能虽很难测算其价值，但在生态系统服务价值上则是可以进行计量测算的。只是现有的理论补偿方法大多仅从经济的角度计算生态补偿的价值，不同国家和地区因历史文化传统、政治体制、生态理念、社会经济发展水平都存在着较大差距，根据现有研究很难找到一个一致有效的生态补偿理论与方法，更无从研究出一个有效的生态补偿额度计算公式。因此，西部民族地区水电开发的生态补偿意愿达成与额度的确定只能在参考国内外生态补偿成功案例，充分考虑民族地区生态功能、生态文化、经济发展水平和本土居民生存发展能力等因素的基础上，对生态系统保护与建设、流域居民生存与发展成本做出合理评估后给予对应的生态服务价值补偿。

二、西部民族地区水电开发区生态补偿理论实施的难点与争议

（一）西部民族地区水电开发区生态补偿理论实施的难点

西部大开发战略实施 10 余年来，西部民族地区政治、经济、社会、文化及生态建设各方面都得到了大力发展。以四川省甘孜藏族自治州来说，在能源领域取得巨大成就，特别是能源生产快速增长。经过 10 余年的发展，全州水电产业增加值达到 20.3 亿元，对工业的贡献率达到 54% 以上，对规模以上工业增长的贡献率达到 80.83%，投资达到 627.4 亿元，占 10 年全社会固定资产投资的 56.7%。2011 年，水电产业对全州 GDP 的贡献率达到 26.8%，拉动经济增长 3.8 个百分点，极大地促进了全州经济社会发展。但是，在水电开发的过程中，有两个突出的问题如果解决不好，不仅严重影响当前水电的开发，而且在将来很长一段时间都将影响甘孜州经济的发展、社会的和谐和生态的安全。目前，在甘孜藏族自治州水电开发生态补偿理论实施中面临着以下两大难点：

（1）移民安置涉及人数众多，安置难度大。当前，涉及大型移民安置电站大渡河 7 级、雅砻江 9 级、金沙江 13 级，共 29 个库区，涉及甘孜藏族自治州主要地域 12 个县，移民临时过渡人口多，截至 2010 年，共搬迁移民 2.8 万余人，至 2017 年，涉及搬迁人数达到 6 万余人；过渡时间长，如大岗山电站从 2009 年 4 月动工以来，直到 2014 年 8 月止，长达 5 年多时间尚未完成全部移民搬迁计划，整个甘孜藏族自治州完成水电建设移民搬迁将长达数 10 年；移民安置点建设和专项设施复建工作滞后，尤其以农区为主的大渡河流域水电开发区更为突出；前期规划设计深度不够、现行移民补偿补助体系不能完全涵盖藏区特殊性问题。

（2）环境约束的压力日益加剧，因水电修建引发的地质灾害频发。甘孜藏族自治州地处长江、黄河上游，是我国国土空间规划生态屏障区，也是我国江河上游限制开发区，肩负着国家生态安全的重任，生态地位十分重要；甘孜藏族自治州又位于青藏高原与横断山区交界区域，是我国典型的生态脆弱区，环境容量十分有限，水电资源开发与生态资源禀赋有限的矛盾进一步加剧，在水电开发过程中涉及的生态、环保、征地、移民等方面的影响日益突出。目前，因水电开发中水电站基础设施建设、道路修建、库区建设与蓄水、移民安置点修建等项目大量占用和淹没农区耕地，农区百姓为了生存不得不向半高山要地，毁林开地、退林还耕现象十分严重，在康定、泸定、丹巴因农业产业生建设对耕地的需求量极大，加之大渡河流域水电开发几乎淹没了所有河谷肥沃耕地，半高山毁林开地现象已是常态（见图 5-1）。因

　　水电开发占用耕地而引发的新的生态资源争夺，进一步缩减了当地生态资源存量，进一步破坏了江河上游生态安全屏障，严重威胁着国家生态安全。长此以往，必将引发新一轮亚地域生态危机。同时，因水电开发导致地质条件改变，引发了大量的地质灾害，仅 2009 年、2010年发生于大渡河流域长河坝电站和黄金坪电站的两次大型泥石流，数百人被埋，官方报道死亡人数近百人。2015 年 8 月以来，康定市长河坝水电站库区蓄水浸泡导致康定市至丹巴县公路路基和山体垮塌，交通中断 3 年多（见图 5-2）。2016 年，同一条公路的黄金坪库区公路金汤段路基垮塌（见图 5-3），中断交通近 1 年，为当地群众出行带来了极其严重的交通出行困难。以上这些仅仅是水电开发建设中出现的众多地质灾害中的几个范例。

　　总之，上述两个问题毫无疑问侵害了当地居民甚至下游群众的生态福利，不可避免地与水电资源开发过程中的生态补偿问题联系在一起，成为西部民族地区水电开区生态补偿的重要难点，特别是在生态补偿意愿协调和补偿额度确定上，难达成协商一致性和明确的补偿标准。

图 5-1　甘孜藏族自治州康定市姑咱镇毁林开地实地

（注：照片中白色部分为开地后新建的大棚）

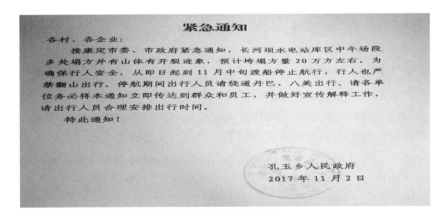

图 5-2　康定市孔玉乡道路中断通知

图 5-3 大渡河黄金坪金汤段公路垮塌现场照片

（二）西部民族地区水电开发区生态补偿理论实施的争议

按照国际通行的生态补偿理论，生态补偿应该包括生态系统功能的保护与恢复和生态服务价值的交换付费使用两大方面。而在国内生态补偿实际操作中，一些研究者提出了生态功能服务价值付费这一观点，得到了绝大部分地区地方政府的采纳，继而运用于实践之中，从而使生态补偿在实践中简单化。究竟是用付费替代补偿还是补偿包含付费，在生态补偿实践之中也没有定论，开发企业更愿意以付费代补偿，以降低成本、弱化矛盾。

甘孜藏族自治州水电开发正如火如荼地进行着，"两江一河"流域均在进行水电梯级开发，而对水电开发补偿主要集中在移民搬迁补偿及移民耕地补偿，生态补偿中的森林、河谷植被、生物、水土等补偿主要由水电开发企业自觉履行补偿义务。企业在追求自身边际效益前提下，对生态补偿义务履行不到位，极大地威胁着这一地区的生态安全。其中生态补偿机制及生态补偿效果评估体系缺失、补偿额度不明确是重要问题。同时，甘孜州的"两江一河"水电开发区的生态环境具有气候恶劣、两岸高山相连，海拔及相对高度高、坡度陡，植被垂直变化等地域特点，生态极其脆弱。因此，在水电开发过程中，对生态环境保护与修复的技术要求极高，不能采取简单的付费补偿手段，应结合甘孜州水电开发区的实际情况，在对生态环境开发使用之前进行充分的科学论证，探索出一条适合于本地区生态环境保护与补偿的有效途径。

对于生态环境补偿更不能只重形式不重结果，生态环境补偿效果的评价是对补偿工作的有力监督，并能通过效果评价总结经验、吸取教训，为以后的工作改进提供依据。由于甘孜州"两江一河"水电开发区生态环境有高原生态的特殊性，对甘孜州水电开发区的生态补偿效果评价不能完全采用国际或国内其他地区的评价标准，而本地区国土资源及环境保护部门也未制定出科学可行的生态补偿效果评价标准。因此，对甘孜州水电开发区生态补偿效果评价的探索极为必要。甘孜州水电开发区生态补偿效果评价机制应包含生态补偿效果评价指标及生态补偿效果评价标准两大内容。评价指标及标准制定应遵循定量为主，定性为辅，软硬指标兼顾的原则。

如今，以甘孜州为例的西部地区水电开发为国家和地区经济发展做出了巨大的贡献，对促进经济社会发展和改善民生发挥了重要的作用。但是，由于水电开发强度较大，对当地的生态系统产生了较大的影响，改变了地区的生物植被和水源气候，如何建立有效的生态补偿机制以帮助地区改善和恢复生态系统是摆在眼前的难题。同时，当地居民的生产生活方式发生了较大变更，如何予以补偿是一个更加难以解决的矛盾问题。从全国情况来看，由于水电开发导致库区居民生活来源中断，生产方式改变导致当地农民难以获得稳定的收入来源，移民安置大多只安置定居点却没有安排相应的就业机会，这就造成了严重的社会经济问题和威胁稳定的社会问题。如果这一问题不能够得到妥善的解决，将对地方经济社会稳定和民族团结造成重大影响。

第二节　甘孜藏族自治州"两江一河"水电开发区生态补偿意愿调查

甘孜藏族自治州"两江一河"水电开发区是我国国土地空间规划生态功能区，是我国长江、黄河上游的生态安全屏障区，也是青藏高原生态极度脆弱区，同时还是我国水能资源富集区和水电资源密集开发区。对甘孜藏族自治州"两江一河"水电开发区生态补偿基本情况及补偿意愿作为代表进行实地调查，对研究西部民族地区水电开发区生态补偿意愿有着极为典型的意义。

一、甘孜藏族自治州"两江一河"水电开发区生态补偿的基本情况及补偿意愿调查设计

（一）甘孜藏族自治州"两江一河"水电开发区生态补偿基本情况及补偿意愿调查设计的总体思路

1. 调查对象及方法

甘孜藏族自治州"两江一河"水电开发区生态补偿基本情况及补偿意愿调查主体应以水电开发及生态补偿利益相关主体为主，总体确定应以政府、水电开发企业及水电开发区农户三方主体为调查对象。

（1）政府。在水电开发生态补偿中，政府既是水电开发区生态资源等公共资源的被委托管理者，此时，政府代表国家、人民、代际所有者对生态资源实施所有权和管理权；政府也是水电资源开发使用的受益者，在进行水电资源开发过程中，通过企业对水电资源的开发和使用，政府或通过持有股份，或通过税收等不同方式，增加了财政收入，分享了经济发展利益，此时，政府和企业成为利益共同体；政府还是公共资源的监管者，负责对水电开发区生态资源的监督管理、保护恢复等。因此，在水电开发区生态补偿中，政府是关系和功能最为复杂的主体，而在水电开发区生态补偿利益协调和矛盾解决上，政府则通过政策制定和执行来达到目的：高层政府主要是通过政策来规制水电开发区生态补偿，以保障生态补偿的有序性；而作为水电开发区的基层政府，则只能通过政策执行去解决问题。故把政府确定为水电开发区生态补偿调查对象是非常必要的，而对政府在水电开发区的生态补偿基本情况及意愿调查内容则通过座谈、访谈等调查形式更为有效。

（2）水电开发企业。水电开发企业是水电开发生态资源中的利益享有者，在水电开发生态资源使用过程中，水电开发企业通过对生态资源的占有和使用创造企业利润，获取企业利益，故水电开发中生态补偿是企业投入的成本。从企业的角度，对生态补偿投入则是越少越好。当然，当这一投入能够产生更大的经济效益时除外。另外，生态补偿本身也是企业的外部行为，加之在水电开发区开发的企业既稳定且数量有限，因而对水电开发企业生态补偿意愿调查也适宜采用座谈和访谈的方式。

（3）农户。农户是水电开发生态补偿中可直接确定的生态福利受损者，在所有水电开发生态补偿中，都有一个共同的难点，就是受损农户的利益补偿问题，特别是在移民搬迁问题中，农户始终是矛盾的焦点，农户的补偿意愿是解决一切问题的关键。同时，水电开发区生态补偿所涉及的农户数量也具有不确定性以及农户对利益诉求的心理标准不统一性等各种复杂的因素影响，导致在生态补偿中农户的补偿意愿调查成为研究中最难的部分。当然，在研究中不能理清生态补偿主体之间的关系，很容易导致以农户搬迁补偿替代水电开发生态补偿，因而常常认为水电开发中的生态补偿就是对受损农户的补偿。

对水电开发区生态补偿农户意愿的调查，因问题较为复杂，为保证信息收集的准确性和全面性，我们最终确定为半结构性调查，采用以问卷调查为主，结合座谈、访谈法和实地考察法等多种方法。围绕调查问卷内容进行深入的了解，深挖问题选择背后的具体原因，座谈、访谈除了预先准备部分开放式问题外，更注意根据问卷填写时选项选择情况即时提出问题，探明原因，为研究提升更翔实可靠的信息。这一方法的研究成本虽较高，但也更为有效。

2. 调查范围

因本次研究是以甘孜藏族自治州为例，对西部民族地区水电开发区生态补偿进行研究，故实地调查以甘孜藏族自治州水电开发区为主要调查区域，但因金沙江干流水电站是四川省与西藏自治区的界河，金沙江干流上大部分大型水电站都是四川省与西藏自治区共同共有计入 GDP 产值，故在调研中会涉及部分西藏自治区。在调查中，因涉及面较广，我们确立了"以大型水电站为点，以两江一河流域为线"的调查思路，以大型水电站建设区域为重点突破，以金沙江、雅砻江、大渡河干流为路线沿江选点调查，以保证数据的科学性和代表性。

（二）调查问卷设计（农户使用）

如前所述，对甘孜藏族自治州"两江一河"水电开发区生态补偿基本情况及补偿意愿调查，是以该地区生态补偿中的政府、水电开发企业、农户（水电开发区居民）三方主体为对象。其中，对政府与水电开发企业调查都较为容易，因其补偿行为受国家政策制约较为明显，对政府补偿意愿的调查主要通过政策梳理、座谈、访谈的形式；对水电开发企业生态补偿意愿的调查则是通过座谈、访谈的形式；而对农户（水电开发区居民）生态补偿意愿的调查则较为复杂，他们是水电开发中生态补偿的关键和核心，也是政策制定、修改的重要依据，同时也是地域生态福利的直接受损者和生态文明建设的重要参与者，故对水电开发区生态补偿基本情况及农户生态补偿意愿的调查采用以问卷调查为主，辅之以座谈、访谈的形式，使调查内容更为深入。

农户补偿意愿调查问卷设计旨在通过问卷调查，了解甘孜藏族自治州"两江一河"水电开发区生态资源占用有补偿的真实情况、了解农户（水电开发区居民）对现有生态补偿方法的接受度、对补偿额度的满意度以及对水电开发区生态补偿的真实诉求。为此，我们设计了"甘孜州水电库区移民福利及其生态补偿调研问卷"。问卷采用多选式设计，并经过了3次预调查和4次修改，最终形成问卷终稿。问卷内容除表头外，共分为5个维度进行调查，即家庭的基本情况；移民自愿及满意度；移民补偿；补偿后续；生态补偿。其中，A1家庭基本情况调查表共包含家庭人口、民族、年龄、受教育程度、家庭收入等在内的19个问题；A2移民自愿及满意度调查表共包含12个问题，主要通过水电开发移民搬迁对农户影响等因素来了解农户对移民搬迁的满意度；A3移民补偿调查表共包含22个问题，主要了解农户对现有补偿额度和补偿方式的满意度；A4补偿后续调查表共4个问题，主要目的在于了解农户对移民搬迁后的生活思考；A5生态补偿调查表共8个问题，主要了解农户对生态补偿方法的接受程度。

二、甘孜藏族自治州"两江一河"水电开发区生态补偿基本情况及补偿意愿调查农户问卷基础数据及分析

对甘孜藏族自治州"两江一河"水电开发生态补偿基本情况及补偿意愿调研耗时近两年，按前期设计调研计划，实地调查沿金沙江、雅砻江、大渡河"两江一河"干流和主要支流进行，围绕"两江一河"干流及主要支流上大中型水电站修建地和库区淹没重要移民搬迁点展开，调查范围涉及甘孜藏族自治州17个市县（除色达县外），共发出问卷739份，收回问卷739份（因问卷调查针对的是农户，甘孜藏族自治州水电开发区除泸定、康定、丹巴、九龙几个市县的部分地区外，其余地区地势很偏僻，而包括康、泸、丹、九4个市县在内，被调查对象受教育程度均不高，故问卷填写均采用课题组成员及聘用人员一对一问答式填写，保证了发放的问卷100%回收），其中无效问卷23份（因翻译译音不准确而造成），有效问卷716份。

（一）A1农户家庭基本情况主要数据分析（见表5-1和表5-2）

甘孜藏族自治州水电开发区生态补偿调查因涉及面较宽，其地域区位不同，水电开发对农村居民影响也不一样。其中，影响最大的是以大渡河流域为主的农区；其次是雅砻江、金沙江流域的半农半牧区；牧区因地势平缓、河流落差小，不属于水电开发的重点地区，因而影响最小。从调查问卷中（见表5-1）对调查对象家庭基本信息反映的情况来看，被调查者以家庭户主及其配偶为主，其中户主占54.1%，配偶占38.5%，共占问卷提交比例的92.6%，这说明调查结果更加切合实际；调查对象的年龄段主要集中在30~60岁，其中30~40岁占总调查人数的11.7%；40~50岁占总调查人数的49.2%；50~60岁占总调查人数的35.1%。其原因在于随着甘孜藏族自治州"两江一河"水电梯级开发的深入，水电开发移民库区占用了大量耕地，农村居民失地现象普遍，20~30岁的年轻人绝大部分都外出务工或求学，留守本地的并不多，30~40岁的年轻人除家有老人，或孩子在本地读书的外，外出务工人数也不少；参与调查的人口男女比例较为均衡，其中男性占48.8%，女性占41.2%；在被调查人口中，有极少数为在行政、事业单位的非农业户籍人口，仅占被调查总人口的1%，其余99%均为农业人口，因在人口普查中，民族地区农村人口均要求解决户口问题，故未发现无户籍人员；甘孜藏族自治州是中国第二大藏区的重要组成部分，是我国藏族重要聚居区，在调查中，被调

查对象除康定、泸定、丹巴、九龙其他民族有较多杂居外，其他各县河谷地区几乎均为藏族聚居，因而藏族占被调查人口总数的 69.6%；从受教育程度来看，以大渡河谷为主的农区居民受教育程度较高，而雅砻江、金沙江河谷农户受教育程度很低，在调研中，很多地方与农户交流需要带上翻译，大部分水电开发区农牧民不懂汉语或不能用汉语进行正常交流，未上过学的农牧民比重很大，总体来看，上学年限为 0～6 年（未上过学的或小学毕业）的农牧民占总调查人数的 66.3%，上学年限为 6～9 年（上过初中）的农牧民仅占 24.2%；由于甘孜藏族自治州"两江一河"水电开发区地势偏僻，交通极为不便，为照顾家庭和乡域观念浓厚，年龄较大的绝大多数农牧民在非农业时间均选择在本地打工，其中，除康定、泸定两地农民外，其他地区农牧民在水电站修建工地打临工是其主要谋生手段，调查中，本地打工占总调查人数的 65.9%。

表 5-1　农户家庭基本情况信息表

项目	选项	频次	比例/%	项目	选项	频次	比例/%
与户主的关系	户主	387	54.1	年龄	20～30	15	2
	配偶	276	38.5		30～40	84	11.7
	孩子	35	4.9		40～50	352	49.2
	孙子辈	6	0.8		50～60	251	35.1
	父母	12	1.7		60～70	14	2
	兄弟姐妹	0	0	非农业工作时从事什么职业	外出务工	9	1.2
	其他	0	0		本地打工（短工）	472	65.9
性别	男	421	58.8		工匠	13	1.8
	女	295	41.2		个体工商户	27	3.8
户口类型	非农业	7	1		私营企业老板	5	0.7
	农业	709	99		党政事业单位人员	7	1
	没户口	0			其他	183	25.6
上过几年学？	6 年及以下	475	66.3	您家庭是什么民族	藏族	498	69.6
	6～9 年	173	24.2		汉族	57	7.9
	9～12 年	62	8.7		彝族	63	8.8
	12～16 年	6	0.8		羌族	35	4.9
	16 年以上	0	0		回族	15	2.1
					满族	13	1.8
					蒙古族	12	1.7
					其他	23	3.2

表 5-2　移民前后劳动时间分配与收入变化

项目			频次	比例/%	项目	频次	比例/%
移民前	劳动时间分配比例	农业 0~20%	15	2.1	移民后	355	49.6
		农业 20%~40%	31	4.3		226	31.6
		农业 40%~60%	316	44.1		113	15.8
		农业 60%~80%	331	46.3		13	1.7
		农业 80%~100%	23	3.2		9	1.3
		非农业工作 0~20%	23	3.2		9	1.3
		非农业工作 20%~40%	331	46.3		13	1.7
		非农业工作 40%~60%	316	44.1		113	15.8
		非农业工作 60%~80%	31	4.3		226	31.6
		非农业工作 80%~100%	15	2.1		355	49.6
		闲暇 0~20%	716	100		716	100
		闲暇 20%~40%	0	0		0	0
		闲暇 40%~60%	0	0		0	0
		闲暇 60%~80%	0	0		0	0
		闲暇 80%~100%	0	0		0	0
移民前（以家庭为单位）	收入比例	农业收入 0~10 000 元	23	3.2	移民后（以家庭为单位）	254	35.5
		农业收入 10 000~20 000 元	113	15.8		230	32.1
		农业收入 20 000~30 000 元	391	54.6		197	27.5
		农业收入 30 000~40 000 元	161	22.5		26	3.6
		农业收入 40 000~50 000 元	21	2.9		9	1.3
		农业收入 50 000 元以上	7	1.0		0	0
		非农业收入 0~10 000 元	87	12.1		16	2.2
		非农业收入 10 000~20 000 元	253	35.3		223	31.2
		非农业收入 20 000~30 000 元	226	31.6		264	36.9
		非农业收入 30 000~40 000 元	75	10.5		119	16.6
		非农业收入 40 000~50 000 元	47	6.6		63	8.8
		非农业收入 50 000 元以上	28	3.9		31	4.3

　　水电开发对甘孜藏族自治州"两江一河"库区移民收入影响巨大，特别是在农区，水电开发对农民收入及劳动时间分配的影响远远大于半农半牧区和牧区。根据表 5-2 反映的数据来

看，移民前仅有 2.1%的调查对象用于农业劳动的劳动时间分配在 0～20%，而这个比例中还包含了调查对象中的非农业人口，但在移民后，用于农业劳动时间分配比例在 0～20%的调查对象增长到了 49.6%；农业劳动时间占 20%～40%农牧民在移民前为 4.3%，移民后增长到了 31.6%；农业劳动时间占 40%～60%在农牧民移民前为 44.1%，而移民后下降到了 15.8%；农业劳动时间占 60%～80%农牧民在移民前为 46.3%，而移民后下降到了 1.3%；农业劳动时间占 80%～100%的农牧民在移民前为 3.2%，而在移民后下降到了 1.3%。据访谈询问得知，移民前后农牧民用于农业和非农业劳动时间变化的根本原因在于，耕地被水电开发大量占用和淹没。因甘孜藏族自治州地理环境的影响，植被呈垂直分布，耕地集中分布于"两江一河"河谷地带，河谷地带海拔较低，但两岸山势陡峭，而长期河水冲积，淤泥沉积，形成无数土地肥沃的河谷冲积坝子，是农民世代赖以生存的重要耕地资源，当大规模的水电梯级开发推行开来，大量农民丧失土地，用于农业劳动和非农业劳动的时间自然在移民前后发生了巨大变化。当然，水电开发对农民劳动时间支配比例的影响与地域有很大关系，在农区，这种影响非常巨大，但在半农半牧区和牧区，由于气温较低，海拔较高，外加上交通不便，土地产值不高，农牧民本来用于农业生产的时间比例相对于农区而言较小，因此，在这些地区水电开发虽有影响但没有农区影响大。

表 5-2 还反映出"两江一河"水电开发库区移民移民前后收入变化情况，移民前，农户农业收入主要集中于 10 000～40 000 元，其中，10 000～20 000 元的比例为 15.8%，20 000～30 000 元的比例为 54.6%，30 000～40 000 元的比例为 22.5%；而移民后，农户农业收入比例主要集中在 0～30 000 元，其中，0～10 000 元的比例为 35.5%，10 000～20 000 元的比例为 32.1%，20 000～30 000 元的比例为 27.5%。总体说来，水电开发库区农户移民收入呈现下降趋势，这与农户投入农业生产劳动时间的多少有很大关系，关键还是在于水电开发占用大量耕地，使农户失去了土地这一关键的农业生产物质基础。而非农业收入比例也有较大变化，移民前水电开发库区移民农户非农业收入主要集中在 10 000～40 000 元，其中，10 000～20 000 元的比例为 35.3%，20 000～30 000 元的比例为 31.6%，30 000～40 000 元的比例为 16.6%，而在移民后，0～20 000 元的比例有所降低，其余各中高收入比例均有所上升，其中，0～10 000 元的比例为 2.2%，比移民前下降了 9.9%，10 000～20 000 元的比例为 31.2%，比移民前下降了 4.1%，20 000～30 000 元的比例为 36.9%，比移民前上升了 5.3%，30 000～40 000 元的比例为 16.6%，比移民前上升了 6.1%，40 000～50 000 元的比例为 8.8%，比移民前增加了 2.2%，50 000 元以上的比例为 4.3%，比移民前增加了 0.4%。

据访谈和座谈反馈，在农区，水电开发对移民库区农户农业收入和非农业收入比例影响较大：一是水电开发使农民失地，同时也把农民从土地上解放了出来，农村劳动力的解放使农民能有更多的时间从事非农业劳动，导致农业收入下降而非农业收入增加；二是水电开发集中把移民安置于交通便捷的国道和省道旁边，使部分农民能够利用安置房的门面经商，从而提高了非农业劳动收入的比例。在半农半牧区和牧区，由于部分农户的农业收入本来就不是很高，而非农业收入主要来源于虫草等名贵药材和各种野生食用菌采摘，因而对收入比例的影响并不是太大；相反，因水电开发在库区形成了相对集中的商圈，又利用农户经商，有一定经商观念的极少数农户，利用土地安置和房屋拆迁补偿自建房屋用于出租或经商，总体收入得到了大幅度上升。在调查中发现，这部分农户比例极小，大部分农户收入在农业收入部分稍有下降趋势。

（二）移民自愿及满意度分析（见表 5-3）

表 5-3 移民自愿及满意度调查信息

项目	选项	频次	比例/%	农区频次	农区比例/%	其他频次	其他比例/%
1. 您的家庭是否自愿参与了移民？	A. 是	504	70.4	212	53.3	292	91.8
	B. 否	212	29.6	186	46.7	26	8.2
2. 如果您家庭自愿参与了移民，原因是？	A. 可以获得一笔补偿	0	0	0	0	0	0
	B. 移民以后地区的交通、医疗、教育等基础设施和公共服务条件比较好	318	44.4	53	13.3	265	83.3
	C. 现在生活观念改变了，希望能过上现代化的城市生活	239	33.3	0	0	239	75
	D. 既然国家让移民，那就服从安排	504	70.4	212	53.3	292	91.7
3. 如果您家庭非自愿移民原因是（可多选）？	A. 移民的补偿标准太低	212	29.6	185	46.5	27	8.3
	B. 移民政策的公平、公开性	186	25.9	159	40	27	8.3
	C. 失去了地便失去了生活保障，没有其他技能，担心生态移民后，收入下降，生活质量下降	212	29.6	186	46.7	26	8.2
	D. 习惯了现在的生活方式和环境，不想改变，也担心不适应	53	7.4	53	13.3	0	0
	E. 担心电站的建立对生态环境带来不利影响	0	0	0	0	0	0
4. 相比于移民前，现在的人居环境状况是怎么样的？	A. 好	133	18.5	0	0	133	41.7
	B. 较好	318	44.4	238	59.8	80	25
	C. 不变	106	14.8	80	20	26	8.2
	D. 较差	159	22.2	80	20	79	24.8
	E. 差	0	0	0	0	0	0
5. 相比于移民前，现在的生态环境总体状况是怎么样的？	A. 好	159	22.2	26	6.5	133	41.8
	B. 较好	53	7.4	27	6.7	26	8.2
	C. 不变	209	29.2	165	41.6	44	13.9
	D. 较差	194	27.1	113	28.4	81	25.5
	E. 差	101	14.1	67	16.8	34	10.7
6. 相比于移民前，现在的水质总体状况是怎么样的？	A. 好	149	20.8	24	6	125	39.3
	B. 较好	38	5.3	22	5.5	16	5
	C. 不变	107	14.9	86	21.6	21	6.6
	D. 较差	247	34.5	153	38.4	94	29.6
	E. 差	175	24.4	113	28.4	62	19.5

续表

项目	选项	频次	比例/%	农区频次	农区比例/%	其他频次	其他比例/%
7. 相比于移民前，现在的极端气候事件是怎么样的？	A．多	26	3.6	15	3.8	11	3.5
	B．较多	267	37.3	146	36.7	121	38.2
	C．不变	316	44.3	166	41.7	150	47.2
	D．较少	80	11.1	53	13.3	27	8.3
	E．少	27	3.7	18	4.5	9	2.8
8. 相比于移民前，水土流失是怎么样的？	A．严重	62	8.7	35	8.8	27	8.3
	B．较严重	177	25.9	124	31.2	53	16.7
	C．不变	292	40.7	159	40	133	41.7
	D．较缓和	133	18.5	53	13.3	80	25
	E．缓和	53	7.4	27	6.7	26	8.2
9. 相比于移民前，现在的公共设施状况是怎么样的？	A．好	166	23.2	31	7.8	135	42.5
	B．较好	232	32.4	128	32.2	104	32.7
	C．不变	53	7.4	53	13.3	0	0
	D．较差	206	28.8	127	31.9	79	24.8
	E．差	59	8.2	59	14.8	0	0
10. 您认为水电站建设对生物多样性有什么影响？	A．增加幅度大	27	3.7	27	6.7	0	0
	B．增加幅度小	100	14	53	13.3	47	14.8
	C．不变	245	34.2	165	41.5	80	25
	D．减少幅度小	243	33.9	105	26.4	138	43.4
	E．减少幅度大	101	14.1	48	12.1	53	16.7
11. 您认为水电站的建设对您家庭收入的总体影响是怎样的？	A．收入大大增加	133	18.5	0	0	133	41.7
	B．促进收入增加，但幅度不大	80	11.1	80	20	0	0
	C．没有影响	104	14.5	51	12.8	53	16.7
	D．负面影响不大	108	15.1	55	13.8	53	16.7
	E．负面影响很大	292	40.7	212	53.3	80	25
12. 您认为水电站的建设对您家庭就业总体影响是怎样的？	A：导致换工作，且对新工作不满意	243	33.9	187	47	56	17.6
	B：导致换工作，觉得新工作与原来的工作差不多	55	7.7	55	13.8	0	0
	C：没有影响，仍继续原来的工作	342	47.8	131	32.9	211	66.4
	D：导致换工作，但对新工作比较满意	76	10.6	25	6.3	51	16

以上调查信息的前三个问题主要是对农牧民意愿的调查，从表 5-3 移民自愿及满意度调查信息所反映的情况来看，在"1.您的家庭是否自愿参与了移民"这一问题上，选择"A.是"这一答案的频次为 504，占参与调查总人数的 70.4%，其中农区 398 份问卷中有 212 份，占农区

问卷的 53.3%，半农半牧区和牧区 318 份问卷中，选择 A 答案的问卷 292 份，占该地区所有问卷比例的 91.8%。其选择人数比例如图 5-4 所示。

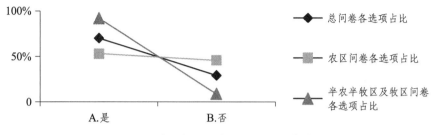

图 5-4 移民自愿程度农户比例调查信息

总体看来，农区的自愿移民参与程度没有半农半牧区及牧区的高，仅从表面来看，自愿参与移民要高于不自愿移民比例，究其原因，在"2.如果您家庭自愿参与了移民，原因是"这一问题的答案选项上有所反应。在 2 题的 4 个选项中，选"A.可以获得一笔补偿"选项的问卷为 0，也就是说不管在农区还是在半农半牧区及牧区，在自愿参与移民的人们中都没有人是以获得补偿款为目的的，这就揭示出在移民中发生的各种矛盾在讨价还价时以补偿款项作为焦点，在很大程度上是一种假象，或者说是因其他矛盾没有得到解决而折射到补偿款项上来，最终矛盾以补偿款项的形式爆发出来；而在"B.移民以后地区的交通、医疗、教育等基础设施和公共服务条件比较好"这一选项上，选择频次为 318，占总问卷比例的 44.4%，其中农区选择人数为 53 人，占农区总数的 13.3%，半农半牧区及牧区选择人数为 265 人，占该地区有效问卷总数的 83.3%。其信息如图 5-5 所示。

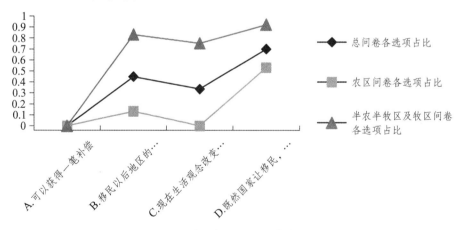

图 5-5 移民自愿原因调查信息图

可见，半农半牧区及牧区百姓比农区百姓更关注交通、医疗、教育等基础设施及公共服务体系等外部基础物质条件的改善。究其原因在于，在整个甘孜藏族自治州，农区（即以大渡河流域为主的地区，包括雅砻江流域的少部分地区）历来都是甘孜藏族自治州政治、经济、社会的重要发展区域，也是甘孜藏族自治州与雅安市相接壤毗邻区，交通、医疗、教育都是甘孜藏族自治州最发达的地方。雅康高速全线通车后，农区的交通条件得到了更进一步的改善，人们对基础设施及公共服务体系的关注度自然不高；相反，在半农半牧区及牧区，基础设施及公共服务体系是甘孜藏族州最差的地方，甚至有的县城也只有一条与内地机耕道宽度差不多的公路与外界相连，条件十分艰苦。在调研中我们发现，有的县城连最基本的客运车站，统一运营的客运车辆都没有，水电开发区农牧区的运输主要还依靠畜力，更不要说其他公共服务体系的完善了。因而，这些地方的农牧民更急切希望改善基础设施及公共服务体系。选择答案"C.现在生活观念改变了，希望能过上现代化的城市生活"，这一选项的问卷有 239份，占总数比例的 33.3%，其中农区为 0 份，半农半牧区及牧区占了这一选项的全部，占该地总参与调查人数的 75%，从这个选项上可以看出这一地区百姓对现代化的城市生活的向往，也为今后这一地区的乡村城镇化建设政策实施提供了有力的依据。选择"D.既然国家让移民，那就服从安排"这一选项的问卷为 504 份，占总参与调查人数的 70.4%，也就是说选择自愿参与移民的问卷中选择这一答案作为自愿参与原因的人数为 100%，其中，农区选择这一答案的问卷为 212 份，占农区参与调查人数的 53.3%，半农半牧区和牧区选择这一答案的问卷为 292份，占牧区参与调查人数的 91.7%。

在问卷填写时，有部分群众对涉及此类问题时仍是一副讳莫如深的样子；在第 1 个问题中选择 B 答案否的有 212 份问卷，占总参与调查人数的 29.6%，其中农区选择份数为 186 份，占农区参与调查人数的 46.7%，半农半牧区及牧区份数为 26 份，占该地区参与调查人数的8.2%。总体来看，农区非自愿参与移民比例远高于半农半牧区及牧区，究其原因，在第 3 个问题"如果您家庭非自愿移民原因是（可多选）"中大致得到了反应，如图 5-6 所示。

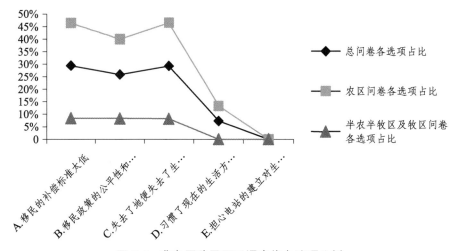

图 5-6　非自愿移民原因调查信息选项比例

其中"A.移民的补偿标准太低"这一选择问卷份数为 212 份，占总参与调查人数的 29.6%，占非自愿移民人数的 100%。其中，农区选择这一答案的人数为 185 人，半农半牧区及牧区的人数为 27 人，占该地区参与调查人数的 8.3%，说明非自愿移民都对现有补偿标准持不认同的态度。我们对比了雅康高速的拆迁补偿情况，就农地自建商用补偿来看，水电移民拆迁补偿远远低于雅康高速补偿，以康定菜园子高速出口处一农户自建旅馆拆迁补偿来看，雅康高速予以补偿总额度为 1 040 万元，而同样的建筑面积和使用功能的房屋如果在水电开发区按标准进行补偿，补偿不到 200 万元，而沿 G318、S211 线大渡河谷的大型农地商用的农户达数十家，主要以旅游休闲、住宿为主，当然小型店铺就更多，此人群自愿参与移民程度极低，农区极大比例的农地商用农户对补偿标准的异议，使非自愿移民原因集中反应在补偿标准上。选项"B.移民政策的公平性和公开性"中，问卷选择份数为 186 份，占总参与调查人数的 25.9%，其中农区选择份数为 159 份，占参与调查人数的 40%，半农半牧区及牧区份数为 27 份，占参与调查人数的 8.3%。总体看来，农区这一选项所占比重仍然极大，在访谈中我们得知，大部分选择这一选项的原因是一些基层干部在执行移民搬迁时有利用政策为自己谋私利的行为，导致农户极度不满意，甚至有的农户就这一问题向课题组一谈就是 1 个小时以上。在这方面，政府应给予高度重视。在"C.失去了地便失去了生活保障，没有其他技能，担心生态移民后，收入下降，生活质量下降"选项中，总选择份数为 212 份，占总参与调查人数的 29.6%，也占非自愿移民人数的 100%，其中，农区选择人数为 185 份，占农区参与调查人数的 46.5%，半农半牧区及牧区选择份数为 27 份，占该地区参与调查人数的 8.3%，与选项 A 一样，这一问题也是所有非自愿移民最为关心的问题之一。非自愿移民选择这一选项的深层原因，我们通过访谈得知，水电开发移民后，农户主要生活来源于政府的生活补偿。当达到一定的年龄后，会领取养老保险，但补贴标准很低，如前面章节所述，根据政策规定：农村移民选择有土安置（或复合安置）、逐年补偿安置的，每人每月 150 元，每年补助 1 800 元；选择无土安置的，每人每月 300 元，每年补助 3 600 元；占房不占地的，每人每月 80 元，每年补助 960 元。非农村移民：涉及永久占用耕地，每人每月 300 元，每年补助 3 600 元；永久占用耕地，采取逐年补偿的，参照农村移民补助标准，每人每月 150 元，每年补助 1 800 元；占房不占地的，每人每月 80 元，每年补助 960 元。这样的补偿标准在甘孜藏族自治州这样的地区完全不能满足基本生活开支，同时，政策并未规定补贴的具体有效年限，这让农户对政策的持续产生了担忧；而半农半牧区及牧区的农户非自愿性也表现在，移民搬迁时政府及水电开发方承诺为他们解决就业问题，但最后变成了在工地上为当地农户安排临工岗位。由于当地农户的劳动技能低，又是当地人，工地管理也存在一定的难度。随着时间的推移，水电开发工地大量使用了外地农民工，不断减少了本地农户临工岗位的提供量，同时能就地务工的农户也担心水电站修建完成后，由于自己缺乏技术，劳动技能很低，随着水电站修建成功而会面临新的失业局面。对于选项"D.习惯了现在的生活方式和环境，不想改变，也担心不适应"，问卷中选择此答案的为 53 份，占参与调查人数的 7.4%，而全部是由农区农户选择，占农区参与调查人数的 13.3%，半农半牧区及牧区选择为 0，这也从侧面反映出半农半牧区及牧区的农牧民更有急切改变居住环境的愿望，但农区部分农户因生产、生活及产业经营等已进入了良性阶段，并不想改变当前的生活现状。对选项"E.担心电站的建立对生态环境带来不利影响"，无人选择此选项。可见，不管是在农区还是在牧区，农牧民主要关心的还是自身的直接利益。

第 4 个问题是水电开发特别是电站修建对居住环境的影响调查，即"4.相比于移民前，现在的人居环境状况是怎么样的"。各选项的比例如图 5-7 所示。

选择答案"A.好"的有 133 份，占参与调查人数的 18.5%，而且全部是半农半牧区及牧区农户选择，占半农半牧区及牧区参与调查人数的 41.7%。选择这一答案的缘由在于水电开发及水电站修建大大改善了当地的交通条件，为农户出行提供了极大的便宜，同时基础设施建设也在逐步完善，得到了农户的认同。选择答案"B.较好"的有 318 份，占总参与调查人数的 44.4%，其中农区问卷中有 238 份选择了这一答案，占农区参与调查人数的 59.8%，半农半牧区选择这一答案的问卷有 80 份，占该地区参与调查人数的 25%。选择这一答案的主要集中在农区，理由是农区的移民几乎都采取集中安置的形式，农户由原来的散居变成了城镇化的居住，居住环境有了大幅度的改善，而半农半牧区及牧区大部分地方虽采取自建式的住房，但部分农牧民得到拆迁补偿款后，在县城或就近乡镇修建了住房，居住环境得到了改善。选择答案"C.不变"的有 106 份,占总参与调查人数的 14.8%,其中农区有 80 份,占农区参与调查人数的 20%,半农半牧区有 26 份,占该地区的 8.2%。选择这一答案的农户大部分为占地不占房的农户,水电开发对其居住环境影响并不大。而选择答案"D.较差"的为 159 份,占参与调查人数比例的 22.2%,其中农区为 80 份,占农区问卷数的 20%,半农半牧区及牧区问卷数为 79 份,占该地区的 24.8%。根据访谈得知,选择这一答案的大部分农户更关注世代生活的环境被破坏,情感上不能接受,用他们的话来说:"我们祖祖辈辈都生活在这里,看到现在四处都被挖烂了,心里很不是滋味。"总的看来,在人居环境这一问题上,农户大部分是能接受的,我们也看到了水电开发对未来生活的正面影响,特别是对人居环境的正面改变,成效是显著的。

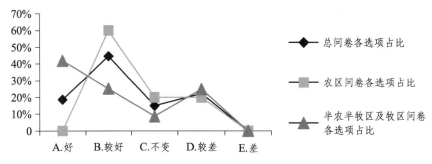

图 5-7　移民前后人居环境状况变化调查信息

在问题 5"相比于移民前,现在的生态环境总体状况是怎么样的"中,我们总共设置了"好、较好、不变、较差、差"5 个答案选项。各选项的比例如图 5-8 所示。

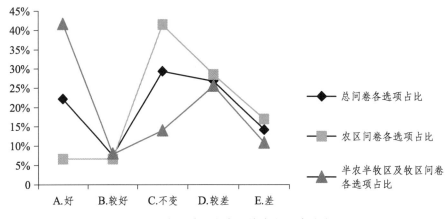

图 5-8　移民前后生态环境变化调查信息

选择"A.好"答案的有 159 份问卷,占总参与调查人数的 22.2%,其中,农区选择份数较少,有 26 份,占农区参与调查人数的 6.5%,半农半牧区及牧区选择份数有 133 份,占该地区问卷填写总量的 41.8%。选择"B.较好"的有 53 份,占总参与调查人数的 7.4%,其中农区选择此答案的份数为 27 份,占农区总参与调查人数的 6.7%,半农半牧区及牧区选择此答案的份数为 26 份,占该地区参与问卷填写人数的 8.2%。选择"C.不变"的有 209 份,占总参与调查人数的 29.2%,其中,农区选择份数为 165 份,占农区问卷填写人数的 41.6%,半农半牧区及牧区选择的份数为 44 份,占问卷填写人数的 13.9%。选择"D.较差"的有 194 份,占总参与调查人数的 27.1%，其中，农区选择人数有 113 份，占问卷填写人数的 28.4%，半农半牧区及牧区选择人数为 81 份，占该地区问卷填写人数的 25.5%。选择"E.差"的有 101 份，占总参与调查人数的 14.1%，其中农区选择该答案份数为 67 份，占农区参与问卷填写人数的 16.8%，半农半牧区及牧区选择该答案的有 34 份，占该地区问卷参与填写人数的 10.7%。本问题的设计旨在通过对水电移民库区农户的调查，了解水电开发前后对本地生态环境的影响，从调查情况看来，问卷填写答案选择主要集中在"A.好；C.不变；D.较差"3 个选项上，其中，从总体来看，选择频次最多的是"C.不变"选项，其次是"D.较差"选项，再次为"A.好"选项。选择"C.不变"答案的农户主要集中于农区。通过访谈得知，农区部分农户对生态环境的关注度并不是很高，更多人关心的是水电开发对其直接利益的影响，也有部分农户因居住地不在水电开发移民库区，水电开发对其影响仅限于占用或淹没其耕地、林地等生态资源。选择"D.较差"的农户次之，选择这一选项的比例在农区和半农半牧区及牧区比例相差不大，农户反映选择这一选项的原因与选择"E.差"选项的农户相差不大，大多都是认为水电开发中水电站、大坝、公路建设对当地环境造成了极大破坏，挖坏了山岩、河岸、森林等，工地灰尘也污染了空气；选择"A.好"的农户大部分是认为居住环境得到改变，而对生态环境认识不深，从数据上反映基本是半农半牧区及牧区农户，这与其受教育程度有很大关系。

问题 6"相比于移民前，现在的水质总体状况是怎么样的"与第 5 个问题一样设置了"好、较好、不变、较差、差"5 个答案选项。其回收统计信息如图 5-9 所示。

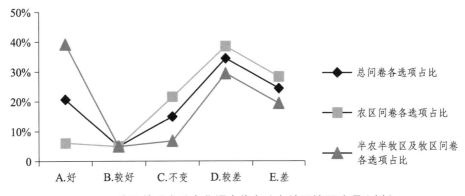

图 5-9　移民前后水质变化调查信息（各地区填写选项比例）

调查问卷统计结果为，选择"A.好"选项的问卷数量为 149 份，占总参与调查人数的 20.8%，其中农区选择该选项的问卷有 24 份，占农区参与调查人数的 6%，半农半牧区及牧区选择该选项的问卷共有 125 份，占该地区参与调查人数的 39.3%。选择"B.较好"选项的有效问卷为 38 份，占总问卷数的 5.3%，其中，农区选择该选项的有 22 份，占农区总参与调查人数的 5.5%，半农半牧区及牧区选择该选项的有 16 份，占该地区的 5%。选择"C.不变"选项的有效问卷有 107 份，占总参与调查人数的 14.9%，其中农区选项该选项的问卷数有 86 份，占农区参与调查人数的 21.6%，半农半牧区及牧区选择该选项的有 21 份，占该地区总参与调查人数的 6.6%。选择"D.较差"选项的问卷数量为 247 份，占参与调查人数的 34.5%，其中农区选择该选项人数为 153 人，占农区参与调查人数的 38.4%，半农半牧区及牧区选择该选项的问卷有 94 份，占该地区有效问卷总数的 29.6%。选择"E.选项"的问卷数量为 175 份，占收取调查有效问卷总数的 24.4%，其中农区选择该选项的问卷有 113 份，占农区参与调查人数的 28.4%，半农半牧区及牧区选择该选项的问卷有 62 份，占该地区调查问卷数的 19.5%。总体看来，在收取的调查问卷中，选择项最多的是 "D.较差" 选项，其次是 "差"，再后是 "好""不变""较好"。可见，农区问卷选择频次与回收问卷总体走向基本一致，而半农半牧区及牧区选择最多选项为 "A.好" 选项，与回收问卷总体有一定偏差。根据问卷填写时补充访谈得知，在农区，由于人口密度大，移民几乎采用沿江河集中安置的安置方式，导致河水污染程度加重，河水中浮游垃圾数量急剧上升，特别在水电库区，水面流速变缓，垃圾飘浮于水面，引起河水富营养化，河水颜色较移民前有了较大变化，这也是农区和部分半农半牧区及牧区选择 "D.较差" 选项比例较大的重要原因。而部分半农半牧区及牧区选择 "A.选项" 比例较大的原因在于水电库区建成后，河水水流变缓，泥沙开始沉淀，库区水体变清，再加之这一地区江河上游居住人口较稀少，水电开发库区移民多为自建住房分散安置的形式，对江河水体污染并不严重，水体泥沙沉积后水质变好，选择此选项的农户大比例集中于金沙江流域。

问题 7 是对移民前后极端天气的调查，"相比于移民前，现在的极端气候事件是怎么样的"。此问题共设置了 "多、较多、不变、较少、少" 5 个答案选项，选择结果为：在回收总调查有效问卷总数中，"A.多" 选项的份数为 26 份，占总问卷比例的 3.6%，其中，农区选择此选项份数 15 份，占农区问卷回收比例的 3.8%，半农半牧区及牧区选择此选项份数为 11 份，占该地区回收有效问卷总数比例的 3.5%。"B.较多" 选项的总份数 267 份，占回收有效问卷总数的 37.3%，其中，农区问卷中选择此选项的有 146 份，占农区回收问卷比例的 36.7%，半农半牧区及牧区问卷中选择此选项的 121 份，占此地区回收有效问卷总数比例的 38.2%。"C.不变" 选项的总数为 316 份，占回收有效问卷总数比例的 44.3%，其中，农区问卷中选择此选项为 166 份，占农区回收有效问卷总数的 41.7%，半农半牧区及牧区问卷中选择此选项的为 150 份，占此地区回收有效问卷总数的 47.2%。选择 "D.较少" 选项的总数为 80 份，占回收有效问卷总数的 11.1%，其中农区问卷中选择此选项 53 份，占农区回收有效问卷总数的 13.3%，半农半牧区及牧区选择此选项的有 27 份，占该地区问卷回收总数的 8.3%。选择 "E.较少" 选项的总数为 27 份，占回收有效问卷总数的 18%，其中，农区问卷中选择此选项的有 18 份，占农区回收有效问卷总数的 4.5%，半农半牧区及牧区选择份数为 9 份，占该地区回收有效问卷总数的 2.8%。而各选项比例信息如图 5-10 所示。

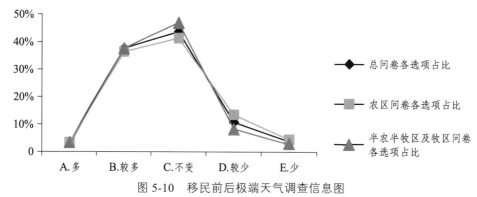

图 5-10 移民前后极端天气调查信息图

从图 5-7 各选项选择比例折线走向看，不管是农区还是半农半牧区及牧区选择的答案都集中于 "B.较多" 和 "C.不变" 两个选项上。根据问卷填写中的访谈结果得知，选择 "B.极端天气较多" 选项的农户的理由是，随着水电站建成和成功蓄水，本地局部气候比过去热得多，降雨更为频繁，大雨、暴雨天气更多，而暖冬现象更为明显。选择"C.不变"选项的农户则表示，没有更多关注天气变化，本地气候即使有变化也与其他地方差不多，近些年的天气都一样在变化。

问题 8 是对水电开发后水土流失影响的调查，"相比于移民前，水土流失是怎么样的"，此问题共设置了"严重、较严重、不变、较缓和、缓和"5 个答案选项，在回收调查有效问卷总数中，选择"A.严重"选项的问卷数为 62 份，占总问卷比例的 8.7%，其中，农区选择此选项的问卷份数为 35 份，占农区问卷回收比例的 8.8%，半农半牧区及牧区回收问卷中选择此选项份数为 27 份，占该地区回收有效问卷总数比例的 8.3%。"B.较严重"选项的总体选择份数为 177 份，占回收有效问卷总数的 25.9%，其中，农区问卷中选择此选项的问卷有 124 份，占农区回收问卷比例的 31.2%，半农半牧区及牧区的回收问卷中选择此选项的有 53 份，占此地区回收有效问卷总数比例的 16.7%。"C.不变"选项的总数为 292 份，占回收有效问卷总数比例的 40.7%，其中，农区问卷中选择此选项的有 159 份，占农区回收有效问卷总数的 40%，半农半牧区及牧区问卷中选择此选项的为 133 份，占此地区回收有效问卷总数的 41.7%；"D.较缓和"选项的总数为 133 份，占回收有效问卷总数的 18.5%，其中农区问卷中选择此选项的有 53 份，占农区回收有效问卷总数的 13.3%，半农半牧区及牧区选择此选项的有 80 份，占该地区问卷回收总数的 25%。"E.缓和"选项的总数为 53 份，占回收有效问卷总数的 7.4%，其中，农区问卷中选择此选项的有 27 份，占农区回收有效问卷总数的 6.7%，半农半牧区及牧区选择份数为 26 份，占该地区回收有效问卷总数比例的 8.2%。各选项比例信息如图 5-11 所示。

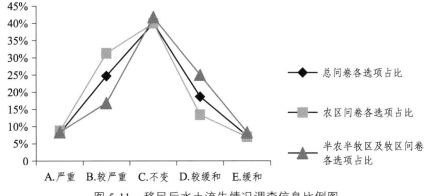

图 5-11　移民后水土流失情况调查信息比例图

从以上信息可见，选项最多的是"C.不变"选项，其次是"B.较严重"选项，水土流失较严重，再次是"D.较缓和"选项，水土流失较缓和。从图形上分析，此问题的选项选择有一定的"趋中趋势"，但整个信息收集仍有效，有 25.9%的问卷认为水电开发后水土流失更为严重，18.5%的问卷认为水电开发后水土流失较为缓和，表面看来好像两者的冲突较为严重，无法获得准确的信息，但从问卷来源以及结合实地考察发现，这两个数据恰好反映出水电开发对不同区域的影响。选择 B 选项的，认为水电开发导致较严重水土流失的问卷共 177 份，其中 124 份来自农区，占农区问卷比例的 31.2%，另有 53 份来自半农半牧区及牧区，这是由于水电开发库区的确导致了较严重的水土流失。而在农区，特别是大渡河流域的水电开发区，一是人口密度较大，二是水电开发极为密集，在最为密集的地方库区尾水与上一个水坝间距仅 10 千米左右。因此，在农区该选项的数量更多，选项问卷占比更大，而在半农半牧区及牧区人口密度相对较小，往往数十千米无人居住，再加之"两江"（雅砻江、金沙江）流域水电梯级开发密度要小于大渡河流域，而在水电开发库区外，因电站水库蓄水的影响，河水流速变缓，有利于泥沙沉淀，水体变清，故除库区农户选择此选项外，其余农户选择"D.较缓和"选项的人数较多，占该地区回收问卷数的25%。

问题9是对水电开发移民后公共设施状况的调查，"相比于移民前，现在的公共设施状况是怎么样的"，此问题共设置了"好、较好、不变、较差、差"5个答案选项。在回收调查的有效问卷中，选择"A.好"选项的问卷数为166份，占总问卷比例的23.2%，其中，农区选择此选项的问卷份数为31份，占农区问卷回收比例的7.8%，半农半牧区及牧区回收问卷中选择此选项的份数为135份，占该地区回收有效问卷总数比例的42.5%。选择"B.较好"选项的份数为232份，占回收有效问卷总数的32.4%，其中，农区问卷中选择此选项的问卷有128份，占农区回收问卷比例的32.2%，半农半牧区及牧区的回收问卷中选择此选的项有104份，占此地区回收有效问卷总数的32.7%。选择"C.不变"选项的总数为53份，占回收有效问卷总数的7.4%，其中，农区问卷中选择此选项的有53份，占农区回收有效问卷总数的13.3%，半农半牧区及牧区问卷中选择此选项的为0份，占此地区回收有效问卷总数的0%。选择"D.较差"选项的为206份，占回收有效问卷总数的28.8%，其中农区问卷中选择此选项的为127份，占农区回收有效问卷总数的31.9%，半农半牧区及牧区选择此选项的有79份，占该地区问卷回收总数的24.8%。选择"E.差"选项总数为59份，占回收有效问卷总数的8.2%，其中，农区问卷中选择此选项的59份，占农区回收有效问卷总数的14.8%，半农半牧区及牧区选择份数为0份，占该地区回收有效问卷总数的0%。各选项比例信息如图5-12所示。

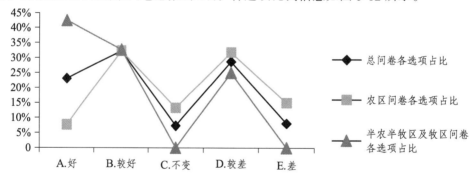

图5-12　移民后公共设施状况情况调查信息比例

根据以上图形折线变化情况可知，总体问卷中选项数量比重较大的集中于"A.好；B.较好；D.较差"三个选项上，与上面各问题反映出来的问题相同。农区与半农半牧区及牧区选项选择情况有较大偏差，其中，总占比中"A.好"选项的选择比例较大，但农区选择该选项的人数较很少，半农半牧区及牧区选择该选项的人数很多，总占比仅反映出两个地区极端选择该选项的均值。从农区选项占比线来看，问卷选项选择主要集中于"B.较好"和"D.较差"两个选项上，相差仅有0.3%，绝对数量为1，根据问卷填写时的实地访谈记录反映，选择"好"或"较好"选项者的理由是："水电开发移民集中安置导致了居住的小型城镇化，小区建设的基础设施较好，较移民前的农村居住地有了很大的改善。"选择此选项的农户主要是库区移民集中安置的农户，而选择"差"或"较差"的农户既有集中安置地的农户，也有部分自建住房的农户，他们认为："水电移民安置虽在交通、医疗等条件上有所改善，但随着水电库区学校拆迁和教育资源整合，学校数量较移民前减少了，小孩子读书地更远了，接送小孩子极为不便。"另有部分农户认为："原来居住地就在公路沿线，而移民安置后住房离公路较移民前远，过去可以依托公路做生意，而移民后很不方便。"还有部分农户认为："水电开发公路修建于半山上，较移民前的河谷公路路途要远，出行没有移民前方便。"半农半牧区及牧区农户的选择主要集中在"A.好"和"B.较好"两个选项上，这两个选项总体占该地区有效问卷总数的 75.2%。可见，水电开发库区移民对半农半牧区的基础设施及公共服务改善有着极大的正面意义，特别是交通条件的改善，对当地农户的影响是巨大的，但也有少部分农户选择了"D.较差"选项。经实地访谈了解得知，这类农户主要认为水电开发淹没了他们的宗教设施。

问题 10 是对水电开发后对生物多样性基本情况的调查，"您认为水电站建设对生物多样性有什么影响"。在此问题上，我们共设置了"增加幅度大、增加幅度小、不变、减少幅度小、减少幅度大"5 个答案选项。在回收调查有效问卷总数中，选择"A.增加幅度大"选项的问卷数为 27 份，占总问卷的 3.7%，其中，农区选择此选项的问卷份数为 27 份，占农区问卷回收总数的 6.7%，半农半牧区及牧区回收问卷中选择此选项的为 0 份，占该地区回收有效问卷总数的 0%。"B.增加幅度小"选项的总体选择份数为 100 份，占回收有效问卷总数的 14%，其中，农区问卷中选择此选项的问卷有 53 份，占农区回收问卷总数的 13.3%，半农半牧区及牧区的回收问卷中选择此选项的有 47 份，占此地区回收有效问卷总数的 14.8%。选择"C.不变"选项的总数为 245 份，占回收有效问卷总数的 34.2%，其中，农区问卷中选择此选项的有 165 份，占农区回收有效问卷总数的 41.5%，半农半牧区及牧区选择此选项的为 80 份，占此地区回收有效问卷总数的 25%。选择"D.减少幅度小"选项的总数为 243 份，占回收有效问卷总数的 33.9%，其中农区问卷中选择此选项的有 105 份，占农区回收有效问卷总数的 26.5%，半农半牧区及牧区选择此选项的有 80 份，占该地区问卷回收总数的 25%。选择"E.减少幅度大"选项的总数为 101 份，占回收有效问卷总数的 14.1%，其中，农区问卷中选择此选项的有 48 份，占农区回收有效问卷总数的 12.1%，半农半牧区及牧区的选择份数为 53 份，占该地区回收有效问卷总数的 16.7%。各选项比例信息如图 5-13 所示。

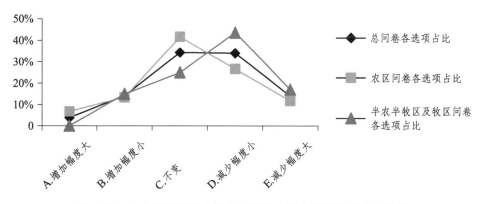

图 5-13　水电开发后对生物多样性影响基本情况调查信息比例

从信息比例图中折线变化情况可见，总调查问卷选项选择主要集中于"C.不变"和"D.减少幅度小"两个选项上，其次是"B.增加幅度小"和"E.减少幅度大"两个选项，从选项占比差距来看，C、D 两选项占比差距不大，仅相差 0.3%，B、E 两个选项选择占比相差也不大，差距仅为 0.1%。故从总问卷选项占比上看，很难得出水电开发对生物多样性的影响趋势，但把农区与半农半牧区及牧区数据分开分析，并结合问卷填写时的实地访谈便可知，水电开发对生物多样性的影响对于不同的地区，影响是不一样的，而且对有些地区影响则较为巨大。从农区的问卷收集及选项选择数据上看，41.5%的农户选择"C.不变"选项，26.38%的农户选择"D.减少幅度小"选项。选择"C.不变"选项的农户认为，农区生物物种并不珍稀，水电开发虽影响了局部物种数量，但对种群构成威胁不大。而选择"D.减少幅度小"的农户则认为，水电开发大坝修建阻断了河道，且未修建过鱼设施，对野生鱼类有较大的影响，虽近期影响不大，但长久下去必然会导致野生鱼类种群减少。另有13.3%的农户选择了"B.增加幅度小"选项，7.6%的农户选择了"A.增加幅度大"选项。这部分农户主要集中于交通条件好的水电开发库区，选择增加的理由："随着水库蓄水，河水水流流速变缓，有大量人群在库区放生，在过去虽也有放生者，但没有现在这样多，加之过去河水流速很急，被放生的生物难以存活，但现在在库区放生，存活率极高，大部分有放生活动的水库都已经发现大量外来鱼类。"半农半牧区及牧区问卷中选择"D.减少幅度小"选项的问卷数量较农区有较大幅度增加，占该地区问卷回收总数的43.4%，加上"E.减少幅度大"选项16.7%，两个选项选择总比例达60.1%。其理由为："水电开发生库区蓄水，导致温度和温度有所变化，山上有大量新的物种出现，同时，牧区放生活动频繁，大量放生猪、牛、羊、狗、鱼类等放生物种，使野生物种有所增加。"因高山菌类及药材采摘是半农半牧区及牧区农牧民主要收入来源，故当地农牧民更在乎物种的变化，也有部分农牧民担心主要采摘的松茸、虫草等野生植物会逐渐减少，影响未来收入，故选择了"D.减少幅度小"这一选项。

问题11是对水电开发移民后对参与移民农户家庭收入的总体影响的调查，"您认为水电站的建设对您家庭收入的总体影响是怎样的"。在此问题上，我们共设置了"A.收入大大增加；B.促进收入增加，但幅度不大；C.没有影响；D.负面影响不大；E.负面影响很大"5个答案选项。在回收调查有效问卷中，选择"A.收入大大增加"选项的问卷数为133份，占总问卷总数的18.5%，其中，农区选择此项的问卷份数为0份，占农区问卷回收比例的0%，半农半牧区及牧区回收问卷中选择此选项份数的为133份，占该地区回收有效问卷总数的41.7%。选择"B.促进收入增加，但幅度不大"选项的占份数的80份，占回收有效问卷总数的11.1%，其中，农区问卷中选择此选项的问卷有80份，占农区回收问卷总数的20%，半农半牧区及牧区的回收问卷中选择此选项的有0份，占此地区回收有效问卷总数的0%。选择"C.没有影响"选项的总数为104份，占回收有效问卷总数的14.5%，其中，农区问卷中选择此选项的有51份，占农区回收有效问卷总数的12.8%，半农半牧区及牧区问卷中选择此选项的为53份，占此地区回收有效问卷总数的16.7%。选择"D.负面影响不大"选项的总数为108份，占回收有效问卷总数的15.1%，其中农区问卷中选择此选项的有55份，占农区回收有效问卷总数的13.8%，半农半牧区及牧区选择此选项的有53份，占该地区问卷回收总数的16.7%。选择"E.负面影响很大"选项的总数为292份，占回收有效问卷总数的40.7%，其中，农区问卷中选择此选项的有212份，占农区回收有效问卷总数的53.3%，半农半牧区及牧区选择份数为80份，占该地区回收有效问卷总数的25%。各选项比例信息如图5-14所示。

从数据上来看，这一问题所反映的情况与表头有细微差异，这与问卷填写时农牧民的理解程度有关。但从上图总体折线反映的趋势来看，所反应的问题与农户基本情况调查表是一致的，水电移民对农区农户收入的影响要大于牧区，对大部分农户家庭收入的影响是负面的，具体原因在前表分析时已做出了详细说明，这里就不再累述。

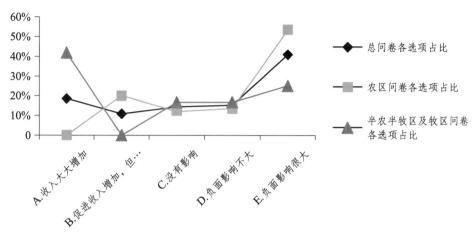

图 5-14　水电开发移民后对农户家庭收入总体影响基本情况调查信息比例

问题 12 是对水电开发移民后对参与移民农户就业满意度的总体影响的调查，"您认为水电站的建设对您家庭就业总体影响是怎样的"。在此问题上，我们共设置了"A.导致换工作，且对新工作不满意；B.导致换工作，觉得新工作与原来的工作差不多；C.没有影响，仍继续原来的工作；D.导致换工作，但对新工作比较满意"4 个答案选项。在回收调查有效问卷总数中，选择"A.导致换工作，且对新工作不满意"选项的问卷数为 243 份，占总问卷的 33.9%，其中，农区选择此选项的问卷份数为 187 份，占农区问卷回收比例的 47%，半农半牧区及牧区回收问卷中选择此选项的份数为 56 份，占该地区回收有效问卷总数比例的 17.6%。选择"B.导致换工作，觉得新工作与原来的工作差不多"选项的总份数有 55 份，占回收有效问卷总数的 7.7%，其中，农区问卷中选择此选项的问卷有 55 份，占农区回收问卷的 13.8%，半农半牧区及牧区的回收问卷中选择此选项的有 0 份，占此地区回收有效问卷总数的 0%。选择"C.没有影响，仍继续原来的工作"选项的总数为 342 份，占回收有效问卷总数的 47.8%，其中，农区问卷中选择此选项的有 131 份，占农区回收有效问卷总数的 32.9%，半农半牧区及牧区问卷中选择此选项的为 211 份，占此地区回收有效问卷总数的 66.4%。选择"D.导致换工作，但对新工作比较满意"选项的总数为 76 份，占回收有效问卷总数的 10.6%，其中农区问卷中选择此选项的有 25 份，占农区回收有效问卷总数的 6.3%，半农半牧区及牧区选择此选项的有 51 份，占该地区问卷回收总数的 16%。各选项比例信息如图 5-15 所示。

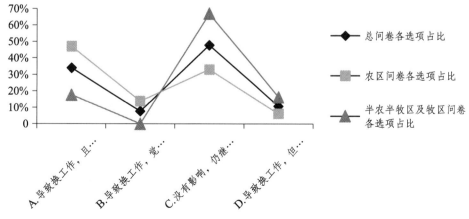

图 5-15　水电开发移民后对农户家庭就业满意度基本情况调查信息比例

从图 5-15 可见，水电开发移民对农户就业影响主要集中于农区，其中农区接近一半的受调查者对现在就业状况并不满意，而半农半牧区及牧区农户也有 17.6% 的参与调查者对就业状况不满意。具体原因在农户基本情况调查表分析中已经说明，这里也不再累述。

（三）农牧民移民补偿调查

在这个维度上，我们一共设置了 21 个问题，其中除第 3、5、8、10、12、13、14 等 6 个问题为开放式问题外，其余 15 个问题均通过客观选择题的问卷形式进行调查，调查基础信息如表 5-4 所示（表中调查信息略去以上 6 个问题，在分析中再进行数据补充）。

表 5-4　农牧民移民补偿调查

项目	选项	频次	比例/%	农区频次	农区比例/%	其他频次	其他比例/%
1.水电开发是否占用了您的耕地？	1．是	430	60.06%	298	74.87%	132	41.51%
	2．否》》6 题	286	39.94%	100	25.13%	186	58.49%
2.水电开发占用了多少耕地？	A．1 亩以内；	26	3.63%	0	0	26	8.18%
	B．1～5 亩	304	42.46%	223	56.03%	81	25.47%
	C．5～10 亩	100	13.91%	75	18.75%	25	7.86%
4.对于这个价格，您有什么看法？	A．偏高	0	0	0	0	0	0
	B．合理	181	25.23%	75	18.75%	106	33.33%
	C．偏少	249	34.78%	223	56.03%	26	8.18%
6.水电开发是否占用了您的林地？	1.是	407	56.83%	224	56.25%	183	57.55%
	2.否》》11 题	309	43.17%	174	43.75%	135	42.45%
7.水电开发占用了多少林地？	A．1 亩以内	101	14.11%	73	18.34%	28	8.81%
	B．1～5 亩	150	20.95%	123	30.90%	27	8.49%
	C．5～10 亩	107	14.94%	28	7.04%	79	24.84%
9.对于这个价格，您有什么看法？	A．偏高	0	0	0	0	0	0
	B．合理	104	14.53%	73	18.34%	31	9.75%
	C．偏少	204	28.49%	151	37.94%	53	16.67%
11.水电开发是否占用了您的房屋？	A．是	568	79.33%	325	81.66%	243	76.42%
	B．否》》16 题	148	20.67%	73	18.34%	75	23.58%
13.对于这个价格,您有什么看法？	A．偏高	0	0	0	0	0	0
	B．合理	105	14.66%	76	19.10%	29	9.12%
	C．偏少	463	64.63%	249	62.50%	214	67.30%
15.您认为当前生产安置或拆迁安置更适合您家？	A．是	340	47.49%	203	51.01%	137	43.08%
	B．否	228	31.84%	122	30.65%	106	33.33%

续表

项目	选项	频次	比例/%	农区频次	农区比例/%	其他频次	其他比例/%
16.您认为哪一种补偿方式更适合您的家庭？	A．直接现金补偿	148	20.67%	21	5.28%	127	39.94%
	B．置业补偿	190	26.54%	113	28.39%	77	24.21%
	C．以土地参股补偿	310	43.30%	196	49.25%	114	35.85%
	D．养老保险补偿	68	9.50%	68		0	0
17.相比于您的期望值,您对当前现金补偿有什么意见？	A．可以减少10%	0	0	0	0	0	0
	B．合适	99	13.81%	25	6.25%	74	23.27%
	C．可以提高10%	259	36.19%	174	43.75%	85	26.73%
	D．可以提高20%以上	358	50	199	50	159	50
18.如果选择置业补偿,您认为您能胜任水电站哪方面的工作？	A．基层工人	467	65.22%	273	68.59%	194	61.01%
	B．管理人员	141	19.69%	43	10.80%	98	30.82%
	C．技术工	108	15.08%	82	20.60%	26	8.18%
19.如果选择土地参股补偿,您认为那种模式更为合理？	A．政府+农户+企业	79	18.5	0	0	79	24.84%
	B．农户+企业（农户直接参与管理）	433	11.03%	274	68.75%	159	50
	C．农户+企业（政府代表农户参与管理）	204	60.42%	124	31.25%	80	25.16%
20.您认为农户参与的较合理的股份应该是多少？	A．5%～10%	77	10.75%	23	5.78%	54	16.98%
	B．10%～15%	153	21.37%	77	19.35%	76	23.90%
	C．15%～25%	208	29.05%	126	31.66%	82	25.79%
	D．25%以上	278	38.83%	172	43.22%	106	33.33%
21.如果您选择养老保险作为补偿,补偿哪些对象比较合理？	A．只给老年人买保险	74	10.34%	47	11.81%	27	8.49%
	B．只给青年人买保险	0	0	0	0	0	0
	C．老年人和青年人都买	642	89.66%	351	88.19%	291	91.51%

问题1：是对水电开发占用耕地基本情况的调查，"水电开发是否占用了您的耕地"。

在调查问卷信息整理中可见，有430份问卷选择了"是"，这说明在问卷样本中，耕地被占用人数占比为60.06%。其中，农区选择"A.是"选项的有298份，占农区问卷问题比重的74.87%，"B.否"选项有100份，占问卷比重的25.13%；半农半牧区及牧区选择"A.是"选项的为132份，占该地区问卷比重的41.51%，选择"B.否"选项的有186份，占问卷比重的58.49%，各选项在各区所占比例如图5-16所示。

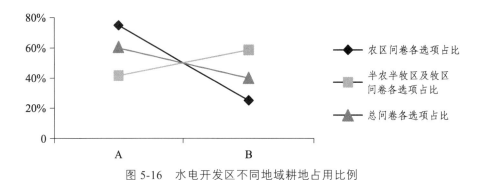

图 5-16　水电开发区不同地域耕地占用比例

从上图可以见，在所抽取的样本中，水电开发对农区耕地占用比例较大，总比例达到了74.87%，而对半农半牧区及牧区占用相对较小，仅占41.51%。这是由于以大渡河流域为主的农区耕地资源较为集中，而雅砻江和金沙江河谷地带耕地资源较少，并且大渡河的水电开发密集度相对较低，揭示出水电开发对农区农业生产的影响要大于半农半牧区及牧区。

问题 2：承接第 1 个问题，掌握水电开发对农户耕地占用面积的基本调查，"水电开发占用了多少耕地"。

对这个内容的掌握我们设置了 3 个选项，即"A.1 亩以内；B.1～5 亩；C.5～10 亩"。在这 3 个选项中，选择 A 选项的有 26 份问卷，占有效问卷总数的 3.63%，其中农区问卷选择份数为 0，占农区有效问卷总数的 0%，半农半牧区及牧区问卷中选择此选项的为 26 份，占该地区有效问卷总数的 8.18%。选择 B 选项的有 304 份，占回收有效问卷总数的 42.46%，其中农区问卷选择此选项的有 223 份，占农区回收问卷比例的 56.03%，半农半牧区问卷中选择此选项 81 份，占 25.47%。选择 C 选项的有 100 份，占回收有效问卷总数的 13.91%，其中农区问卷中选择此选项的有 75 份，占农区有效问卷总数的 18.75%，半农半牧区及牧区问卷中选择此选项的有 25 份，占该地区有效问卷总数的 7.86%。各选项具体比例关系如图 5-17 所示。

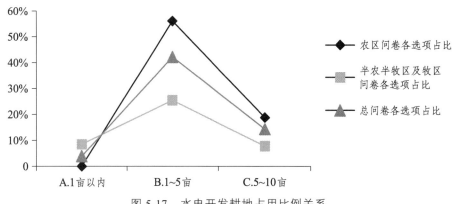

图 5-17　水电开发耕地占用比例关系

从以上关系图可见，不管是有效问卷总数选项比例线，还是不同地区的问卷选项比例线，折线顶点均集中于"B.1～5 亩"，这说明水电开发占用农户耕地面积较大，对本地农业生产带来了较大的影响。在农区，占用耕地 1 亩以内的问卷选择份数为 0，但这并不能说明农户被占用耕地都超过了 1 亩。根据实地考察和农户问卷填写时的访谈调查得知，出现这一选项仅为 0份的原因为政策导向，因多地政策规定 1 亩以内不予补偿，农户为了获得占地补偿款，均采用向其他农户购买耕地补齐 1 亩的行为，从而导致问卷中选项选择大都集中于"B.1～5 亩"

的选项上；半农半牧区及牧区水电开发对农业生产的影响虽不如农区大，但就耕地面积占用而言，单个农户耕地资源占用仍较大，因为耕地的产值和使用价值不如农区大。

问题 4：调查农户对耕地青苗费补偿额度的满意度的问题，"对于这个价格，您有什么看法"。

这个问题是在问题 3 "每亩青苗费为多少"的基础上进行的进一步调查。根据问题 3 的调查，及相关政府文件的查阅，甘孜藏族自治州"两江一河"水电开发区耕地青苗补偿费额度一般在 2 000 元。因水电移民补偿一般采用"一库一策"政策，不同的地方稍有出入，但差别不大，对耕地青苗费补偿额度问题，在回收问卷中选择"A.偏高"的问卷为零。选择"B.合理"选项的问卷共有 181 份，占这问卷回收总数的 25.23%，其中农区问卷中选择此选项的有 75 份，占农区有效问卷总数的 18.75%，半农半牧区及牧区选择此选项的问卷有 106 份，占该地区回收有效问卷总数的 33.3%。选择"C.偏少"选项的问卷数量有 249 份，占有效问卷总数的 34.78%，其中农区选择此选项的问卷数量较多，共有 223 份，占农区有效问卷总数的 56.03%，半农半牧区及牧区问卷中选择此选项有 26 份，占该地区问卷比例的 8.18%。各地区各选项的比例关系如图 5-18 所示。

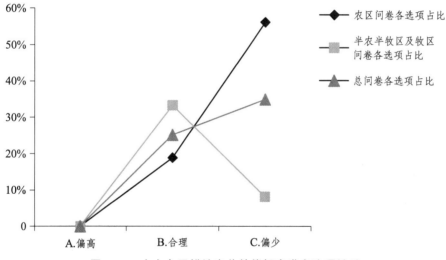

图 5-18　农户占用耕地青苗补偿额度满意选项关系

从以上各选项关系图可见，总问卷中各选项比例线上扬，无人选择"A.偏高"，而认为合理者居中，但在不同的地区，选择此选项的比例是不一样的。其中，农区认为青苗补偿额度合理的人数较少，比例仅为 18.75%，而在半农半牧区及牧区则选择此选项的比例最大，达到 33.33%，而在农区认为青苗补偿额度偏少者的比例最大，达到该区回收有效问卷总数的 56.03%，从而拉动了总问卷该选项的比例线。在折线图上出现农区与半农半牧区折线背离走势的原因在于，在不同的地区，耕地作为农业生产必不可少的物质资源，对农户家庭的作用却大不相同，在农区，农区农户家族的主要收入来源于农业生产。耕地就是农村农民的命脉，加之农区耕地产值较高，用途较广，除了用于农业生产外，大量耕地还有各种各样的商业用途，这是大量农户认为耕地补偿额度偏低的重要原因。但在半农半牧区及牧区，因地理位置、交通条件和土地的肥沃程度等不同，农牧民在农业生产上的投入产出比较小，生产成本较高，也有部分农牧民已从耕地上游离出来，部分地区耕地荒芜现象较为严重，耕地对农户的作用变小，相对农区而言，除部分地方农牧民对耕地依赖度较高外，其他农牧民对耕地补偿额度的满意度则较高。

问题 6：对水电开发区林地占用情况的调查，"水电开发是否占用了您的林地"。

此题设置了是和否两个选项，有 407 份问卷选择了"A.是"，说明在问卷样本中，林地被占用占总问卷比例的 56.83%。其中，农区选择"A.是"选项有 224 份，占农区问卷问题比重的 56.25%，半农半牧区及牧区选择此选项的问卷份数为 183 份，占该地区问卷回收总数的 57.55%。选择"B.否"选项的有效问卷总数为 309 份，占问卷比重的 43.17%；农区选择该选项的份数有 174 份，占该地区有效问卷总数的 43.75%，半农半牧区及牧区选择该选项的有 135 份，占问卷比重的 42.45%。各选项在各区所占比例如图 5-19 所示。

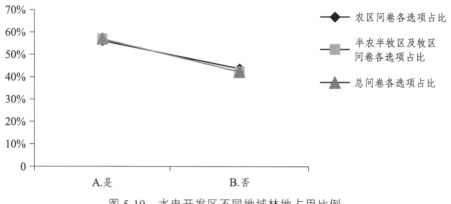

图 5-19　水电开发区不同地域林地占用比例

从上面的比例图看，林地占用面积较大，不管是在农区还是在半农半牧区及牧区，林地占用都达到了 56% 以上。根据实地调查及访谈情况得知，在农区和半农半牧区及牧区林地占用情况不尽相同，在农区主要以果园、经济林地为主，林地经济价值大于其生态价值；而在半农半牧区及牧区，水电开发所占用的林地以河谷森林为主，仅有少部分经济林木，因受气候、环境等因素的影响，经济价值并不太大，但河谷森林树木茂密，部分地方林木呈原始状态，其生态价值极大；在半农半牧区，部分水电开发区为了减小林地补偿矛盾，采用国有林转换集体和个人林木等形式，水电开发前农户私有林地和集体林地集中在河谷地带，但在水电开发时，政府采用山腰的国有林与农户或农村集体进行置换，这样虽避免了水电开发林地补偿时与农户发生矛盾，可是水电开发林木占用面积远大于我们调查出来的面积。因为国有林地在水电开发中虽然被占用，却不需要后期的补偿，也就是说，水电开发占用了国有林地其实是不用补偿的。

问题 7：对水电开发对农户林地占用面积的基本调查，"水电开发占用了多少林地"。

在此我们设置了 3 个问题，即"A.1 亩以内；B.1 ~ 5 亩；C.5 ~ 10 亩"。在这 3 个选项中，选择 A 选项的有 101 份，占有效问卷总数的 14.11%，其中农区问卷选择份数为 73，占农区有效问卷总数的 18.34%，半农半牧区及牧区问卷中选择此选项的为 28 份，占该地区有效问卷总数的 8.81%。选择 B 选项的有 150 份问卷，占回收有效问卷总数的 20.95%，其中农区问卷选择此选项的有 123 份，占农区回收问卷比例的 30.9%，半农半牧区问卷中选择此选项的有 27 份，占 8.49%；选择 C 选项的有 107 份问卷，占回收有效问卷总数的 14.94%，其中农区问卷中选择此选项的有 73 份，占农区有效问卷总数的 7.04%，半农半牧区及牧区问卷中选择此选项的有 79 份，占该地区有效问卷总数的 24.84%。各选项的具体比例关系如图 5-20 所示。

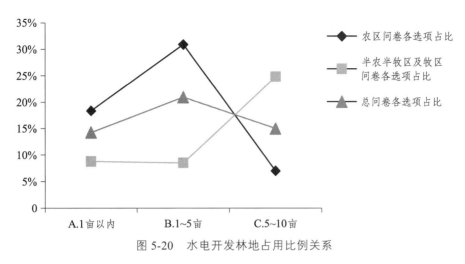

图 5-20 水电开发林地占用比例关系

在上述选项比例图中，选择 B 选项"1～5 亩"的问卷份数最多，达到有效问卷总数的 20.95%，而农区选择此选项的比例达到 30.9%，牧区及半农半牧区则在 C 选项"5～10 亩"上占比最大，达 24.84%。这充分说明在水电开发前，农区林地资源要少于半农半牧区及牧区。通过实地调查得知，农区河谷地带土地开发程度较高，多用于农业生产，而林地除前面说述果园、经济林地外，还有农户薪炭林也占了一定比例，但牧区除河谷森林外，还有很多乡村没有对林地分配到户，以集体所有形式。这种林地为集体共同管理，主要用于菌类采摘地域，故在调查中发现，同一区域的问卷在某一选项上会出现趋同现象，而此类问卷仅说明同一区域所反映的问题是一样的，并非问卷本身无效。

问题 9：调查农户对林地补偿额度的满意度的问题，"对于这个价格，您有什么看法"。

这个问题是在问题 8 "每亩青苗费为多少"的基础上进行的进一步调查，以了解农户对每亩林地补偿额度是否满意，根据问题 8 的调查及相关政府文件的查阅，甘孜藏族自治州"两江一河"水电开发区农区林地青苗补偿费额度一般在 2 000～5 000 元，而半农半牧区及牧区农户多数回答为"不知"或"不了解"，部分农户回答为 2 000 左右，回答"不知"或"不了解"的农户对第 9 个问题一般都放弃作答。对林地青苗费补偿额度问题，在回收问卷中选择"A.偏高"的问卷为 0。选择"B.合理"选项的问卷共有 104 份，占问卷回收总数的 14.53%，其中农区问卷中选择此选项的有 73 份，占农区有效问卷总数的 18.34%，半农半牧区及牧区选择此选项的问卷有 31 份，占该地区回收有效问卷总数的 9.75%。选择"C.偏少"选项的问卷数量有 204 份，占有效问卷总数的 28.49%，其中农区选择此选项的问卷数量较多，共有 151 份，占农区有效问卷总数的 37.94%，半农半牧区及牧区问卷中选择此选项的有 53 份，占该地区问卷总数的 16.67%。各地区在各选项上的比例关系如图 5-21 所示。

与耕地青苗费补偿额度相比，不管是农区还是半农半牧区及牧区，农户对林地被占用后的青苗补偿费用满意度更低。从农区选项比例、半农半牧区及牧区选项比例、总问卷选项比例折线走向可见，从偏高到偏少几乎都呈直线上升，且斜率极大。通过实地调查和访谈对此问题进行补充了解可见，在农区，各类经济林木所形成的林地经济价值极大，是农户又一家庭经济收入来源。且因气候的独特性，这类经济林木还有较大的地域特色。而在半农半牧区及牧区，林地也是各类野生农牧特产生长的特有物质环境，除具有极大的生态功能外，还有不确定的经济功能，农牧民对林地期望值较高。总之，农牧民对林地所寄存的不仅是现有的经济收益,还有对未来的美好憧憬。这一点在第 10 个问题上得到了印证,对青苗费补偿额度建议中就有很多农户提到了提高养老保险购买。当然,对青苗补偿额度不满意并非完全是补偿金额较低,而有部分农户提出要求实现补偿的公平性,足见选择认为补偿较低还有其他原因在这个问题上的折射。

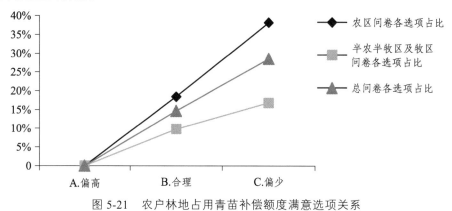

图 5-21　农户林地占用青苗补偿额度满意选项关系

问题 11:对水电开发区林地占用情况的调查,“水电开发是否占用了您的林地”。

此题设置了是和否两个选项,在调查问卷信息整理中,有 568 份问卷选择了“是”,这说明在问卷样本中,房屋被占用情况非常普遍,占用比占总问卷比例的 79.33%。其中,农区选择“A.是”选项的有 325 份,占农区问卷问题比重的 81.66%,半农半牧区及牧区选择此选项的问卷份数为 243 份,占该地区问卷回收总数的 76.42%。选择“B.否”选项的有效问卷总数为 148 份,占问卷比重的 20.67%。农区选择该选项的份数有 73 份,占该地区有效问卷总数的 14.43%,半农半牧区及牧区选择该选项有 75 份,占问卷比重的 23.58%。各选项在各区所占比例如图 5-22 所示。

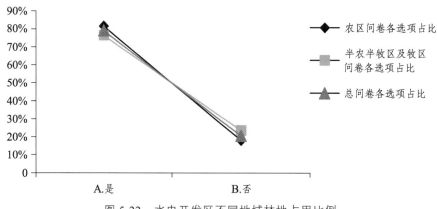

图 5-22　水电开发区不同地域林地占用比例

从图 5-22 折线走向来看,农区选项、半农半牧区及牧区选项、问卷总选项比例线几乎三线合一。在抽取的调查样本中,两类地区都面临着同样的问题。其中,农区的房屋拆迁占比稍大,达到 81.66%,牧区及半农半牧的房屋拆迁占比稍小,也达到 76.42%。根据问卷填写访谈和实地考察结果探析其原因,“两江一河”水电开发区,农区主要以 G318 线和 S211 线沿线为主,也沿大渡河河谷分布。自古以来,这两线的商业就较发达,早在明、清时期就有著名的“茶马古道”贯穿此地。随着 G318 线和 S211 线建成,大部分两地居民形成沿公路建房、倚路经商、倚水而居的习惯。因此，沿河谷公路所建房屋较多，也是水电开发移民的重点区域。而在牧区及半农半牧区，与农区相同，河谷之地有大量平坝，居民则倚水而居，河流两岸高山险峻，仅部分半山腰有少量山间坝子可以住人，但有的地方饮水则是大难题，故居民多沿河倚水居住，这也是这一地区移民拆迁比重较大的重要原因。

问题 13：调查农户对住房拆迁补偿额度的满意度的问题，"对于这个价格，你有什么看法"。

这个问题是在问题 12"每平方米是多少？"的基础上进行的进一步调查，以了解农户对水电开发中占用住房的补偿额度满意程度，根据问题 12 的调查及相关政府文件的查阅，甘孜藏族自治州"两江一河"水电开发区农户拆迁住房补偿标准不一，根据不同的结构的房屋采用不同的赔偿标准；在农区，农户住房有土木结构、砖混结构等，各类房屋的补偿标准有所不同，因采取"一库一策"的补偿政策，各库区补偿标准也有所不同。总体看来，大致在 300、500、700 元左右 1 平方米不等，住房补偿只以面积进行计算，不补偿房屋内部装修。而在牧区及半农半牧区，房屋有藏式木结构、砖混结构、框架结构、土木结构等，不同类型的房屋补偿标准也不一样，大多为每平方米 750 元，同样采取"一库一策"，只是在这些地方大部分房屋都要补偿屋内装修。具体调查中，也有很多牧民不清楚具体补偿的单价，只是知道总体价格，一户人家的房屋大概补偿总价在 10 余万至 30 余万不等。

对拆迁住房补偿额度问题，在回收问卷中选择"A.偏高"的问卷为 0。选择"B.合理"选项的问卷共有 105 份，占问卷回收总数的 14.66%，其中农区问卷中选择此选项的有 76 份，占农区有效问卷总数的 19.10%，半农半牧区及牧区选择此选项的问卷有 29 份，占该地区回收有效问卷总数的 9.12%。选择"C.偏少"选项的问卷数量有 463 份，占有效问卷总数的 64.63%，其中农区选择此选项的问卷数量较多，共有 249 份，占农区有效问卷总数的 62.50%，半农半牧区及牧区问卷中选择此选项的有 214 份，占该地区问卷总数的 67.30%。各地区在各选项上的比例关系如图 5-23 所示。

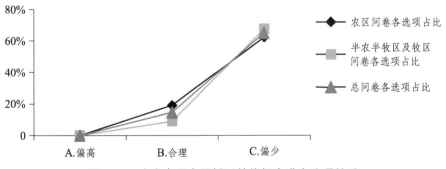

图 5-23 农户占用房屋拆迁补偿额度满意选项关系

总体来看，对"两江一河"水电开发区移民搬迁房屋占用情况农户满意度调查结果并不乐观。在 3 个选项中，不管是农区还是半农半牧区及牧区，选择"A.偏高"的为 0，而选择"C.偏少"的超过 62%。通过访谈及座谈等了解，农户对房屋拆迁补偿不满意情况极其普遍，综合调查中座谈、访谈情况如下：

（1）"两江一河"水电开发区农村农户对房屋的依存度极高，与内地农村相比较，该地区的农户外出务工的人数比例要小得多，除部分半农半牧区及牧区外，农村土地利用率很高，再加之地域文化和宗教文化的影响，农户对世代居住的家乡更为依恋，乡土情结更为浓厚，对其来说，房屋的价值不只局限于经济价值。

（2）在移民拆迁中，政府对农户房屋的补偿仅为简单分类，但不同的地方，因交通便宜程度、建材采集难易程度都不一样，房屋的造价也会不一样。即使是同一地方、同一类房屋不同的修建方式和房屋建造者对房屋质量、造型要求也不一样，因此房屋造价不同，农户对这种一刀切的补偿方式并不是太接受。

（3）在拆迁补偿中，大多数地方对农户房屋的补偿仅针对建设面积，而没有对房屋内装修进行补偿，即使在半农半牧区及牧区，有些地方对农户房屋室内装修进行了补偿，但未进行差别化的对待，导致农户不满。

（4）由于政策定价的滞后性，市场变化远快于政策的制定。地方政府在制定政策时，并未考虑物价上涨等市场因素。由于近年来国内建材价格和人工成本上涨幅度较大，农户进行拆迁到拿到拆迁补偿款项相隔的时间较长，以致自建住房安置的拆迁户所得到的房屋拆迁补偿款已无法再原价建房，自己除需要投入较多的人力和精力外，还需要再补贴一定的财力才能重建起相同面积的住房，这也是导致农户对房屋补偿额度不满意的重要原因。

问题15：调查农户对现有补偿方式的接受程度，"您认为当前生产安置或拆迁安置更适合您家"。

此题设置了是和否两个选项，在调查问卷信息整理中，有340份问卷选择了"是"，占总问卷的47.49%，这说明在问卷样本中，大部分农户对现有补偿拆迁补偿方式是接受的。其中，农区选择"A.是"选项的有203份，占农区问卷总数的51.01%，半农半牧区及牧区选择此选项的问卷份数为137份，占该地区问卷回收总数的43.08%。选择"B.否"选项的有效问卷总数为228份，占问卷总数的31.84%。农区选择该选项的份数有122份，占该地区有效问卷总数的30.65%，半农半牧区及牧区选择该选项有106份，占问卷总数的33.33%。各选项在各区所占比例如图5-24所示。

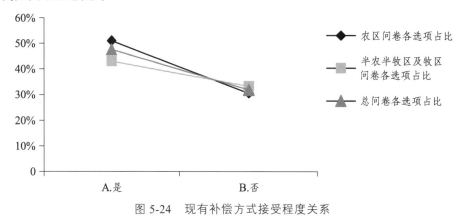

图 5-24　现有补偿方式接受程度关系

从上面各选项的关系图可见，农区选项比例线、半农半牧区及牧区选项比例线及问卷总选项比例线的走势是一样的，仅斜率稍有不同，但差别不大。在座谈及访谈中，我们也对农户的选择进行了核实，农户对现有补偿方式大部分表示能接受，但有1/3多一点的农户仍表示不能接受，希望能有更好的补偿方式，特别是对自建住房进行补偿的要求较高。原因为集中安置位置不一，有的农户选择的住房位置较偏，出行不太方便；有的农户认为排水及商业需求得不到满足。

问题 16：对农户接受水电开发生态补偿方式的意愿调查，"您认为哪一种补偿方式更适合您的家庭"。

在问卷中共设置了 4 个选项，分别为"A.直接现金补偿；B.置业补偿；C.以土地参股补偿；D.养老保险补偿"。在回收问卷中选择"A.直接现金补偿"的问卷有 148 份，占回收有效问卷总数的 20.67%，其中农区选择该选项问卷的有 21 份，占农区问卷总数的 5.28%，半农半牧区及牧区选择该选项的问卷有 127 份，占该区域回收有效问卷的 39.94%。选择"B.置业补偿"选项的问卷共有 190 份，占问卷回收总数的 26.54%，其中农区问卷中选择此选项的有 113 份，占农区有效问卷总数的 28.39%，半农半牧区及牧区选择此选项问卷的有 77 份，占该地区回收有效问卷总数的 24.21%。选择"C.以土地参股补偿"选项的问卷有 310 份，占有效问卷总数的 43.30%，其中农区选择此选项的问卷数量较多，共有 196 份，占农区有效问卷总数的 49.25%，半农半牧区及牧区问卷中选择此选项的有 114 份，占该地区问卷总数的 35.85%。选择"D.养老保险补偿"选项问卷的有 68 份，占有效问卷总数的 9.50%，其中农区选择此选项的问卷有68 份，占该地区问卷总数的 17.09%，半农半牧区及牧区问卷中选择此选项的有 0 份。各地区在各选项上的比例关系如图 5-25 所示。

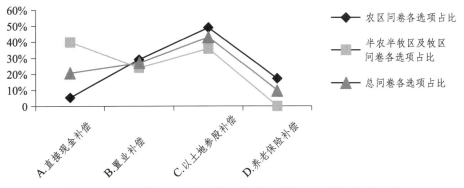

图 5-25　农户接受水电开发生态补偿方式的意愿调查选项关系

在图中，B、C、D 3 个选项折线走势基本统一，说明在这 3 个选项上，不管是在农区还是在半农半牧区，农户对补偿方式意愿均较一致。其中，意愿最高的是 C 选项"以土地参股补偿"，农区问卷选择这一选项占该区问卷有效回收总量的 49.25%，半农半牧区及牧区选项这一选项占该区问卷有效回收总量的 35.85%。在座谈和访谈中我们得知，农户中很大一部分对土地参股的补偿方式持肯定态度，认为这种补偿方式可以保证农民对土地的既有利益。因此，从农户的接受程度来看，实行土地参股补偿的方式具有很大的可行性，也是解决移民补偿中诸多矛盾的最好手段。而在"D.养老保险补偿选项"上，农户选择意愿最低，仅占回收有效问卷的 9.5%，且全部为农区农户选择，占农区回收有效问卷的 17.09%。在座谈和访谈中我们得知，农户一方面对我国养老保险政策这一社会福利制度并不十分了解；另一方面农户对未来政策安全感较低，认为不可控制性较大。在"A.直接现金补偿"选项上，两类地区的分歧较大，农区选项中仅有 5.28% 的农户选择，而半农半牧区选择此选项的人数较多，达到 39.94%，仅次于"C.土地参股"的选项。通过座谈和访谈我们得知其主要的原因，农区土地产值较大，土地对农户重要程度也较大，同时农区农户对未来生活顾虑也较多，故农区农户不太愿意接受一次性的现金补偿；而半农半牧区及牧区农户的收入来源有较大一部分来自药材及菌类采摘，土地产值也较低，土地在该类地区的重要程度和农户对土地的依赖程度都要小于农区，故农户觉得如果能够拿到现金也是一件可以接受的事。对于"B.置业补偿"这一选项，两类地区选项走向趋势均差不多，其中农区略低于半农半牧区及牧区。这里的置业主要是指农户离开土地的再就业，其中包括在水电开发企业就业和其他途径的就业。农户对置业的期望较高，大多数农户希望能进入水电开发企业就业。在座谈和访谈中得知，部分农户也对水电开发企业提供的就业岗位并不满意，对就业的稳定性更是担忧。在实际补偿中，有的水电开发企业也曾承诺提供就业岗位，但都仅限于水电修建领域中的临时岗位，无法真正长久地解决失地农户的就业问题。加之水电修建工程大部分都外包给工程建设企业，这些企业并没有义务解决本地富余劳动力的问题，这也使移民搬迁中对农户置业补偿的承诺没有得到全面兑现。

问题 17：调查农户对现金补偿期望值的调查，"相比于您的期望值，您对当前现金补偿有什么意见"。

在问卷中共设置了 4 个选项，分别为"A.可以减少 10%；B.合适；C.可以提高 10%；D.可以提高 20%以上"。在回收问卷中选择"A.可以减少 10%"的问卷有 0 份。选择"B.合适"选项的问卷共有 99 份，占问卷回收总数的 13.81%，其中农区问卷中选择此选项的有 25 份，占农区有效问卷总数的 6.25%，半农半牧区及牧区选择此选项的问卷有 74 份，占该地区回收有效问卷总数的 23.27%。选择"C.可以提高 10%"选项的问卷数量有 259 份，占有效问卷总数的 36.19%，其中农区选择此选项的问卷数量较多，共有 174 份，占农区有效问卷总数的 43.75%，半农半牧区及牧区问卷中选择此选项有 85 份，占该地区问卷比例的 26.73%。选择"D.可以提高 20%以上"选项的问卷有 358 份，占有效问卷总数的 50%，其中农区选择此选项的问卷为 199 份，占该地区问卷总数的 50%，半农半牧区及牧区问卷中选择此选项的有 159 份，占该地区问卷总数的 50%。各地区在各选项上的比例关系表现如图 5-26 所示。

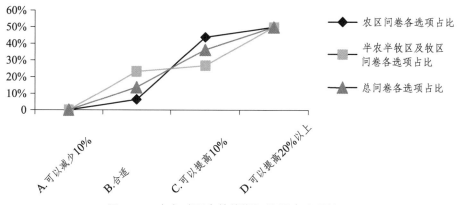

图 5-26　农户对现金补偿期望值调查选项关系

从图 5-26 折线走势可见，两类地区选项比例构成的折线为一路上升的走势，其中 A 选项不管是在农区还是在半农半牧区都无人选择，在实地座谈、访谈中也无人认为现金补偿过高。而选项 B"合适"则是对现有现金补偿额度较满意，农区在这一选项的选择比例为 6.25%，半农半牧区及牧区在这一选项上的选择比例则较高，达到 23.27%。在这一选项上，除了有极为少数的公职人员参加调查外，数据基本能够反映出农户的满意度情况，也体现出半农半牧区及牧区对现有现金补偿额度满意度要高于农区。在实地考察和座谈、访谈中，我们了解了农区的土地、青苗等补偿因产值的差别和市场价值都要远高于半农半牧区及牧区，而根据政策确定的现金补偿额度则没有考虑到地区差异这一问题，在房屋方面，农区房屋补偿极少考虑到农户房屋的商用价值及室内装修费用，导致绝大部分农区农户的不满意情绪较大，从半农半牧区总体来看，现金补偿额度对房屋价值综合考虑得更为得体，补偿情况较好，土地、青苗等产值和商用价值都要远小于农区，因而农户满意度较高。而 C、D 两个选项，体现出了农户对现金补偿的期望，其中最高的选项为"D.可以提高 20%以上"，两类地区选项均达到回收有效问卷总数的 50%。这说明农户对现金补偿额度提升的期望值较高，在座谈及访谈中我们了解了具体原因。农户对现有资产的未来价值增值较为乐观，特别是随着甘孜藏族自治州交通条件得到进一步改善后，对未来区域经济的发展持乐观态度，同时，也对未来物价等因素怀有担心的心理，因随着物价的上涨，农户固定资产的保值效果更为明显，这两个选项对未来政策的制定和调整具有一定的参考价值。

问题 18：调查农户对未来再就业职业期望基本情况的调查，"如果选择置业补偿，您认为您能胜任水电站哪方面的工作"。

在问卷中共设置了 3 个选项，分别为"A.基层工人；B.管理人员；C.技术工人"。在回收问卷中选择"A.基层工人"的问卷有 467 份，占回收有效问卷总数的 65.22%，其中农区问卷中选择此选项的有 273 份，占农区有效问卷总数的 68.59%，半农半牧区及牧区选择此选项的问卷有 194 份，占该地区回收有效问卷总数的 61.01%。选择"B.管理人员"选项的问卷共有141 份，占有效问卷总数的 19.69%，其中农区问卷中选择此选项的有 43 份，占农区有效问卷总数的 10.08%，半农半牧区及牧区选择此选项的问卷有 98 份，占该地区回收有效问卷总数的30.82%。选择"C.技术工人"选项的问卷数量有 108 份，占有效问卷总数的 15.08%，其中农区选择此选项的问卷有 82 份，占农区有效问卷总数的 20.60%，半农半牧区及牧区问卷中选择此选项的有 26 份，占该地区问卷总数的 8.18%。各类地区在各选项上的比例关系如图 5-27 所示。

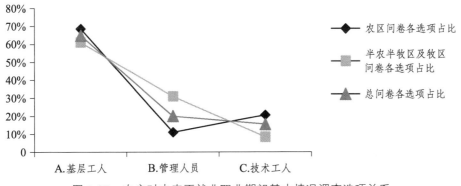

图 5-27　农户对未来再就业职业期望基本情况调查选项关系

在这个关系图中，两类地区农户选项选择最高的是"A.基层工人"，选择比例均达到 60%以上，而在其他两个选项上，半农半牧区选择倾向于"B.管理人员"，比例达 30.82%，农区农户则倾向于"C.技术工人"，比例达 20.60%。从折线走势来看，主要区别在于地区差异，各类地区农户对不同岗位的向往程度不同，农区农户偏重于较为实际的岗位；而半农半牧区及牧区农户更偏重管理岗位。出现这种差异的原因在于两类地区的文化差异较大，农区由于文化较为多元，对未来的憧憬更为务实；而半农半牧区及牧区受浓厚的宗教文化影响，人们更崇尚权威，更热衷于管理岗位。这一问题的调查数据收集，对未来失地农牧民的就业培训有着较强的现实指导意义。

问题 19：调查农户对土地参股模式接受意愿的调查，"如果选择土地参股补偿，您认为哪种模式更为合理"。

在问卷中共设置了 3 个选项，分别为"A.政府+农户+企业；B.农户+企业（农户直接参与管理；C.农户+企业（政府代表农户参与管理）"。在回收问卷中，选择"A.政府+农户+企业"的问卷有 79 份，占回收有效问卷总数的 11.03%，其中农区问卷中选择此选项的有 0 份，半农半牧区及牧区选择此选项的有 79 份，占该地区回收有效问卷总数的 24.84%。选择"B.农户+企业（农户直接参与管理）"选项的问卷共有 433 份，占有效问卷回收总数的 60.42%，其中农区问卷中选择此选项的有 274 份，占农区有效问卷总数的 68.75%，半农半牧区及牧区选择此选项的问卷有 159 份，占该地区有效问卷总数的 50%。选择"C.农户+企业（政府代表农户参与管理）"选项的问卷数量有 204 份，占有效问卷总数的 28.54%，其中农区选择此选项的问卷有 124 份，占农区有效问卷总数的 31.25%，半农半牧区及牧区问卷中选择此选项的有 80 份，占该地区问卷总数的 25.16%。各类地区在各选项上的比例关系如图 5-28 所示。

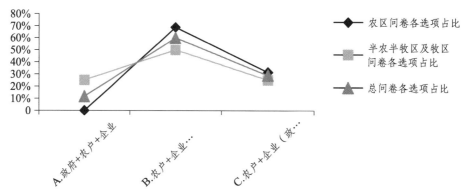

5-28　农户对土地参股各模式接受意愿的调查选项关系

从以上各选项关系图的折线走势上看，选项峰值出现在"B.农户+企业（农户直接参与管理）"选项上，半农半牧区及牧区比例达 50%，而农区比例更高，达到 68.75%。根据座谈及访谈情况来看，农户更愿意将土地参股主动权掌握在自己的手里。究其原因，不管是在农区还是半农半牧区及牧区，在水电开发移民搬迁过程中，农户的期望并未得到满足，由于地方政府在移民过程中往往充当政策制定和执行者的角色，地方政府在水电开发库区移民中的公信力受到了一定的影响，从而使移民搬迁中的矛盾最终集中体现为地方政府与农户之间的矛盾，这使除了部分移民安置较好，矛盾较少的地区外，农户都不愿意地方政府参与土地入股。这种情况在选项"A.政府+农户+企业"上同样得到了佐证，地方政府在水电开发库区移民中的公信力下降在农区表现得尤为突出。在 A 选项上，农区选择为 0。通过走访调查发现，农区部分地方，农户与地方政府的矛盾较突出，再加之农区农户综合能力较强，更多人相信自己有能力参与土地股份管理。在选项"C.农户+企业（政府代表农户参与管理）"上，农区选择比例与半农半牧区及牧区选择比例相差不大，差距为 3.38%。选择这一选项的农户在农区主要集于丹巴县和九龙县，这两个县是农区与半农半牧区的过渡地区，水电移民矛盾相对较小，农户有意愿委托政府代为管理。

问题 20：对农户土地参股持股比例意愿的调查，"您认为农户参与的较合理的股份应该是多少"。

在问卷中共设置了 4 个选项，分别为"A.5%~10%；B.10%~15%；C.15%~25%；D.25%以上"。在回收问卷中选择"A.5%~10%"的问卷有 77 份，占回收有效问卷总数的 10.75%，其中农区问卷中选择此选项的有 23 份，占农区有效问卷总数的 5.78%，半农半牧区及牧区选择此选项的问卷有 54 份，占该地区回收有效问卷总数的 16.98%。选择"B.10%~15%"选项的问卷共有 153 份，占有效问卷总数的 21.37%，其中农区问卷中选择此选项的有 77 份，占农区有效问卷总数的 19.35%，半农半牧区及牧区选择此选项的问卷有 76 份，占该地区回收有效问卷总数的 23.93%。选择"C.15%~25%"选项的问卷总数有 208 份，占有效问卷总数的 21.37%，其中农区选择此选项问卷的有 126 份，占农区有效问卷总数的 31.66%，半农半牧区及牧区问卷中选择此选项的有 82 份，占该地区问卷总数的 25.79%。选择"D.25%以上"选项的问卷总数有 278 份，占有效问卷总数的 38.83%，其中农区选择此选项问卷的有 172 份，占农区有效问卷总数的 43.22%，半农半牧区及牧区问卷中选择此选项的有 106 份，占该地区问卷总数的 33.33%。各类地区在各选项上的比例关系如图 5-29 所示。

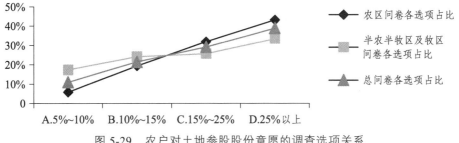

图 5-29　农户对土地参股股份意愿的调查选项关系

这一问题的设置是为了解农户愿意参与土地参股持股意向，选项设置的参股比例从低到高，而从折线走势来看，总问卷为向右稳定上升走势，折线波折极小。说明随着持股比例的增加，农户参股的持股意愿越强，其中，半农半牧区及牧区数据在从 B 到 C 的选项选择走势放缓。在这个比例段内农户分布较为均衡，但在从 C 到 D 段内选择走势又重新回升，与问卷选项比例线接近。说明部分农户对持股增多有一定谨慎态度，但仍有 33.33%的农户希望所持股份越多越好，而农区选项比例折线各点连接成一条直线，且斜率较大，有 43.22%的农户希望持有大量土地股份。综合实地调查中座谈、访谈了解的情况，农户对持有土地股仍抱有较强烈的期望。其中，农区农户的期望值相比半农半牧区及牧区更高，选择 5%~10%这一选项的仅占 5.78%，还包括参与调查的基层政府公职人员人数；农区农户对持股能稳定增加家庭收入持乐观态度，再加上农区农户整体受教育程度要高于半农半牧区及牧区，并且交通条件与对外信息交互更加便捷，使该类地区农户市场观念更强，因而对土地持股的期望值更大。

问题 21：对接受养老保险补偿参保对象的调查，"如果您选择养老保险作为补偿，补偿哪些对象比较合理"。

在问卷中共设置了 3 个选项，分别为"A.只给老年人买保险；B.只给青年人买保险；C.老年人和青年人都买"。在回收问卷中选择"A.只给老年人买保险"的问卷有 74 份，占这回收有效问卷总数的 10.34%，其中农区问卷中选择此选项的有 47 份，占农区有效问卷总数的 11.81%，半农半牧区及牧区选择此选项的问卷有 27 份，占该地区回收有效问卷总数的 8.94%。

选择"B.只给青年人买保险"选项的问卷共有 0 份。选择"C.老年人和青年人都买"选项的问卷数量有 642 份，占有效问卷总数的 89.66%，其中农区选择此选项的问卷有 351 份，占农区有效问卷总数的 88.19%，半农半牧区及牧区选择此选项的有 291 份，占该地区问卷总数的 91.51%。各类地区在各选项上的比例关系如图 5-30 所示。

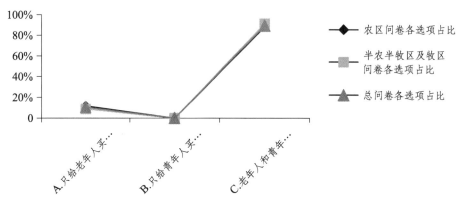

图 5-30　农户接受养老保险补偿参保对象的调查选项关系

从关系图上的折线反映情况来看，回收的有效问卷几乎集中于"C.老年人和青年人都买"的选项，农区、半农半牧区及牧区的各选项比例相似，在 C 选项上选择数量接近 90%，而在"B.只给青年人买保险"选项的选择上都为 0。可见，不管是农区还是半农半牧区及牧区，农户对养老保险的参与意愿都较强。只是在前面选择养老保险选项与其他选项相权衡时，其他选项更具有吸引力，但不能因此而否认农户对养老保险的认可。

（四）补偿后续调查

补偿后续调查维度是对甘孜藏族自治州"两江一河"水电开发区农户所得现金补偿情况、补偿后续生活的担忧情况等信息进行调查和了解。问卷一共设置了 4 个问题，第一个问题是对获取补偿资金后的现金安排使用比例情况进行调查，为开放式问题；后三个问题则是了解农户补偿后续生活有无担忧及担忧原因和期望情况；问题 3、问题 4 是多项选择题。

问题 1：了解农户获得现金补偿金额后的安排和使用情况，"您目前所拿到的现金补偿金额，您是如何使用的"。

此问题为开放式问题，设置资金使用比例为"房屋建设占的比例""小孩教育占的比例""后期创业占的比例""其他所占的比例"几个方面。从调查情况看来，选项集中于前两个方面，即"房屋建设占的比例""小孩教育占的比例"，而"后期创业占的比例"填写农户最少，各选项比例区间不一，第 1 个项目"房屋建设占的比例"多填写于 60%～80%中，"小孩教育占的比例"这一项目填写多集中 20%～40%，其余两个项目比例填写人数少，没有实际价值。根据座谈和访谈中反馈，农户所得的现金补偿金额仅够或不够重新建设房屋，而对大多数家族来说，小孩子教育也是极为紧迫解决的问题。但由于甘孜藏族自治州实行义务教育和教育地区补贴，从幼儿园到初中不仅不收学费，还有一定的生活补贴，一定程度上减轻了水电库区农户的子女教育负担。其余 3 个问题选项情况如表 5-5 所示。

表5-5 农牧民移民补偿调查表

项目	选项	总频次	比例	农区频次	农区比例	其他频次	其他比例
2. 针对现在资金的安排使用, 您对未来的生计是否有担忧?	A.是	543	75.77%	398	100	145	45.45%
	B.否	173	24.33%	0	0	173	54.55%
3. 如果选择是, 担忧的原因是什么?	A.失去了土地, 就失去生活和养老保障	516	72.07%	371	93.33%	145	45.45%
	B.由于自己的教育水平有限, 打工不能长久	270	37.72%	212	53.33%	58	18.18%
	C.对孩子的未来担忧	405	56.58%	318	80	87	27.27%
4. 为消除这些方面的忧虑, 您希望政府做哪方面的工作?	A.政府招商引资带来就业机会	0	0	0	0	0	0
	B.在小孩教育上, 给予补助	0	0	0	0	0	0
	C.养老政策的倾斜	381	53.21%	265	66.67%	116	36.36%
	D.对自己家庭成员进行就业培训	432	60.29%	345	86.67%	87	27.27%

问题2：了解农户对现有资金安排使用及未来生计的担忧情况，"针对现在资金的安排使用，您对未来的生计是否有担忧"。

此题设置了"A.是"和"B.否"两个选项，在调查问卷信息整理中，有543份问卷选择了"A.是"，占总问卷比例的75.77%，其中，农区选择"A.是"选项有398份，占农区问卷问题的100%，半农半牧区及牧区选择此选项的问卷份数为145份，占该地区问卷总数的45.45%。选择"B.否"选项的有效问卷总数为173份，占问卷总数的24.23%，农区选择该选项的份数为0份，半农半牧区及牧区选择该选项的有173份，占问卷总数的54.55%。各选项在各区所占比例如图5-31。

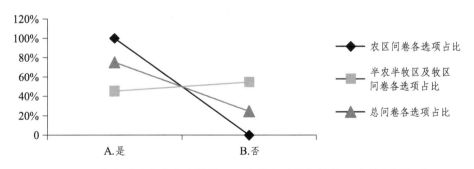

图5-31 农户对现有资金安排使用及未来生计的担忧情况选项比例关系

从各类地区从两个选项比例关系折线来看，农区和半农半牧区及牧区对现有补偿现金使用及未来生计担忧情况折线走势偏差较大。农区农户全部选择了对未来生计担忧，通过实地考察、座谈及访谈了解，农区移民补偿以现金形式为主，且农区资源被占用比重较大，特别是河谷耕地资源占用现象普遍。从当地市场情况调查来看，过去甘孜藏族自治州蔬菜、水果等基本生活资料尚可以自给自足，但随着水电开发的深入，现在甘孜藏族自治州百姓生活均依赖外地输送，耕地资源的极度缩减已严重影响当地居民的日常生活。在调查中，泸定等重要农区，已发展到农户将生活蔬菜种植于房前花台中。这说明生活资源已极度匮乏，水电开发前农户拥有的土地资源除能自给生活资料外，同样也是农户家庭增收的重要来源。如今，受资源匮乏、物价上涨、就业困难、市场饱和等因素的影响，农户生活成本不断提高，家庭收入渠道日见狭窄，农区农户对未来生计担忧也是必然的。

半农半牧区及牧区选项折线与农区走势恰好相反，呈左低右高型，虽折线坡度较缓，但仍是向右抬头，"B.否"选项比例稍大于"A.是"。该类地区农户对未来生活担忧比例比农区农户小，其中，对未来生计担忧的农户占比为45.45%，而对未来生计并不担忧的农户选项选择占比54.55%。从实地考察、座谈及访谈情况来看，接近农区的半农半牧区选择对未来生计担忧比例较重，而深入甘孜藏族自治州腹地地区选择"B.否"选项占比较大，这与市场经济观念影响有较大的关系，地处甘孜藏族自治州腹地的半农半牧区及牧区，市场观念较差，农户存在"等、靠、要"思想。近年来，随着政府对藏区扶持力度的加大，农户并不太担忧未来生计。另外，半农半牧区及牧区农户对耕地资源依赖程度较弱，农户收入渠道多元，其中山间采摘等靠山吃山的收入比重较大，水电开发虽然占用了一定数量的耕地等生产资源，但对农户生活影响较为有限；再加上随着水电开发的深入，地区外来人口增多，也为本地农户带来了一些商业机会，农户增收可能增多，故大量农户对未来生计并不十分担忧。

问题3：对农户担忧未来生计原因的了解，"如果选择是，担忧的原因是什么"。

在问卷中共设置了3个选项，分别为"A.失去了土地，就失去生活和养老保障；B.由于自己的教育水平有限，打工不能长久；C.对孩子的未来担忧"。这一问题为多选，在回收问卷中选择"A.失去了土地，就失去生活和养老保障"的问卷有516份，占回收有效问卷总数的72.07%，其中农区问卷中选择此选项的有371份，占农区有效问卷总数的93.33%，半农半牧区及牧区选择此选项的问卷有145份，占该地区回收有效问卷总数的45.45%。选择"B.由于自己的教育水平有限，打工不能长久"选项的问卷共270份，占回收有效问卷总数的37.72%，其中农区问卷中选择此选项的有212份，占农区有效问卷总数的53.33%，半农半牧区及牧区选择此选项的问卷有58份，占该地区回收有效问卷总数的18.18%。选择"C.对孩子的未来担忧"选项的问卷数量有405份，占有效问卷总数的56.58%，其中农区选择此选项的问卷有318份，占农区有效问卷总数的80%，半农半牧区及牧区问卷中选择此选项有87份，占该地区问卷比例的27.27%。各类地区在各选项上的比例关系如图5-32所示。

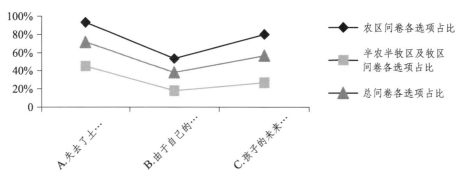

图5-32 农户担忧未来生计原因的调查选项关系

在上述关系折线图中，两类地区折线走势都基本一致，呈现"V形"。A选项"失去了土地，就失去生活和养老保障"的选择最高，虽然农区这一选项的选择比例占农区有效问卷总数的93.33%，远大于半农半牧区及牧区，但并未达到第2个问题选择是"为未来生计担忧"选项的100%比例，而半农半牧区及牧区选择该选项虽只有45.45%，但在第2个问题上选择是"为未来生计担忧"选项比例也占了该类地区问卷总数的45.45%。也就是说，与第2个问题"A.是"选项相比较，觉得为未来生计担忧的农户100%都认为"失去了土地，就失去生活和养老保障"，这也说明在半农半牧区，农户中有部分农牧民对土地依存度很高。C选项"对孩子的未来担忧"的选择在3个选项中的选择率居中，其中农区选择此选项的比例远高于牧区，选择比例高达80%，这说明农区对土地这一重要生产资源的继承性更为看重。据实地考察、座谈和访谈中了解的原因在于，农区属甘孜藏族自治州富庶地区，随着高速公路通车和川藏高铁的修建，农区农户对甘孜藏族自治州未来经济发展普遍持乐观态度，土地在他们心中更为重要，农区土地用途也更为广泛，农户最看好的是随着甘孜藏族自治州旅游业的兴起，乡村旅游将成为农区农户持续和稳定的家庭收入来源。而在半农半牧区及牧区，农户受教育程度普遍较低，家庭对孩子有着更大的希望，他们一方面舍不得离开自己生长的土地，另一方面却非常重视子女的教育，迫切希望子女能够通过读书改变家庭命运，走上他们认为较有作为的工作岗位。在调研中发现，这类地区有一部分农户在农闲时间会在县城租房陪孩子读书，除县城周边及交通便捷的地方外，农户对土地的继承要求相对不是那么强烈，故对子女未来在失去土地后的担忧程度不如农区高。选择"B.由于自己的教育水平有限，打工不能长久"选项的比例在农区要远高于半农半牧区及牧区。从调查中反馈情况来看，农区农户较为注重自己的就业能力，而半农半牧区及牧区由于家庭收入的多元，受教育程度较低等原因，对子女教育的渴求度则更高。

问题4：了解农户为未来生计担忧对政府的期望，"为了解除这些方面的忧虑，您希望政府做哪方面的工作"。

在问卷中共设置了4个选项，分别为"A.政府招商引资带来就业机会；B.就小孩教育上，给予补助；C.养老政策的倾斜；D.对自己家庭成员进行就业培训"。这一问题为多选，在回收问卷中选择"A.失去了土地，就失去生活和养老保障"的问卷有381份，占回收有效问卷总数的53.21%，其中农区问卷中选择此选项的有265份，占农区有效问卷总数的66.67%，半农半牧区及牧区选择此选项的问卷有116份，占该地区回收有效问卷总数的36.36%。选择"B.就小孩教育上，给予补助"选项的问卷共有432份，占这回收有效问卷总数的60.29%，其中农区问卷中选择此选项的有345份，占农区有效问卷总数的86.67%，半农半牧区及牧区选择此选项的问卷有87份，占该地区回收有效问卷总数的27.27%。选择"C.养老政策的倾斜"选项的问卷数量有354份，占有效问卷总数的49.50%，其中农区选择此选项的问卷有239份，占农区有效问卷总数的60%，半农半牧区及牧区问卷中选择此选项的有116份，占该地区问卷总数的36.36%。选择"D.对自己家庭成员进行就业培训"选项的问卷有458份，占有效问卷总数的63.99%，其中农区选择此选项问卷的有371份，占农区有效问卷总数的93.33%，半农半牧区及牧区问卷中选择此选项的有87份，占该地区问卷比例的27.27%。各类地区在各选项上的比例关系如图5-33所示。

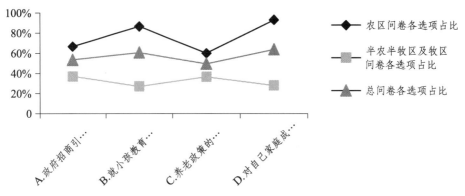

图 5-33　农户为未来生计担忧对政府的期望选项关系

在农户希望政府所做的工作中，图中折线走势反映农区和半农半牧区这两类地区所选择的意愿恰恰相反，农区折线波动较大，但选项选择率都较高。这说明农区农户对政府未来政府调整意愿较高，同时也反映了农区农户对在未来就业、子女教育和养老问题上更为担忧。农区农户对 4 个选项的选择更趋向于"B.就小孩教育上给予补助"和"D.对自己家庭成员进行就业培训"2 个选项上，选择比例达到 86.67% 和 93.33%，可见农区农户在子女教育与就业能力提升两方面的需求更为迫切；而在半农半牧区及牧区，折线走势较为平缓，对以上 4 个方面担心程度并不大，这与这类地区亚文化影响有关。从座谈与访谈反馈情况来看，近年来政府在这类地区的政策扶持力度较大，特别是近年国家实施的"精准扶贫"等政策在这类地区落实很到位，农户对子女教育、就业情况等未来担忧较少，因而在这些方面对政府需求较小，农户幸福指数较高。

（五）生态补偿

生态补偿维度是对农户已接受生态补偿情况和参与生态补偿意愿的调查，这一维度调查共设置了 8 个问题，从已接受补偿方式到未来参与意愿均做了较为全面的设计，其中第 1、7 2 个问题为单选，其余问题都可多选，调查对象为甘孜藏族自治州"两江一河"水电开发区附近农户。问题调查具体数据如表 5-6 所示。

表 5-6　生态补偿调查

项目	选项	总频次	比例	农区频次	农区比例	其他频次	其他比例
1. 您是否已经以现金的方式接受水电工程的生态补偿？	A.是	371	51.85%	212	53.33%	159	50%
	B.否	345	48.15%	186	46.67%	159	50%
2. 若选择是，您知道您是通过下列哪项补偿政策得到补偿的？	A.天然保护林工程	53	7.40%	0	0	53	16.67%
	B.占用林地之后，在此基础上所增加的补偿金额	345	48.14%	133	33.42%	159	50%
	C.水土保持工程	239	33.32%	80	20	159	50%
	D.污水治理工程	53	7.40%	0	0	53	16.67%
	E.其他	53	7.40%	0	0	53	16.67%

续表

项目	选项	总频次	比例	农区频次	农区比例	其他频次	其他比例
3. 如果水电站的开发带来生态问题，您认为哪种手段更有效？	A.行政命令	106	14.82%	106	26.67%	0	0
	B.法律法规	212	29.61%	0	0	212	66.67%
	C.经济补偿	424	59.26%	265	66.67%	159	50%
4. 您是否希望得到生态补偿？	A.非常希望	636	88.89%	371	93.22%	265	83.33%
	B.有点希望	80	11.11%	27	6.67%	53	16.67%
	C.无所谓	0	0	0	0	0	0
	D.完全不希望	0	0	0	0	0	0
5. 若以现金的方式接受生态补偿，您认为应该如何做？	A.直接补贴给农民	636	88.89%	371	93.22%	265	83.33%
	B.集中补贴给地方政府用于当地生态修复	80	11.11%	27	6.78%	53	16.67%
	C.直接补贴给生态企业用于修复	0	0	0	0	0	0
6. 若以现金的方式接受生态补偿，您认为应该依据哪种计算方式？	A.按耕地面积	345	48.15%	186	46.73%	159	50%
	B.按家庭人口数量	292	40.74%	186	46.73%	106	33.33%
	C.视具体情况而定	53	7.40%	0	0	53	16.67%
	D.依据损失度而定	0	0	0	0	0	0
7. 您是否愿意参加本地生态修复企业？	A.愿意	716	100	398	100	318	100%
	B.不愿意	0	0	0	0	0	0
8. 您愿意进入什么类型的生态修复企业？	A.社会的生态修复企业	0	0	0	0	0	0
	B.地方政府成立的生态修复合作社	716	100	398	100	318	100%

问题 1：对已经以现金接受生态补偿农户基本情况的调查，"您是否已经以现金的方式接受水电工程的生态补偿"。

此题设置了"A.是"和"B.否"两个选项。在调查问卷信息整理中，有 371 份问卷选择了"A.是"，占问卷总数的 51.85%，其中，农区选择"A.是"选项的有 212 份，占农区问卷总数的 53.33%，半农半牧区及牧区选择此选项的问卷为 159 份，占该地区问卷回收总数的 50%。选择"B.否"选项的有效问卷总数为 345 份，占问卷总数的 48.15%，农区选择该选项的有 186 份，占农区问卷总数的 53.33%，半农半牧区及牧区选择该选项的有 159 份，占问卷总数的 50%。各选项在各区所占的比例如图 5-34 所示。

这个问题只是对已接受现金补偿农户基本情况的调查，从调查情况来看，已有一半以上的农户已经接受了现金生态补偿，而尚未补偿的农户有各种原因，其中包括有部分未达成补偿协议的农户；也有部分地区还未开始进行生态补偿的现金发放；有的地方，如雅江县、道孚县为避免农户领取现金后无规划使用现金出现新的贫困现象，对已到位的补偿资金采取基层政府代管、分期发放的形式，且这种现金发放形式得到了当地农户的认同。

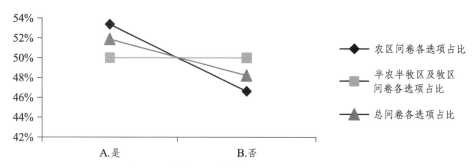

图 5-34 已经以现金接受生态补偿农户基本情况的调查选项关系

问题 2：了解现金生态补偿已领取农户获得补偿的政策方式的问题，"若选择是，您知道您是通过下列哪项补偿政策得到补偿的"。

在问卷中共设置了 5 个选项，分别为"A.天然保护林工程；B.占用林地之后，在此基础上所增加的补偿金额；C.水土保持工程；D.污水治理工程；E.其他"。这一问题为多选，在回收问卷中选择"A.天然保护林工程"的问卷有 53 份，占回收有效问卷总数的 7.40%，其中农区问卷中选择此选项的有 0 份，半农半牧区及牧区选择此选项的问卷有 53 份，占该地区回收有效问卷总数的 16.67%。选择"B.占用林地之后，在此基础上所增加的补偿金额"选项的问卷有 345 份，占回收有效问卷总数的 48.14%，其中农区问卷中选择此选项的有 133 份，占农区有效问卷总数的 33.42%，半农半牧区及牧区选择此选项的问卷有 212 份，占该地区回收有效问卷总数的 66.67%。选择"C.水土保持工程"选项的问卷数量有 239 份，占有效问卷总数的 33.38%，其中农区选择此选项的问卷有 80 份，占农区有效问卷总数的 20.10%，半农半牧区及牧区问卷中选择此选项的有 159 份，占该地区问卷总数的 50%。选择"D.污水治理工程"选项的问卷数量的有 53 份，占有效问卷总数的 7.40%，其中农区选择此选项的问卷有 0 份，半农半牧区及牧区问卷中选择此选项的有 53 份，占该地区问卷总数的 16.67%。选择"E：其他"选项的问卷数量的有 53 份，占有效问卷总数的 7.40%，其中农区选择此选项的问卷有 0 份，半农半牧区及牧区问卷中选择此选项的有 53 份，占该地区问卷总量的 16.67%。各类地区在各选项上的比例关系如图 5-35 所示。

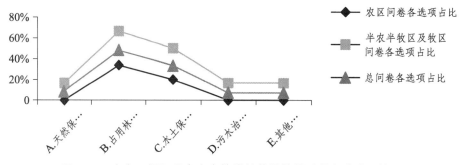

图 5-35 农户已领取现金生态补偿的获得补偿政策方式选项关系

从图 5-35 反映的情况来看，农区现金生态补偿方式较为集中，主要采用"占用林地之后，在此基础上所增加的补偿金额"和"水土保持工程"两种政策形式，而半农半牧区及牧区补偿方式则较多，"除天然林保护工程""占用林地之后，在此基础上所增加的补偿金额""水土保持工程""污水治理工程"补偿外，还有其他补偿方式。经过实地调查及座谈、访谈，获悉农区"天然林保护工程"早就推行，而水电开发中不涉及此项，而占用林地之后的现金补偿则较为普遍，也有"水土保持工程"的补偿，如水土治理、岩面硬化等。在半农半牧区及牧区，因林地面积广泛、林地产权多样，除私有林地普遍采用林地占用后的现金补偿和水土治理保持现金补偿外；还有部分天然林保护工程再植林；同时，也有少量农户涉及集体林木补偿等多样化的现金补偿。

问题 3：了解农户对补偿管理手段的认同和调查管理手段有效性信息问题，"如果水电站的开发带来生态问题，您认为哪种手段更有效"。

在问卷中共设置了 3 个选项，分别为"A.行政命令；B.法律法规；C.经济手段"。这一问题仍为多选，主要了解各补偿手段在实际生态补偿中的重要程度。在回收问卷中，选择"A.行政命令"的问卷有 106 份，占回收有效问卷总数的 14.82%，其中农区问卷中选择此选项的有 106 份，占农区有效问卷总数的 26.67%，半农半牧区及牧区选择此选项的问卷有 0 份。选择"B.法律法规"选项的问卷共有 212 份，占回收有效问卷总数的 29.61%，其中农区问卷中选择此选项的有 0 份，半农半牧区及牧区选择此选项的问卷有 212 份，占该地区回收有效问卷总数的 66.67%。选择"C.经济手段"的问卷数量有 424 份，占有效问卷总数的 59.26%，其中农区选择此选项的问卷有 265 份，占农区有效问卷总数的 66.67%，半农半牧区及牧区问卷中选择此选项有 159 份，占该地区问卷总数的 50%。各类地区在各选项上的比例关系如图 5-36 所示。

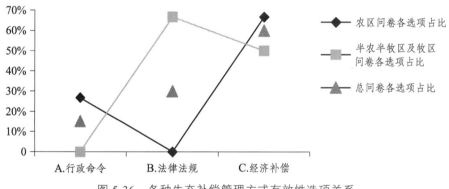

图 5-36　各种生态补偿管理方式有效性选项关系

从上面 3 个生态补偿管理手段在两类地区的认同度来看，经济补偿是认同度最高、最为行之有效的补偿管理办法，农区选项比例达到 66.67%，半农半牧区及牧区选项比例也达到 50%，两类地区对这一手段的认同度基本趋同。可见，经济补偿是生态补偿中极为有效的手段，也为生态资源有偿使用提供了有力的证据。但在行政手段和法律法规两个选项上，两类地区选择背离度很大，行政命令在农区有 26.67% 的农户认同，而在半农半牧区及牧区选择比例为 0。

问题 4：了解农户对生态补偿期望程度的调查，"您是否希望得到生态补偿"。

在问卷中共设置了 4 个选项，分别为"A.非常希望；B.有点希望；C.无所谓；D.完全不希望"。在回收问卷中选择"A.非常希望"的问卷有 636 份，占这回收有效问卷总数的 88.89%，其中农区问卷中选择此选项的有 371 份，占农区有效问卷总数的 93.22%，半农半牧区及牧区选择此选项的问卷有 265 份，占该类地区有效问卷总数的 83.33%。选择"B.有点希望"选项的问卷共有 80 份，占回收有效问卷总数的 11.11%，其中农区问卷中选择此选项的有 27 份，占农区有效问卷总数的 6.78%，半农半牧区及牧区选择此选项的问卷有 53 份，占该地区回收有效问卷总数的 16.67%。而选择"C.无所谓"和"D.完全不希望"两个选项的问卷数均为 0。各类地区在各选项上的比例关系如图 5-37 所示。

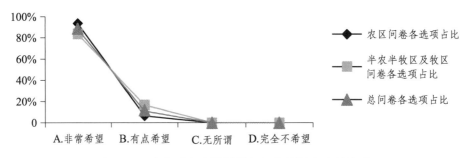

图 5-37 农户对生态补偿期望程度的调查选项关系

农户选择的选项集中于"A.非常希望",两类地区高达 93.22% 和 83.33%。由此可见,农户对现有生态补偿情况满意度并不尽如人意,对未来获得补偿的期望值还非常高,这有待政策制定和执行者深入思考并加以解决。

问题 5：了解农户对现金生态补偿可接受方式的调查,"您若以现金的方式接受生态补偿,您认为应该如何做"。

在问卷中共设置了 3 个选项,分别为"A.直接补贴给农民；B.集中补贴给地方政府用于当地生态修复；C.直接补贴给生态企业用于修复"。该问题各类地区选项选择份数和比例与问题 4 的前三项选项份数和比例不一致,在回收问卷中选择"A.直接补贴给农民"的问卷有 636 份,占回收有效问卷总数的 88.89%,其中农区问卷中选择此选项的有 371 份,占农区有效问卷总数的 93.22%,半农半牧区及牧区选择此选项的问卷有 265 份,占该类地区有效问卷总数的 83.33%。选择"B.集中补贴给地方政府用于当地生态修复"选项的问卷共有 80 份,占回收有效问卷总数的 11.11%,其中农区问卷中选择此选项的有 27 份,占农区有效问卷总数的 6.78%,半农半牧区及牧区选择此选项的问卷有 53 份,占该地区回收有效问卷总数的 16.67%。选项 C 各类地区选择份数为 0。

从数据反映出来,农户最容易接受的补偿方式是将现金直接发放给农民,由农民自行修复,都不愿意把补偿现金补贴给生态企业用于修复。这个选择结果是由于农户出于自身利益维护,在座谈及访谈中得知,农户愿意参加生态修复,认为这是一种解决水电开发区因移民搬迁而导致过多剩余劳动力的最好方法。但在实地调查中我们发现,在过去的"天然林保护工程"的实施过程中,有很多农户拿到了政府补贴款后,并没有用于退耕还林。农户表示为了杜绝这类情况的发生,也可以把现金补偿款交由政府保管,由政府统一用于当地生态修复。但当提出生态补偿现金交由生态修复企业用于生态修复时,均持否定态度,原因是企业大多以赚钱为目的,企业为了自身利益,最终可能伤害农户的利益。这样的方式下,农户无法真正享受本该享有的生态补偿福利。

问题 6：了解农户对生态补偿中现金补偿方式的核算标准接受程度的调查,"若以现金的方式接受生态补偿,您认为应该依据哪种计算方式"。

在问卷中共设置了 4 个选项,分别为"A.按耕地面积；B.按家庭人口数量；C.视具体情况而定；D.依据损失度而定"。在回收问卷中选择"A.按耕地面积"的问卷有 345 份,占回收有效问卷总数的 48.18%,其中农区问卷中选择此选项的有 186 份,占农区有效问卷总数的 46.73%,

半农半牧区及牧区选择此选项的问卷有 159 份；占该类地区有效问卷总数的 50%。选择"B.按家庭人口数量"选项的问卷共有 292 份，占回收有效问卷总数的 40.78%，其中农区问卷中选择此选项的有 186 份，占农区有效问卷总数的 48.18%，半农半牧区及牧区选择此选项的问卷有 106 份，占该地区回收有效问卷总数的 33.33%。而选择"C.视具体情况而定"选项的问卷共有 53 份，占这回收有效问卷总数的 7.40%，其中农区问卷中选择此选项的有 0 份，半农半牧区及牧区选择此选项的问卷有 53 份，占该地区回收有效问卷总数的 16.67%。选择"D.依据损失度而定"选项的问卷数为 0。各类地区在各选项上的比例关系如图 5-38 所示。

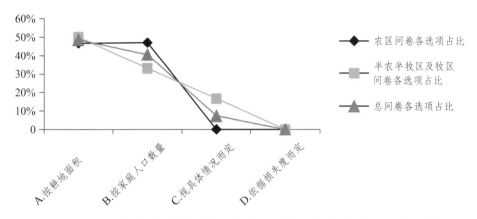

图 5-38　农户对生态补偿中现金补偿方式的核算标准接受程度调查选项关系

在这个问题上，从选项比例关系折线图上可以看出，农区农户对"按耕地面积"和"按家庭人口数量"两个选项的选择比例相差不大，"按耕地面积"选项选择比例为 48.16%，"按家庭人口数量"选项选择比例为 46.73%。这体现出农户对这两种补偿核算标准争执不下，据调查其原因在于农区耕地承保按国家规定有一定年限，大部分地区婚嫁、死亡及小孩子出生均不影响耕地面积增减，有的农户婚嫁也未进行人口户籍变动，导致补偿标准制定问题较为复杂。而对 D 选项的选择均为 0，说明以此为依据制定标准不可取。

问题 7、8：对农户参与本地生态修复意愿及参及修复方式接受程度的调查，第 7 个问题为"您是否愿意参加本地生态修复企业"，第 8 个问题为"您愿意进入什么类型的生态修复企业？"。在选项选择中，第 7 个问题选择"A.愿意参与本地生态修复"的选择比例为 100%，第 8 个问题选择"B.地方政府成立的生态修复合作社"的选项比例也为 100%。这说明两类地区农户对参与本地生态的积极性非常高，而在本地生态修复中方式的选择中，当农户面对选择政府还是社会生态修复企业时，均选择由"B.地方政府成立的生态修复合作社"，对社会生态修复的认可度较低。

第三节　西部民族地区水电开发区生态补偿思路

甘孜藏族自治州"两江一河"水电开发区生态环境复杂，生态资源多样，是我国西部生态极为脆弱的地区，属于我国长江、黄河上游生态屏障保护的重点地区，是重要的资源限制开发区。资源开发对这一地区生态环境破坏十分严重，本应加以严格的限制。但"两江一河"

流域也是水电资源极为富集的地区，在全球能源危机、国内能源资源紧缺、环境污染严重、极端天气频发的背景下，大力开发以水电资源为核心的清洁能源，又是国家发展和地区经济建设的最好选择。同时，西部民族地区也是我国经济极为落后的地区，甘孜藏族自治州的地方经济排名四川省第 21 位，居全省之末，地区贫困十分严重，是本省乃至全国扶贫攻坚的重点地区，大力发展地区经济既是缩小地区差异，让西部民族地区人民共享改革成果、实现社会公平的必然选择，也是维护民族地区稳定、实现西部民族地区政治、社会繁荣的必然要求。在国家精准扶贫和乡村振兴战略背景下，大力开发当地水电不失为一条重要途径。一方面是生态资源脆弱性和有限性的制约；另一方面又是国家能源战略实施及地区经济发展的必然要求。为调和这一矛盾，实现全国人民共同繁荣和地方经济的可持续发展，一边大力发展水电，一边因地制宜地实施生态补偿；一边占用有限生态资源，一边进行生态资源修复则是解决矛盾、良性发展社会经济的必然选择。因此，理清思路、因地制宜、有效进行生态补偿成为大力发展清洁能源产业、建设西部地区生态文明，减轻环境污染、解决能源危机、应对气候变化的重中之重。

一、重视水电开发区的农户意愿，提高农户生活品质，有效控制水电开发的生态负面影响

（一）"两江一河"水电开发区农户意愿及满意度高频选项的基础信息

甘孜藏族自治州"两江一河"水电开发区农户意愿及满意度高频选项基础信息来自"甘孜州水电库区移民福利及其生态补偿调研问卷"的"A2 农户意愿及满意度调查表"。这一维度分为 3 个方面，即"农户参与水电库区移民的自愿情况""水电开发对环境的影响""水电开发对农户家庭生活的影响"。根据各问题选项中选择最高比例选项所反映出来的信息，可以为水电开发区生态补偿提供重要信息支撑，帮助理清"两江一河"水电开发区生态补偿思路。各问题选择最高比例的选项如图 5-39 所示。

根据农户意愿及满意度维度高比例选项显示，在 12 个问题中，绝大部分农户家庭是自愿参加水电开发库区移民的，其原因主要是服从国家安排；而水电开发区农户不自愿参加移民的原因有两个主要方面，即移民补偿太低和失去了土地，担心以后失去生活保障，自身又没有其他技能，所以担心移民后收入会下降，随之生活质量也会下降；水电站修建虽然大部分农户认为对就业情况影响不大，但对家庭收入的负面影响却很大；水电移民后，对农户居住环境总体来说是正面影响，移民后人居环境和公共设施都变好了，对生态环境的影响主要集中于使生物多样性有一定幅度的减少，对江河水质及饮用水源水质均有一定程度的负面影响，而生态环境的其他方面影响不大。当然，以上问卷选项反映出来的数据与实地调查中座谈与访谈的结果有一定的偏差，在问卷填写中，但凡与农户切身利益相关度不高或短期影响不大的内容，大部分农户关注度相对较弱，如水土流失和极端天气，农户也很难得到科学的判断，相反，在实地座谈和访谈中，通过深入追问和实地考察，更能得到真实的答案。

（二）提高"两江一河"水电开发区农户生态补偿意愿的基本思路

"两江一河"水电开发区农户生态补偿意愿的提高是一个较复杂和综合的问题，参照以上

数据，可集中在农户最为关心的问题上下功夫。

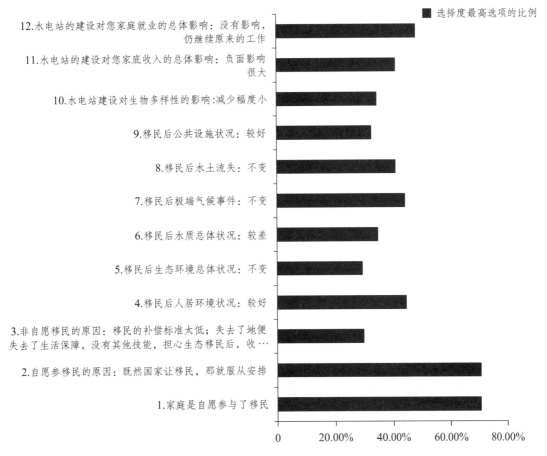

图 5-39 农户意愿及满意度维度高比例选项

（1）对农户自愿参与移民程度的提高，要深入细致地做好移民前的动员工作。从问题选项选择来看，自愿参与移民工作的农户大部分选择了国家让移民那就服从，这一选项方面体现出农户对国家政策的理解与拥护，对政府工作的信任与支持。在座谈与访谈中，有农户表示出害怕国家的强制政策，有的农户也反映了有的地方基层政府采用软暴力拆迁的情况，这在一定程度上也反映出基层政府在移民搬迁前动员工作做得并不到位。水电移民工作向来就是一项复杂而困难的工作，涉及各方面利益的均衡问题，工作面广、工作压力和难度都较大，一些基层政府在工作中难免有简单粗暴的现象，但水电移民搬迁工作关系到地方经济可持续发展，因此深入细致的移民前动员工作是不可或缺的重要工作手段。

（2）综合考虑各种因素，多渠道提升农户收入，打造农户参与开发合作的长效发展机制，提高农户就业技能，增强水电开发区农户生活幸福感。数据显示，部分农户非自愿参与移民的原因在于补偿额度过低；自身文化素质低，就业技能差，担心失去土地，移民后的生活水平及家庭收入会受到很大的影响。经过实地调查中座谈和访谈的核实，特别是农区农户，对土地依存度很高，家庭收入渠道单一，失去土地后的农户后续家庭收入难以有保障。因此，建议政府可通过多种途径拓宽水电开发区的就业渠道，拓展农户收入来源，避免出现因失地而导致新贫困。另外，甘孜藏族自治州"两江一河"水电开发区农户综合素质和就业技能低更是本地经济发展的硬伤，失去土地后，农户不得不依靠再就业以获取未来生活的基本保障。这就更需要建立长久的再就业培训制度，建立农户自愿参与的多种利益再分配机制，以拓宽农户家庭收入渠道和未来生活的物质资料获取途径，保证水电开发展农户共享开发成果，提升农户未来生活的幸福感（水电开发区库区移民再就业培训制度在后面章节中再进行深入论证）。

（3）关注水电开发对环境带来的影响，降低水电开发的环境负效应。水电开发对环境的负面影响是客观存在的，并不以人们的感觉而变化，只是当地农户对环境的敏感性与可见程度和自身利益相关性关联极大，而对极端天气、水土流失这样的渐近性变化敏感性相对较弱。一是因为农户不是专业人士，对环境变化仅能靠日常观察和自身感受，且他们没有这方面的义务；二是因为人自身的心理适应性，当对一个问题见得太多，往往就会形成习惯，而环境的渐近性更能让人形成习惯的错觉，从而得出错误的观察和感受结论。因此，水电开发对环境的影响还需要有科学的监测，更需要科学的方法加以补偿。其中，水电开发区生态资源修复产业化则是一条科学实用的、降低水电开发对环境负效应的有效途径（在后面章节中将进行系统的论证）。

二、适当提高生态移民补偿额度，实行动态补偿额度确定；综合采用多途径补偿；政企协作，适当提供适合开发区农户的工作岗位

（一）移民补偿高频选项基础信息

移民补偿额度及补偿方式的基础信息来源于问卷中"移民补偿"调查维度，在本维度中共有 21 个问题，其中有 6 个问题为开放式设置，其余 15 个问题均为选择题型，通过农户对问题选项的选择，特别是各选项的选择比例情况，可以了解农户对目前开发区生态补偿额度的满意程度，未来生态补偿方式的调整意向等水电开发区生态补偿的重要信息，为今后同类地区的生态补偿思路和政策调整提供依据。具体移民补偿问题选项选择信息如图 5-40 所示。

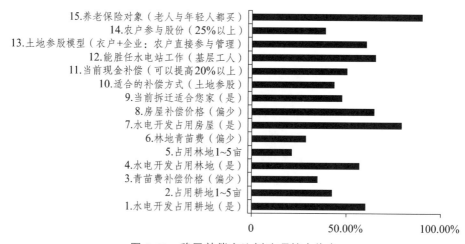

图 5-40 移民补偿高比例选项基本信息

本维度是对水电生态补偿额度及补偿方式接受度的调查，21 个题目中有 15 个题目是对生

态补偿额度满意度的调查。从这 15 个题目调查情况来看，高比例选项反映出农户对目前的补偿额度并不满意，在耕地补偿、林地补偿、房屋补偿中普遍认为补偿额度偏低，而从另外 6 个题目的高比例选项情况来看，农户对土地参股的补偿方式更为认同；对水电企业中基层工人工作更能胜任；对养老保险中全员购买保险更能接受。

（二）基本思路

根据图 5-40 各高比例选项提供的信息依据，对水电开发中农户移民生态补偿可调整为以下思路：

（1）适当提高生态移民补偿额度，实行动态补偿额度确定。水电开发中生态补偿额度的确定主要依据国家政策，而国家政策的制定时间是在 2009 年前后。根据当时的物价水平，政策制定有一定的合理性。但时过境迁，随着社会经济的发展和社会平均生活水平的提高，过去的政策已不能适应社会的发展，有一定局限性；再加上政策制定本身就有一定的滞后性，特别是我国 2009 年后市场变化较大，物价涨幅也较大，虽然政府在具体执行中也采用了"一库一策"的变通方式，但对物价上涨等外部因素考虑得并不充分，没有对未来社会经济发展的变化做出应有的充分预测，补偿额度确实没有跟上物价的上涨速度。有农户道出了实情，特别是在房屋补偿方面，补偿时看起来还能接受的价格，等到拿到现金后却已无法再建造出同样水准的住房，更何况生活补偿等方面与物价上涨更为紧密，几年后，农户所拿到的生活补偿金早已无法满足其基本的生活了。因此，在生态移民补偿额度确定时，应综合考虑市场变化、物价上涨等诸多因素，适当提高生态移民补偿额度，更可根据市场变化，实行动态补偿额度确定，这样既能照顾到市场变化及物价上涨等因素，也更可能被农户所接受。

（2）综合采用多种补偿方式，实行水电开发区生态移民的多途径补偿。目前水电开发区补偿途径较为单一，几乎采用的都是现金补偿方式，也有部分地区辅之以养老保险等社保补偿形式，但总的说来，农户并不完全满意现有的补偿方式。现金补偿具有不可持续性，且现金多为一次性补偿，并不能满足农户对未来生活安全的需求，现金补偿是一次性给予，相当于一次买断。实际调查中，据农户反映，领取现金后，因市场和物价的变化，住房、耕地等实物的保值功能没有了，农户领取的现金相对贬值较快。农户获取现金后，由于对现金管理规划能力不足，大部分农户的补偿现金均用于房屋修建和装修，新家搬进后手中现金已所剩无几。当然，有的地方政府变通采用了分期支付，政府代为保管等形式，农牧民相反还觉得可以接受，虽仅是支付途径的变通，农户满意度却有所提高。养老保险的补偿方式虽能对未来生活安全有所保障，但没有继承性，且养老保险每月领取额度较为固定，大部分农户仍有意见，因而提出如果以养老保险为补偿方式，则应把养老保险的对象增加到年轻人，且养老保险额度应提高 25% 以上，这两项选项选择的比例也高达 89.66% 和 38.83%。当课题组问到土地参股补偿形式时，大部分农户很感兴趣，在这个选项比例中，选择率高达 43.3%。可见，土地参股的补偿方式是提高农户的补偿方式满意度极为可行的办法（土地参股补偿模式在后面章节中会有专门的论证）。

（3）政企协作，适当提供适合开发区农户的工作岗位。农户对水电开发企业提供劳动就业岗位也较为感兴趣，特别是年轻人居多的家庭，更是支持这种补偿方式。因为这种补偿方式可以解决年轻人的就业问题，同时水电开发企业所提供的劳动岗位较为稳定，也能满足农户对未来生活安全的需要。只是考虑自身文化素质和劳动技能都较低，农户更青睐基层工人的岗位，但家里有读高中或大学的孩子的家庭，也希望能进入更高的技术和管理岗位上。只是这一补偿方式的制约因素在于农户文化素质与劳动技能较低。结合前一个维度的水电开发区农户就业技能培训制度一思路，政府可以和企业协作，对水电开发区农户进行就业技能培训，培训达标方能上岗。

三、做好水电开发区后续补偿工作

通过后续补偿维度的调查，得出结论：以现有的现金补偿方式进行生态移民补偿，农户对未来的生计较为担忧。选择此选项的农户达到所有问卷比例的 75.77%，而担忧的原因主要集中于失去了土地后，农户将会失去生活和养老的保障，这一选项比例高达 72.07%（见图 5-41）。因此，农户希望政府对自己及其家庭进行就业培训，以提高再就业能力，这一选项也高达 63.99%（就业培训问题在后面章节中进行了较为详细的论证，这里不再累述）。

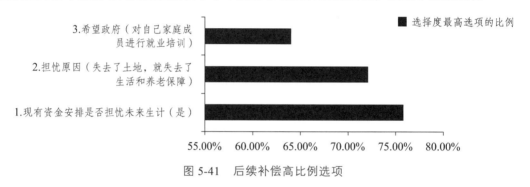

图 5-41　后续补偿高比例选项

四、因地制宜，做好生态补偿工作

（一）生态补偿高频选项基础信息

生态补偿调查维度共设置 8 个问题，从现有生态补偿方式和未来生态补偿两个方面对农户满意度及可接受度进行调查，问题中有部分为多项选择形式。其中，是否已经以现金形式接受和您通过什么政策得到的补偿两个问题是对已经接受生态补偿的情况进行的调查，而其余 6 个问题则是对未来生态补偿额度及补偿方式的调查。具体数据如图 5-42 所示。

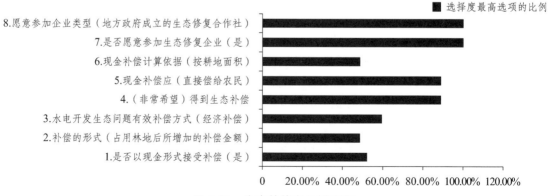

图 5-42　生态补偿高比例选项

从图 5-42 的数据来看，有一半的农户已经接受了现金补偿，选项比例达到 51.85%，而其中 48.14% 的农户是"占用林地之后，在此基础上所增加的补偿金额"；而对有效补偿方式的认同，59.26% 的农户选择经济补偿方式，有 88.89% 的农户非常希望得到生态补偿，88.89% 的农户希望把生态补偿现金直接补偿给农户，48.15% 的农户希望按照耕地面积作为计算现金补偿的依据；对于参加生态修复企业的意向而言，100% 的农户都愿意参加，只是不愿社会企业进行生态修复产业建设，100% 的农户希望地方政府成立生态修复合作社。

（二）选择合理的生态补偿核算标准，建设和发展生态修复产业

1. 合理选择生态补偿核算标准

西部民族地区水电开发区生态补偿是一个复杂的系统工程，目前普遍使用的是现金补偿方式。在现金补偿中，计量方法选择和补偿额度确定对生态补偿的合理性有着重要的影响。当前，各种形式的生态补偿方法，货币资金补偿作为一个核心的补偿方式是当地居民最为关心的问题。但是，如何测算补偿金额，需要考虑生态价值和居民的生产生活的基本需求、机会成本等。因此，货币资金的补偿测度方法和补偿方式都是需要重点考虑的问题。以货币资金为主的补偿方式，补偿标准以及如何发放补偿资金都是要首要考虑的问题。补偿标准，即补偿多少，是生态补偿的核心，关系到补偿的效果和可行性。科学合理地确定补偿标准难度较大。当前，大多数生态补偿标准是依据投入和效益计算的，同时考虑支付意愿和支付能力。根据当前国内外相关研究，主要有成本法、生态价值法、支付意愿法等常见方法。这些方法从不同角度考虑了生态系统恢复的价值、市场公允价值以及当地居民的生产生活成本。

生态恢复成本法是以在水土保持生态建设中投入的直接成本和机会成本为依据，计算补偿标准的方法。直接成本是指为了开展水土保持工作而投入的人力、物力和财力。计算方法是将某一时间段水土治理的各项投入作为直接成本，平均分配到补偿期的各年度。直接成本可以直接通过市场定价，核算方法相对简单可靠；核算的准确性主要取决于核算范围的界定是否科学，这一点取决于当地对水土保持生态建设措施的了解程度和资料的收集、掌握情况。生态补偿标准与生态系统服务提供者的机会成本直接相关，利用机会成本来确定生态补偿标准具有科学性。李晓光等人应用机会成本法确定了海南中部山区进行森林保护的机会成本；Pagiola 等人在研究尼加拉瓜实施引导牧区造林计划的补偿标准中考虑了造林牧区具备产出能力之前农户损失的机会成本。经济学认为，机会成本是为了得到某种东西而必须放弃的东西。在水土保持生态补偿中，水土保持生态建设方的机会成本就是为了开展水保工作，当地居民放弃的生存权、经济收入以及当地丧失的经济社会发展权。机会成本的核算范围包括生存成本和经济社会发展成本。水土保持区进行封育治理、退耕还林（草）、公益林生态建设，耕地面积减少，农业减产，经济收入减少；当地居民离开原生活地，生态移民。为了保护环境，水保生态建设区关停或限制某些工业企业的发展，减少了当地政府的财政税收，减少了就业岗位，影响了当地经济社会的发展。核算方法是通过选择与被补偿区自然条件、社会经济发展状况基本相当，但未受水保生态建设影响的地区作为参照对象，比较两地的经济差异来估算由于发展机会限制所造成的经济损失。段靖等人区分不同产业，运用机会成本法计算生态补偿标准：为保护生态环境，水保生态建设区农业机会成本损失（由水保区生态建设导致的土地利用变化引起的农业收益减少来衡量）=水保区单位耕地的纯收入×耕地减少数（为保护

生态环境而退耕还林还草的数量）。水保生态建设区工业机会成本损失为：$C=(A-B)-(A_0-B_0)$。式中，C 为机会成本损失系数；A 为水保实施后，水保区的人均工业增加值年均增速；B 为水保实施后，参照区的人均工业增加值年均增速；A_0 为水保实施前，水保区的人均工业增加值年均增速；B_0 为水保实施前，参照区的人均工业增加值年均增速。$S_n=G_0\times(A_n+C)-G_n$。式中，S_n 为水保实施后，第 n 年的人均工业增加值损失（元/人）；G_0 为水保实施前一年的水保区实际人均工业增加值（元/人）；A_n 为第 n 年的工业增加值增速；G_n 为水保实施后第 n 年的实际人均工业增加值（元/人）。$P=S_n\times N_n\times M_n$。式中，$P$ 为补偿金额（万元/年）；N_n 为水保区第 n 年的人口总量（万人）；M_n 为收益调整系数，由水保实施后第 n 年的财政收入与当年 GDP 的比值确定。水保生态建设对第三产业影响不大，这里忽略不计。为保护生态环境，水保生态建设区机会成本损失就是以上各产业损失的机会成本之和。机会成本法充分考虑了水保区的利益，计算公式简单，考虑因素较少；但计算结果往往偏大，超过了补偿者的支付能力，并且水保区损失的效益全部由享受水保生态效益的一方承担有失公平，因为水保区也一并受益。通过成本法计算出的水土保持生态补偿标准，可以弥补水保区生态建设者在生态建设过程中所付出的额外成本，容易得到利益双方的认可，具有可操作性。实践中，通常把通过成本法计算出的补偿额度作为确定补偿标准的下限。

生态价值法是基于生态系统服务功能本身的价值或修正后的价值来确定生态补偿标准的一种方法。国内学者将生态系统功能分为四类：第一类即提供能源和物质等实物性资源；第二类是自净能力环境容量；第三类是提供舒适享受以及教育价值和精神价值；第四类是对地球生命的支持服务。吴岚结合水土保持所具有的功能，归纳出水土保持生态服务功能主要体现在保持和改良土壤、保护和涵养水源、防风固沙、固碳供氧、净化空气、维持生物多样性和维持景观等方面；计算了全国各省年水土保持生态系统服务功能价值量，为后面重庆市巫山县的研究做参考。按照上述方法计算得出的水土保持生态系统服务功能的价值往往非常大，而且很难区分出保护到底带来了多少增加的生态系统服务功能。因而通常把通过生态价值法计算出的补偿额度作为确定补偿标准的上限。

水土保持生态补偿的方式即如何补偿，是补偿活动的具体形式。具体说来有以下补偿形式：政策补偿是政府为了保护环境、支持生态建设而颁布的法律法规和采取的诸如优惠贷款、税收减免、各种补贴、项目支持等政策激励，受偿方应该充分利用政策倾斜和优惠待遇，大力引进低耗能、低污染、高产出的科技企业和生态企业，确保当地经济的可持续发展，筹集资金开展自我补偿，走经济发展和生态保护和谐之路。资金补偿是最常见、最主要，也是最急需的补偿方式，基本的形式有补偿金、捐赠款、减免或退税、信用担保的贷款、补贴、财政转移支付、贴息、加速折旧等。实物补偿补偿者运用物质、劳力和土地等进行补偿，解决受偿者部分的生产和生活要素，改善受偿者的生活状况，增强生产能力，如退耕还林还草的补偿方式，就是物质补偿，运用大量剩余的粮食进行补偿。智力补偿补偿方通过教育、培训、宣传，提高受偿区居民生态环保意识，改变其生活方式。补偿方开展智力服务，提供无偿技术咨询和指导，为受偿地区培养技术人才、专业人才和管理人才，改变落后生产方式，调整产业结构，发展新能源、新产业。具体实践过程中，一般是多种补偿方式结合运用。预防保护类水土保持生态补偿，政府制定优惠政策，调整产业结构，开展产业扶持，引入绿色项目，引导劳务输出，给予资金支持，以维护水保生态成果。生产建设类水土保持生态补偿，政府制定法律法规制度，征收水土治理补偿费，实行水土开发方案审批制度、水土流失防治保证金制度，减少新增水土流失；对水土流失受害方给予资金、实物补偿、智力扶持、产业扶持等。治理类水土保持生态补偿，国家设立专项资金开展治理，对水保区农户给予农业技术补贴等。

生态补偿途径即补偿如何实现，是补偿制度的载体和运行环境。政府主导的补偿途径主要包括：法律、制度、政策支持（相关法律制度保障，差异性区域政策激励，如优惠贷款、税收减免、补贴等）；财政转移支付（中央政府和受益区地方政府对水保区地方政府的财政支持）；征收环境税费（如矿产资源开发费，矿山复垦保证金）；专项生态基金（具有固定来源和专项用途的财政资金）；政府购买（政府出资购买生态敏感区土地，设立自然保护区，统一管理）。市场主导的补偿途径主要包括：一对一直接交易（私人单位之间协商买卖交易生态资源）；生态标记（消费者愿意出较多的钱购买带有绿色标记的健康产品）；发行生态债券、彩票（所得资金扣除发行费用专门用于生态保护）；环境信用额度交易（根据自然资源和用户实际情况确定不同用户的使用限量标准、义务配额，超过限额或无法完成义务配额的用户，须通过市场购买相应的信用额度）；许可证交易（通过市场交易许可指标来实现补偿）；碳汇交易（通过市场转让或销售温室气体补偿权以获取生态保护资金）。

目前，政府主导的补偿途径是最易实现的，也是最主要的补偿手段。随着市场经济日益成熟规范、社会生态意识逐渐提高以及生态补偿活动的广泛开展，市场补偿越来越重要，是未来发展的趋势。

支付意愿法是对消费者进行直接调查，了解消费者的支付意愿或者他们对产品或服务的数量选择愿望，来评价生态系统服务功能的价值。消费者的支付意愿往往会低于生态系统服务的价值，他们愿意花最少的钱得到最多的生态服务。支付意愿法计算的补偿额度不确定性很大，但是这种方法增强了利益主体的接受度，避免了生态补偿演变成行政主管的个人意志，增强了补偿的科学性和合理性。如：赵军等人以上海浦东张家浜为例，采用支付意愿法，获得张家浜生态系统服务的平均支付意愿为每户 19 507 ~ 25 304 元。杨光梅等人应用支付意愿法，估算得到锡林郭勒草原地区牧民家庭对禁牧政策的平均受偿意愿为每年每户 2.771 7 万元，人均受偿意愿为 8 399 元，平均草地受偿意愿为每平方千米 85.95 元。最大支付意愿的补偿标准是利用实地调查获得的享受生态服务方最大支付意愿与实际受益人口的乘积得到的。

综上所述，生态补偿标准的选择应考虑到各种方法的优劣，在标准选择上应该充分考虑水电开发区农户的基本诉求，综合考虑各种因素，其中以土地占用面积最为合理。但根据各地区的实际情况，以农户家庭成员进行计量的方式也需考虑，才能做到公平和合理，减少社会矛盾，让农户参与到生态补偿中来，共享水电开发成果。

2. 建设和发展水电开发区生态修复产业

水电开发区生态修复产业是解决水电开发区生态问题的根本途径，也是开发区政治、经济、社会、生态可持续发展的必然要求，对增加该地区生态存量、恢复生态功能都具有重大意义（具体论证及建设发展方法见后面章节）。

第六章 西部民族地区水电开发区生态补偿机制设计

党的十八大把生态文明建设放在突出地位，并将其纳入中国特色社会主义事业"五位一体"总体布局。"美丽中国"的生态文明建设目标在党的十八大第一次被写进政治报告。党的十九大报告又明确提出"坚持人与自然和谐共生"，要"像对待生命一样对待生态环境""实行最严格的生态环境保护制度"。党的十九大报告明确提出了"要创造更多物质财富和精神财富以满足人民日益增长的美好生活需要，也要提供更多优质生态产品以满足人民日益增长的优美生态环境需要"。西部民族地区水电开发，必然造成生态破坏。建立生态补偿机制，是生态文明建设的重要制度保障。2016 年 5 月，国务院办公厅印发了《关于健全生态保护补偿机制的意见》，提出要坚持"四个全面"战略布局，牢固树立创新、协调、绿色、开放、共享的发展理念，探索建立多元化生态保护补偿机制，逐步扩大补偿范围，合理提高补偿标准，有效调动全社会参与生态环境保护的积极性，促进生态文明建设迈上新台阶。我国西部民族地区要科学推进水电开发，实现政府、开发企业与社会的共赢，实现经济发展与生态保护目标的协同，就要推进政府补偿机制、市场补偿机制和社会补偿机制的合力运作机制体系。

第一节 西部民族地区水电开发需要构建生态补偿机制

西部民族地区水能资源丰富，如甘孜州水网密布，尤其是"两江一河"（金沙江、雅砻江、大渡河）流经全州 96% 的土地，理论蕴藏量达 3 731 万千瓦，占全四川省理论蕴藏量的 25.7%，占全国理论水力资源总蕴藏量的 6%，可开发容量 2 000 多万千瓦，占全省的 19%。许多水电企业利用该优势资源禀赋，进行了较多的水电开发。我国正在进行高速经济发展，需要大量的能源，而水电开发为经济发展提供了清洁能源。西部民族地区普遍贫困，财政收入有限，广大的农牧民收入有限，需要产业投入以增加就业和收入，而水电开发一定程度上会增加农牧民收入和地方财政收入。同时，西部地区处于我国典型的生态脆弱区，如甘孜州位于我国西南山地农牧交错生态脆弱区。该脆弱区位于青藏高原向四川盆地过渡的横断山区，同时还具有青藏高原复合侵蚀生态脆弱区特征，水量四季差异很大，而水电开发对水量调节、防洪也有一定的作用，但水电开发也带来较多的问题，需要补偿机制来解决产生的问题。

一、需要解决水电开发带来的负外部性问题

外部性的概念最早可追溯到 1776 年亚当·斯密有关市场经济"利他性"的论述。马歇尔

1890 年在其《经济学原理》中首次提出了"外部经济"的概念，美国经济学家庇古于 1920 年在其《福利经济学》一书中提出了"外部不经济"的概念，确定了外部性理论。对于外部性的概念，兰德尔认为是用来表示"当一个行动的某些效益或成本不在决策者的考虑范围内的时候所产生的一些低效率现象；也就是某些效益被给予，或某些成本被强加给没有参与这一决策的人"。具有典型意义的概念是萨缪尔森和诺德豪斯提出的，他们认为："外部性是指那些生产或消费对其他团体强征了不可补偿的成本或给予了无须补偿的收益的情形。"①前者带来了负效应，称为负外部性；后者带来了正效应，称为正外部性。与正外部性相比，负外部性的存在范围要大得多。负外部性是经济主体在获得某种收益所支付的成本小于实际发生的成本，使他人或社会受损而无须承担成本。负外部性降低了他人的效用水平，偏离了社会所要求的效率目标。

负外部性产生的原因较多。一是市场失灵。庇古认为，在现实中，资源的最优配置很难让市场机制来实现"帕累托最优"，社会付出边际成本大于私人付出的边际成本，而社会获得的边际收益常常小于私人获得边际收益，也就是说存在的经济活动会对其他经济主体产生负外部性的影响。二是产权不明。许多经济学者，尤其是巴泽尔认为，现实中存在诸多产权界定不清楚的问题，如所有权模糊，常常会让资源权益处于一种"公共领域"状态。为此，许多经济主体必然争夺产权不明的资源权益，从而产生了许多不必要的成本，使本应具有的资源价值受到损害，发生"租值消散"问题，同时也使资源争夺者、资源产权主体等的利益受损，出现严重的负外部性问题。著名的经济学家科斯在其 1960 年发表的《社会成本问题》一文中认为，负外部性就是在产权不明晰的情况下，出现了经济主体对其他主体形成的侵害的情况，对该问题的化解应通过经济利益补偿等内部化方式来解决。如果是市场失灵形成的外部性，那应该由政府介入，通过有效的措施，让损害他人利益的经济主体进行经济利益补偿。著名经济学家马歇尔认为对损害其他主体利益的行为者要通过征税等方式弱化外部性问题；而更多学者，如庇古更主张不仅政府要对形成外部性的经济主体进行征税，同时还应对因承担成本而受到利益损害的经济主体进行经济利益补偿，而对形成正外部性的经济主体进行积极补贴，从而消减私人边际成本与社会边际成本之间的差异，促进资源配置趋向"帕累托最优"状态。除了补偿，斯蒂格勒认为政府可以利用权力促使协约签订，以防止损害邻近的资源所有者权益，让负外部性问题顺利解决。而在产权不明晰时，巴泽尔认为应通过法律方式明晰产权，缩小"公共领域"，降低"租值消散"，减少负外部性。科斯认为，在明晰产权的情况下，明确经济相关主体，基于自愿交易的私人合约行为可让参与者谈判较少，从而降低交易成本，解决负外部性的问题。

当前，西部民族地区水电开发经营存在"市场失灵"。水电开发淹没农田、工厂、居民区、对生态形成影响，产生较多的负外部性，使水电开发的收益远低于社会成本。同时，水电开发中有较多产权问题导致损害相关主体的情况。如水电开发淹没了农地，农地产权从法律上明确为集体所有，但在实际运作中产权主体模糊，以致低价征用了被淹没的农地，损害了农民土地权益；水电开发淹没森林、草场，这些资源有些为集体所有，有些为国家所有，都属于共有产权，排他性差，因而赔偿较低，损害了相关主体权益。水电开发对环境生态的破坏

---

① 萨缪尔森，诺德豪斯. 经济学[M]. 华夏出版社，1999：263.

无法进行产权主体界定，生态环境是公共产品，无排他性，环境的破坏损害公众的共同利益。

二、需要解决流域资源环境的公共产品特征导致排他性差带来的问题

水电开发是对流域的开发利用，流域中水能等资源理论上属于国家所有，实际所有者代表模糊，具有共有的特征，排他性较弱。而生态环境是公共产品，具有使用上的非排他性和消费上的非竞争性两个本质特征。非排他性即每个人消费这种产品不会导致别人对该产品消费的减少，生态环境、水能开发具有的"非排他性"必然产生"搭便车"问题和"公地悲剧"。水能资源和流域生态环境会在水电开发中过度的、非科学的索取中遭到破坏。目前，大渡河干流规划为 22 级，甘孜州境内有 8 级电站；雅砻江干流规划为 21 级，在甘孜州境内有 14 座；金沙江规划为 19 级，在甘孜州境内有 8 座。[①]言下之意，甘孜州"两江一河"要开发的水电站达到了近 30 座。如此密集的水电开发，必然造成对水能资源和流域生态环境的过度索取，导致严重的生态破坏。

正是因为流域生态环境的公共物品的基本属性和水电开发带来的负外部性等特征，所以需要从公共管理的角度，以维护和修复生态环境为目的，协调区域之间，人与人、人与自然之间的关系，在促进经济发展的同时，让人民享有充分的生态环境福利。为此，必须要制定生态补偿政策，对流域开发中生态环境受到的损害进行修复、维持，甚至提高生态系统的服务功能。生态补偿中，要让对生态环境形成破坏的水电开发者进行补偿，对环境进行修复，对相关流域受损者进行补偿；政府通过收取损害环境的开发者税收等用于对利益受损者进行补贴，对参与环境修复者进行补贴；政府还应基于流域环境改善对下游带来正外部性的受益者收取一定的经济收益，对改善生态环境参与者进行经济补贴。通过水电开发者收取费用，增加其行为成本，激励其降低负外部性行为；对积极参与生态改善者进行经济补偿来激励其行为，补偿其采取积极行为中的经济成本。比如，1991 年巴西巴拉那州政府为鼓励地方政府扩大和恢复流域保护区，对各地方政府进行税收再分配，依据各地具体保护面积进行补偿。[②]通过系统的经济补偿，弱化水电开发的外部性，达到保护资源的目的。生态补偿是复杂的系统，要有效进行生态补偿，需要形成良好的生态补偿机制。

建立生态补偿机制，需要在科学发展的理念的指引下，从生态文明建设的思路出发，综合运用政府政策、市场手段、社会参与机制，改善水电开发的负外部性问题，转变对流域公共产品索取过度的状态，加快建设资源节约型、环境友好型社会，实现人与自然和谐发展。国家对建立生态补偿机制、改善生态环境高度重视。《国务院关于落实科学发展观加强环境保护的决定》要求："要完善生态补偿政策，尽快建立生态补偿机制。中央和地方财政转移支付应考虑生态补偿因素，国家和地方可分别开展生态补偿试点。"国家《节能减排综合性工作方案》也明确要求改进和完善资源开发生态补偿机制，开展生态补偿试点工作。许多地方积极参与探索建立生态补偿机制。如：甘孜州的"两江一河"区域，属于水电开发密集区域，积极探索开发区生态补偿机制，对推进水电科学开发，推进开发区域生态保护，促进民族地区

---

① 邓益，刘焕永，等. 四川甘孜藏区大中型水电工程征地补偿及移民安置工作初探[J]. 水电站设计，2011（1）：62.

② Danièle Perrot-Maitre Patsy Davis. 张亚玲译. 森林水文服务市场开发的案例分析[J]. 林业科技管理，2002（4）：44-57.

经济发展，社会和谐具有重要的作用。因而，在西部民族地区水电开发中，构建完善生态补偿机制显得重要而紧迫。

第二节 机制设计理论及其对水电开发生态补偿机制设计的启示

机制设计理论是博弈论和公共选择的综合运用，是由 2007 年度诺贝尔经济学奖得主赫维茨、马斯金和迈尔森完成的。该理论认为，在自由选择、自愿交换、信息不完全及决策分散化的条件下，设计一套激励机制来达到既定目标的理论。[①]也就是说，在现实中，如果我们确定了要解决和实现的目标，在目标的指引下，通过调查研究，设计出可行机制，激励自利的、信息分散化的经济主体在博弈中自觉选择某种朝着利于目标达成方向的行为，实现自己利益相对最大化，同时实现各经济主体总体福利水平最大化。

机制设计理论认为，市场机制能自动推进资源的配置，但现实中市场并非是完全信息、经济主体不一定是完全理性、市场并非是完全出清的，不同程度存在着信息不完全、市场竞争不一定充分、个人偏好不相同的情况，从而导致稀缺资源很难达到"帕累托最优"配置。同时，存在公共产品的非排他性、经济行为的机会主义、经济行为的外部性等情况，如资源环境的破坏、社会分配不公等，因此市场机制很难保障效率与公平，常常不能实现满意的目标。因此，市场本身也要通过其他方式加以完善补充，进行科学设计，促进其配置效率最大化和社会相对公平。为此，机制设计理论认为可设计出机制以实现既定目标。在既定目标下，可设计机制，形成一个信息中心，经济主体围绕中心发出各自的信息，信息中心根据收到的信息组合形成不同的结果，不断反馈给经济主体，促使自利的经济主体在博弈中激发激励，积极主动透露信息，使经济主体达到总体福利水平最大化。比如说，拍卖就是较好的激发主体释放公平信息，减少信息不对称的一种有效机制。拍卖中，交易者对其拍卖品价值拥有私人信息，有效的交易制度方式是双重拍卖（买方、卖方报出买价和卖价）。随着交易者数量的增加，双重拍卖制度将越来越有效地加总私人信息，最终将所有信息反映到均衡价格中。[②]

在水电开发中，开发者是市场经济主体，由于利己的理性行为，对流域公共产品过度索取，没有改善环境的激励，存在市场失灵；同时，利己行为隐瞒对资源环境的破坏信息，形成信息不对称，政府和社会公众存在监督评估、处罚等难度。因此，水电开发的市场中必然存在市场机制难以实现效率与公平的问题，为此，必须进行良好的机制设计，推进水电科学开发，推进开发中的利益均衡，推进经济发展与生态环境保护，促进效率与公平。

机制设计具有两个优势：一是推进信息效率。制度设计促使经济主体信息公开，减少信息不对称。同时，尽量减少信息空间的维数，减少信息不对称，提高信息效率。二是促进激励相容。在制度或规则的制定者难以了解所有个体相关信息的情况下，制定的机制要能够给

---

① 田国强.经济机制设计理论与信息经济学[M].经济学与中国经济改革.上海人民出版社,1995.

② 何光辉，陈俊君.机制设计理论及其突破性应用——2007年诺贝尔经济学奖得主的重大贡献[J].经济评论，2008（1）.

每个参与者以激励，使参与者在追求个人利益的同时也达到机制所制定的目标。①

综上所述，市场机制进行资源配置具有效率，但存在市场失灵的情况，很多经济行为必然无法达成人们期望的目标。政府这只"看得见的手"应该出面进行介入，积极采取措施，形成重要的政府机制，干预、调节市场主体行为；同时，让更多社会主体参与，形成有效机制体系，通过合力机制，促进资源配置的效率与公平。

第三节　西部民族地区水电开发生态补偿机制存在的问题

20 世纪 70 年代，国外学者就开始对流域生态补偿机制进行探索和应用。在理论与实践上主张通过政府参与、私人部门资金的投入、公民社会的广泛参与，通过政策引导、市场机制，构建起流域的生态补偿机制。20 世纪 90 年代以来，通过理论和实践探索，我国逐步形成了政府主导下的财政政策制定、重大生态建设工程实施、政府引导下的市场运作等主要生态补偿机制，对我国重要生态功能区、矿产资源开发区、流域等领域生态环境恢复发展有积极的推动作用。水电开发中，因为存在资源环境的公共性和水电开发的外部性问题，需要构建生态补偿机制，需要政府介入进行调节，进行科学合理的生态补偿，弥补市场失灵。但在西部民族地区水电开发生态补偿中，机制趋于政府主导的单一结构下，存在较多问题，尤其是没有构建完善好市场等机制，影响了生态补偿效益。

一、流域资源的产权模糊导致生态补偿主体不明确

水电开发流域的产权具有多元复合型的特点，有水能资源产权、生态环境产权、森林、农地、滩涂产权等。资源产权清晰，才能保障资源的所有权、使用权和收益权。

（1）水权的产权模糊影响了水资源配置，损害了主体利益。水权包括水能资源的所有权、经营权和使用权，水资源产权的明确界定才能保障水电开发中谁拥有水权的所有权、使用权、受益权，从而在生态补偿中明确补偿主体和受偿主体。

目前，我国水资源配置在制度制定和政策落实上，还落后于西方发达国家。2006 年发布的《国务院关于落实科学发展观加强环境保护的决定》提出"资源惠益共享机制"，但没有明确规定哪些主体应该获益。《水法》第三条规定："水资源属于国家所有，即全民所有。农村集体经济组织所有的水塘、水库中的水，属于集体所有。国家保护依法开发利用水资源的单位和个人的合法权益。"法律规定是明确的，国家法律规定水资源产权归国家所有，但具体的国有水资源所有权代理者不清楚。在实际操作上，河流域水权国家所有主体是虚置的，因为不明确是国家所有、全民所有，还是地方政府、集体所有。因此，现实中，多级政府都可出让水资源的使用权、审批水电的开发。水能资源产权主体虚化，导致水能产权被稀释，排他性减弱；还导致无序开发水能资源，给生态环境造成严重破坏。

---

① 刘峰. 不完全信息、激励与机制设计理论——2007年度诺贝尔经济学奖述评[N]. 光明日报，2007-10-30.

可见，水源产权主体虚位导致权利被稀释，失去排他功能；产权不明晰，影响水能资源的有效配置利用，导致"搭便车"问题和"公地悲剧"问题。现实中，国家对于水权资源管理权的具体构成未进行合理的划分，致使水权体系内各项权利关系混淆不清。水资源管理中，政府在管理，水资源环境、林业等部门也在管理。水资源产权的模糊，导致资源的混乱配置，浪费了宝贵的公共资源。水资源产权中使用权等可通过市场机制来实现用水者之间的水权转让与交易，达到水资源优化配置。现实中，水资源配置主要是靠政府行政划拨的，无偿或低价供给水资源开发经营权，导致水资源价格严重扭曲，形成"市场失灵"和"政府失效"，水资源浪费严重，配置效率低下。

（2）生态环境产权模糊导致补偿主体模糊。生态提供生态服务和生态产品，养活一方水土的人，形成了人与自然的和谐共生关系。生态环境是公共产品，产权属于国家所有。水电开发破坏了生态环境，与生态环境和谐相处的人们失去了共生的生态环境，人们应实际拥有生态环境的使用权和收益权，应该获得生态补偿。但生态环境主体代理模糊，很难形成强力保障破坏者进行生态补偿的权利主体，从而造成生态环境补偿主体模糊，以致失去或获得偏低的生态补偿。

（3）水电开发中，森林、农地、滩涂、厂房、居住房等产权应该是明晰的，但实际中也存在模糊问题。如森林产权为国家所有，农民集体附近的林地为集体所有。在实际操作中，尽管国家的森林产权属于国家所有，但现实中没有明确的代理者。在水电开发中，森林被毁掉，赔偿金和补偿权常被模糊化。农民集体的林地在补偿中，一般通过集体组织出面，派出村干部等代表谈判协商，村干部等在交易中存在较强的利益偏好，存在与开发者的勾结行为，通过寻租等弱化产权，导致集体收益降低。我国法律规定农地为集体所有，农民"依法享有承包地使用、收益和土地承包经营权流转的权利，有权自主组织生产经营和处置产品"。可见，水电开发中，农民土地属于集体所有，实际是具有公有性质的共有产权，所用权与使用权相对分离。共有产权制度应该有明确的所有权主体，而我国农村土地所有权主体实际是模糊的。《物权法》规定："由村集体经济组织或者村民委员会代表集体行使所有权。"但应该由什么样的集体经济组织行使所有权不明确，况且有些村没有相关集体经济组织。如果由村委会来行使，但其为"基层群众性自治组织"，不是集体经济组织，不具备行使所有权资格。村委会实际为人民公社转化过来的村级行政组织，村干部为地方政府在农村的权力代表，在模糊的所有权主体下，农地集体所有权很容易被地方政府通过传统影响力的村委会和村干部控制，或被其他经济主体争夺。农地所有权主体界定不明，形成了模糊的共有产权，农民很难形成农地的控制力[1]。农地使用、收益和处置等权得不到有力的保障，水电开发中农地被征用淹没，利益补偿常常受损。同时，农地征用进行非农开发中，地方政府对农民按原土地使用性质进行了一定补偿。水电开发中农地征收进行水电商业化开发，农地价值实际有了增值，但实际上农民获得的补偿有限。

实际上，征地区域等所有、使用的资源，农民应受的补偿，不管是哪个补偿主体提供的，常常都由地方政府发放。由于补偿金额补偿链配置偏长，在各级政府再分配中严重被削弱，以致真正利益受损的主体受益不充分。

---

① 杜明义. 城乡统筹发展中农地资本化的意义、制约与对策[J]. 农业经济，2014（9）：64-66.

二、生态补偿中政府主导存在的问题影响补偿效益

传统的水电开发中，政府往往是主导者。政府主导生态补偿，主要是弥补市场机制的功能缺陷而采取法律、行政、经济等手段。但地方政府主导下的生态补偿中，一些地方政府往往放大自己的作用，过多干预生态补偿，使资源配置效率无法达到最佳。目前，水电开发存在无序开发，忽略生态环境保护，地方政府调控乏力，干预生态补偿力度不到位等情况。主要表现如下：

1. 缺乏科学规划

西部民族地区水电资源丰富，但目前还缺乏统一的规划和开发主体规划，缺乏一个专门的流域管理部门，从而导致开发缺乏指导，形成了边开发，边审批，边论证。其中主要对水资源利用的经济价值进行论证，对环境评价、生态补偿论证不充分，忽视了水资源的综合价值和科学利用，影响和破坏了流域的生态环境。

2. 缺乏严格开发决策程序

我国环境影响评价法规定水电开发要先进行环境评价，再进行项目开发。然而，现实中，许多水电开发项目都是先做出项目开发决策后再做评价，评价成为项目开发后的一个内容，而忽略了环境评价是项目开发的先决条件。项目开发后，无论怎样进行环境评价，都会通过。因为即使在环境评价下形成了巨大的环境破坏，但水电开发已经形成了巨大的投入，总不能把水库、水电拆除了，所以现实中的评价都会认为开发不会形成较多的环境破坏，从而最大限度地忽略生态补偿，弱化生态补偿投入，让地方政府和开发者都在重视经济利益基础上，让水电开发项目顺利批准通过。而地方政府在生态保护、生态补偿监管中的缺位或错位，易影响水电开发的生态保护问题。

3. 缺乏严格的监管评估制度

水电开发，国家要求地方政府统一法规、统一规划、统一监管，但水电开发生态保护缺乏统一决策、统一监督机制。水利、电力、环保等部门都从部门利益出发，在规划和政策制定上各自为政，政出多门，使水电开发生态建设和生态保护标准各异。[1]流域管理部门条块分割、相互制约、职责交叉、权属不清，使各管水部门没有形成协调统一的水资源管理体制，无法实现统一管理及联合和优化调度，也无法实现生态补偿的有效执行和水资源的合理利用，以致在实际政策操作中出现冲突和矛盾，影响地方政府主导生态补偿的效益。严格的评估将对决策结果形成有效的约束和监督。对地方政府行政决策进行科学的绩效评估，将使那些决策能力平庸、决策失误的领导干部受到处罚，承担决策失误的责任。目前，水电项目决策实施后，缺乏项目实施效果评估，尤其缺乏生态补偿效果评估，很难对决策责任进行监督。

4. 缺乏严格的行政决策问责制

要决策就要承担责任，权力和责任是对等的。如果水电不科学开发，出现严重的生态问题，或开发项目通过后不做出科学的生态补偿的决策引发了生态问题，就应承担责任。但现实中，开发者作为强势利益集团，会游说地方政府，或通过寻租手段，影响地方政府决策，

---

① 陈晓龙．政府主导下的水电开发生态补偿机制研究[D]．河海大学，2007．

一些地方政府也会考虑利于地方税收等理由轻松通过项目审批，让水电开发项目匆匆上马。目前，在水电开发中，地方政府缺乏严格的行政决策问责制，会加剧过度的水电开发或不作为的生态补偿的情况。

政府主导存在"政策失灵"，那么依靠市场能有效实施生态补偿问题吗？实际上，市场也存在"失灵"。一是水资源产品主体模糊，责任主体缺位；同时，生态环境是公共产品，公共产品具有非排他性和非竞争性，必然导致水电开发中的资源过度索取，生态产品获取的"搭便车"，导致市场失灵问题。二是市场的不完全性和信息的不对称性，导致生态产品及服务无法正常交易。生态产品和服务是较特殊的公共产品，操作中，无法建立起具有完全意义上的生态产品交易市场进行交易，所以在生态保护方面，会出现市场失灵。为此，作为水电开发者，从经济利益最大化的角度出发，尽量让自己仅承担生产成本，而对水资源消耗成本和形成的外部成本不加理会，让社会承担环境成本，使自己的收益远大于成本，从而获取利润。由于利润最大化行为导致生态补偿的市场行为形成市场失灵，需要政府介入干预，制定市场监管规则，规范市场行为。

水电开发生态环境保护应该是多个主体的利益共享与责任共担的社会经济问题。为此，流域生态补偿机制的构建不仅仅是政府单个主体的责任，而应该是除政府以外的自然人、法人以及非政府组织等公众参与的过程。开发者、公民团体在法律赋权的范围内，在政府监管下，就水资源的公平、合理分配以及有效管理进行各自利益表达，达成共识，实现共同目标。而非政府组织与公民是一支不可小觑的力量，他们的参与可以弥补政府职能的局限性、扩大补偿资金的来源途径、增强补偿机制的认同感等。但目前，西部民族地区非政府组织不发达，市民社会不成熟，公众参与程度偏低。目前，我国现行的《环境影响评价法》和《环境影响评价公众参与暂行办法》等对社会公众参与环境问题规定还不充分，公众参与权还不是法律认可的权利，一旦在参与中出现相关问题而得不到法律保护，必然危及公民自己的利益，所以公民参与积极性不高，参与效果不佳。

在生态补偿中，目前存在社会力量参与不足等问题，从而导致水电开发政府财政转移支付多、补偿范围过窄、补偿标准偏低、补偿资金来渠道和补偿方式单一、补偿资金支付和管理办法不完善等。因为生态补偿的合力机制没有形成，所以生态补偿者投入不积极，以致愿意投入生态补偿的社会主体无法参与进来，应受到补偿的利益受损者利益得不到保障，生态保护没有维护好，影响社会和谐发展。

三、补偿标准不合理，支付方式单一

水电开发必然导致生态环境破坏，而企业不会在生产中核算生态价值的损失。政府作为公共管理的主导者，对企业征收生态价值的损失费，常常通过征收生态补偿税来对企业导致的生态环境破坏进行处罚。但生态价值是一个比较抽象的价值概念，如何核算，生态价值损失量有多少，没有一个很好的标准。通常，不同的区域、不同政府机构核算方式不一样，主要根据大体的感觉估算征收。因为没有统一可操作的、清晰的核算标准和方式，核算要耗费大量的信息成本，攻克多个技术难题，准确计算出损失量和生态恢复需要的生态资本量难度大。由于不同领域、不同地区生态补偿标准都会有较大差异，所以在实际操作中随意性大，致使在执行过程中出现了许多问题和矛盾。政府征收资源税主要针对使用自然资源所获得的收益而征收，没有体现资源破坏下进行生态补偿的成分，不是真正意义上的资源税。

此外，存在生态补偿的支付手段单一问题。现实操作中，生态补偿在政府主导下展开，国家生态补偿的支付主要通过财政转移支付、扣缴财政税收等方式补偿给地方政府，地方政府获得资金后没有进行流域保护的生态维护，使用随意性大。而流域区域水电开发企业上缴给地方政府的一些生态补偿相关的税费，标准各一，补偿标准多少取决于企业与地方政府之间的博弈。而地方政府在对生态补偿的相关企业和组织制定资金、技术等补偿标准和方式上较随意，影响生产发展与生态保护和谐共存的良性循环。

西部民族地区水电开发中，生态补偿机制还不完善，还存在较多问题。目前，我国生态补偿机制缺乏有效的法律基础，对流域资源产权问题还没有明确的法律界定，尤其是产权代理者没有明确；生态补偿中，地方政府对实施重大生态恢复工程的性质界定不全，对各利益相关者的权利、义务、责任界定及对补偿内容、方式和标准规定不明确。这些都需要在实践中不断建立健全相关法律，促进生态机制有效构建，让损害生态环境者承担责任，让生态补偿参与者获得应有的补偿，让经济发展、生态保护与社会和谐得到共同提升。

第四节 健全西部民族地区水电开发生态补偿机制设计

西部民族地区水电开发要形成科学的生态补偿机制，就要从公共治理的视角出发，利用世界银行发展研究小组提出的环境信息公开、利益相关者对话和协商制度以及其他公共治理机制，考虑政府、企业和社会公众的利益要求，构建起一个公平、稳定和可操作的生态补偿机制，构建起水电开发下流域的共建共享的经济发展与环境保护和谐共存局面，促进生态文明建设，为奔向小康、实现现代化的人们提供更多优质生态产品，以满足人民日益增长的生态环境需要。

一、生态补偿要实现的目标

生态补偿机制的构建首先要设定目标，目标为形成的补偿机制提供了方向性的指导，确定了生态补偿机制设计好坏的判定评估标准。如果生态补偿机制运作能按照该目标推进，表明机制运作正常。如果机制推进结果没有实现目标，说明生态补偿没有取得预期的效果。西部民族地区推进生态补偿，首要的目标就是修复生态、维持生态、提升生态。同时，推进经济发展、社会进步，实现人与自然的和谐共生。

1. 解决水电开发中形成的生态负外部性问题，修复生态、维持生态、提升生态

西部民族地区多处于生态脆弱区，甘孜州就处于西南山地农牧交错生态脆弱区，该地区许多地方兼具青藏高原复合侵蚀生态脆弱区特征，地质结构脆弱。水电开发对脆弱的地质无疑是雪上加霜。同时，水电开发对生物、环境也有影响。研究表明，水电开发尤其是高强度梯级开发对生态环境的负面影响是巨大、全面和长期的。一是对动植物的影响。甘孜州动植物资源丰富，水电开发后淹没大量的森林、草地和野生动植物栖息地，使流域原本的物种构成、生态环境发生重大变化；水电开发拦断了河流通道，影响了鱼类迴游，改变了鱼类的栖息地和产卵地。江河被分割成不连续的河道，生存环境破碎化必然导致一些动植物，尤其是

水生动植物减少甚至于消亡，影响生物多样性保护。二是水电开发影响气候变化。水库淹没大量的森林、草地等植物，其腐烂产生大量的二氧化碳和甲烷，产生的温室效应比同等电力的燃煤电厂还要多出 20%。三是水电开发蓄水形成水体污染。水坝的隔断引起上下游水流缓慢，尤其是库区的水更加缓慢，使水流的自净力大大降低，导致水质下降；同时，水流缓慢和水库的阻滞导致大量的垃圾停留在河道和库区，产生严重的河道污染，还引起草生蚊蝇害虫大量繁殖。四是引发库区地质灾害频繁，引起库岸滑坡，进一步改变地质环境，影响两岸的动植物环境，也改变了地下水结构。水电水库的修建增加了地面承重，易改变局部地质结构均衡，诱发局部地震。此外，甘孜州还有众多小水电开发是通过引水式开发的，在开凿中引起地表植被破坏，诱发水土流失，导致下游河流干涸，草场、森林退化，加剧局部荒漠化。

生态补偿可以解决这些生态负外部性问题，实现生态恢复和发展，保护动植物多样性发展，减少环境污染，减轻生态地质结构破坏，恢复、维持和提升生态水平。

2. 化解水电开发中形成的经济负外部性问题，推进生态经济发展

毫无疑问，西部民族地区水电开发，形成了经济负外部性的局面。一是对生产资源的剥夺。甘孜州水电开发拦坝形成大面积的库区，淹没许多优质的粮食、蔬菜种植基地、养殖基地、种苗种子基地、加工企业；淹没许多自然景观、生态文化村落、宗教建筑、祭祀场所等旅游资源，使相关生产者失去了生产资源。二是增加了生产成本。水电站修建期间，需要公路改道，路面颠簸狭窄，堵车频繁，延长了人们生产流通时间，加大了通行车辆有形磨损和燃料消耗，普遍导致人们生产成本增加与利润下降；水电站修建完成后，交通路线的变更延长了交通里程，增加了人们的成本；水电拦河坝的修建阻断了水道，影响人们生产通航，影响相关劳动者的生产活动；而水库开发后库区生态灾害频发，如山体垮塌、泥石流等易导致交通中断、停水停电，影响人们正常的生产。三是农民房屋毁坏和劳动力资源的浪费。水电开发后淹没了农民的房屋，农民的财产利益受到损害；农民的土地等生产资料被占用，农民常不易再就业而闲耍，导致劳动力资源的浪费。

生态补偿下的经济补偿应恢复农牧民生产资料，在新的起点上，构建起现代化的农牧业和其他产业生产方式，降低生产成本，提高生产效益，促进地区经济发展和增加农牧民收入，让水电开发区农牧民生产收益大于水电开发前的收益，形成水电开发下经济发展的正收益。

3. 调解水电开发中形成的社会负外部性问题，推进社会和谐、民族团结、地区长治久安

西部民族地区水电开发，形成了社会负外部性。一是影响社会关系。甘孜州水电开发后涉及农民补偿问题，常按户口和人头等标准进行，出现了大家庭分户、小家庭假离婚或忙着生孩子等情况；水电开发后一些农民失业后，流浪徘徊在开发区附近或城镇，滋生出赌博、斗殴等不良现象；许多暂时安置点容纳了不同村落的居民，由于生活方式的差异，易引发冲突；许多农民因为利益受损与开发者发生了冲突，甚至发生群体性事件，影响社会稳定和谐。二是影响教育。水库修建淹没了小学等教育机构，家长只能在附近学校寻找临时教育，有些甚至停止了孩子的教育，以致影响民族地区基础教育和农民子女人力资本的获取。三是影响身体健康。开发期间，尘土漫天，周边居民长期在污浊的空气中生存；水电开发形成水流缓慢的库区，垃圾漂浮、水质下降、草生蚊蝇害虫大量繁殖，影响了人们的身体健康。四是形成心理恐慌。甘孜州是生态脆弱区，能进行生产生活的用地稀少，水电开发导致优质生产和居住地淹没，规划的安置点常存在滑坡、泥石流、洪水等高危的自然灾害；同时，甘孜州为地震高发区，一些安置点房屋设计没有达到预防震级，存在隐性威胁，导致人们心存惶恐而不能安心定居。同时，在地震带进行水电开发也增加了垮坝风险，让下游居民心里不安，导致部分居民迁居。

水电开发导致生态破坏，而居住在周边的民众由于生态环境恶化导致生产资料有限，生计收入降低，形成新的生态贫困。开发者获得了大量经济收益，而水库开发区的民众却承受了水电开发带来的生态成本，必然恶化开发者与民众的关系，影响社会和谐。因而，必须进行生态补偿，让民众感受到生态恢复变化，让民众的生计收入优于水库开发前的收入，利用增加的收入来补偿因生态破坏带来的负外部性，从而实现社会和谐。此外，通过生态补偿下的社会补偿提供生活补助，进行健康补偿，完善移民补偿，在移民点上进行新村、新镇建设，构建牧民定居，推进生态宜居、乡风文明。

4. 解决水电开发中形成的文化负外部性问题，延续民族地区文化风俗，推进民族文化传承，提升水电开发后的文化水平

西部民族地区水电开发形成了文化负外部性。甘孜州位于青藏高原横断山区，交错的高山与河流将其从西北向东南分割为条状和块状的众多区块，每一个区块形成了相对完整的原生态藏文化群落。水电站的修建拦坝蓄水淹没了许多原生态的文化群落栖息地；而在山崖开凿水渠，引水发电，也影响途经的原生态文化景观，从而形成较多的负外部性。

通过生态补偿下的文化补偿，西部民族地区广大农牧民能正常进行传统的民族文化活动，保留原有的民族文化风俗习惯，推进不同民族间的文化共生，提升文化水平，让水电开发后相关民众文化生活水平优于开发前的水平，促进民族地区文化繁荣发展。

二、生态补偿机制设计的原则

1. 坚持可持续和谐共建共享的原则

实施生态补偿机制，恢复和发展生态环境，目的是推进可持续发展，为社会提供美好生活需要的生态产品和服务。

"可持续发展"是指既满足当代人的生产生活需求，又不损害子孙后代生产生活需要的能力的发展，也就是指经济、社会、资源和环境保护协调发展。通过水电开发和有效的生态补偿机制的运作，实现既要达到发展经济的目的，又要保护好人类赖以生存的大气、淡水、土地和森林等自然资源和环境，使子孙后代能够永续发展和安居乐业，让水电开发经济、其他生产经济、人们的生活与环境和谐共存。可持续发展并不否定经济增长，因此，西部民族地区水电资源富集，可以进行一定程度的开发，转化为经济发展中的重要资源，形成生产力。可持续发展以自然资源为基础，同环境承载能力相协调。为此，水电开发中，要尽量减少资源的利用和环境的破坏，同时对资源的利用和破坏的环境进行及时充分的补偿，维持、提高生态资本水平。可持续发展以提高生活质量为目标，同社会进步相适应。因此，水电开发要尽量不影响水电开发区民众的生产生活。如果产生了影响，要进行及时充分的补偿，进行恢复、维持和提高人们生产生活环境、水平，让人们继续享受美好生活的生态服务和产品，同时不能降低人们其他的生活质量，让水电开发经济同社会进步发展和谐共存。可持续发展承认自然环境的价值。生态环境的价值体现在对经济系统的支撑和服务上，也体现在人们生产生活、生命保存和社会质量提高的支持上，应当把生产中环境资源的投入计入生产成本和产品价格之中，形成核算绿色 CDP 的国民经济核算体系。可见，产品价格包括三部分成本：资源开采或资源获取成本；与开采、获取、使用有关的环境成本，如环境净化成本和环境损害成本；由于当代人使用了某项资源而不可能为后代人使用的效益损失，即用户成本。产品销售价格应该是这些成本加上税及流通费用的总和，由生产者和消费者共同承担。水电开发必然破坏资源和环境，形成政府、开发者和社会公民共同维护、建设的局面，在可持续发展基础上实现共建共享美好生活需要的生态环境。

2. 坚持政府主导、市场主体与社会参与的原则

《关于健全生态保护补偿机制的意见》提出，生态补偿要坚持政府主导、社会参与原则。发挥政府对生态环境保护的主导作用，加强制度建设，完善法规政策，创新体制机制，拓宽补偿渠道，通过经济、法律等手段，加大政府服务购买力度，引导社会公众积极参与。水电开发涉及公共产品的利用，需要政府出面进行公共管理。政府应在生态补偿中起主导作用，应结合国家相关政策和当地实际情况研究制定完善生态补偿政策，改进公共财政对生态保护投入，实施政府主导的生态补偿工程；同时，要研究制定完善、调节、规范市场经济主体的政策法规，推进市场主体合理合法的生态补偿行为。通过制定有效的政策，调节水电开发经济市场主体行为，让开发者积极进行生态补偿。水电开发的企业是水电开发经济的市场主体，应在政府调节机制下，自动参与生态补偿；要让企业将生态资源和环境损失成本作为企业成本之一，积极投入资金、技术和人力进行有效的生态补偿，应通过市场形成公正合理的生态资源交易机制；作为社会公众，是生态环境服务的消费者，应在政府政策指引下，自动进行监督评估，通过各种渠道参与到生态补偿中，从而促进水电开发中经济发展与生态保护的协同推进。

3. 坚持谁开发谁补偿原则

《关于健全生态保护补偿机制的意见》提出，要稳妥有序开展生态环境损害赔偿制度改革试点，加快形成"谁开发，谁补偿"的运行机制。在开发中，水电开发企业难免要对生态产生破坏。理性的经济主体，会逃避对破坏补偿的行为，减少自己的个体成本，获得最大的个体收益。但生态破坏违背生态文明精神，违背公平正义价值，水电开发者有义务进行生态补偿。要避免不必要的破坏，企业可采用科学的生产方式，科学规划，科学建设。如果不可避免要形成破坏，必须进行补偿：可进行自行补偿，让开发者自己对破坏的环境进行修复。如：修建水库对山体的破坏，要进行设计进行加固；也可进行委托补偿，请专门机构对破坏的水库建设区进行修复和重建生态环境；也可给破坏环境受到影响的地方政府，向他缴纳一定经费、生态税等，由政府专门进行修复；也可同政府联合形成水库建设生态修复经济组织，由开发者出资金，共同按照不同的破坏类型、范围和程度进行修复生态。又如：对水库生物多样性生态进行修复；对开发地区破坏了的村寨，应移动搬迁，或重新修建。

4. 坚持谁受益、谁补偿原则

党的十八届三中全会明确提出"坚持谁受益、谁补偿原则，完善对重点生态功能区的生

态补偿机制，推动地区间建立横向生态补偿制度"。通过生态保护，改善生态环境，向社会提供生态系统服务。从市场平等交易角度来看说，生态保护提供生态产品和服务，而享受了这些产品和服务者按市场交易原则应该付费。但生态环境服务是一类特殊的公共产品，保护者很难从生态保护活动中获得经济利益，是"市场失灵"的表现。为此，国家政策应要求享受生态环境产品和服务的个人或社会，必须向通过生态环境保护而提供了生态产品的服务者付费。要科学界定补偿的主客体，明确保护者与受益者的权利、义务，引导各类受益主体履行生态保护补偿义务，督促受益主体切实履行生态保护责任，保证生态产品的供给和质量，如水电开发形成西电东输，让经济发达地区获得了廉价的水电，但民族地区的水电开发区的生态却受到了破坏，为此，应让这些获得廉价电力的使用者付出一定的生态补偿费给开发区地方政府进行统一管理，以用于开发区的生态补偿。同作为"两江一河"的长江上游地区，要保护好生态，要恢复水电开发区的生态，也要维护其他地区的生态，从而让下游地区获得生态良好的流域生态服务。《关于健全生态保护补偿机制的意见》提出，鼓励受益地区与保护生态地区、流域下游与上游通过资金补偿、对口协作、产业转移、人才培训、共建园区等方式建立横向补偿关系。为此，下游获益地区应向上游地区进行生态补偿，让西部民族地区如甘孜州政府，将获得的生态补偿费综合运用到水电开发区和其他地区的生态建设中；下游地区也可派出专家人员，提供设备技术，直接参与生态建设。

5. 坚持谁保护谁受益的原则

水电开发中，吸引一些组织、社会公众参与生态恢复建设。生态保护是一种具有很强的外部性经济的活动，保护者很难从自己生态恢复活动中得到收益，如果不能通过其他途径获得经济收益，就会影响其积极性，影响生态恢复的质量。为此，为了鼓励、激励经济组织、社会公众应该对其生态建设行为进行必要的经济补偿，让生态投资和收益尽量相对称，吸引人们更好地保护生态环境。

6. 坚持同量补偿和多倍补偿原则

水电开发者要通过生态补偿，让生态恢复如初，进行同量补偿，尽管实际上很难做到修复如初。为了更好地对区域生态环境进行提升，可在水电开发区的其他区域进行加倍的生态补偿，进行草地、森林、山体修复等生态建设，以总体提升区域生态水平。如在水库建设中进行河道开挖、山体切割，必然损害较多森林，除了尽量在破坏的地区进行森林恢复外，在其他生态区可进行多倍的植树造林。生态补偿一定要形成有质量的维护，形成增量的生态功效。

三、生态补偿机制体系构建

水电开发中，流域生态环境具有公共产品属性，水电开发必然产生强烈的负外部性。要解决该问题就是要让水电开发者自己承担形成的与破坏对等的负外部性成本，从而让外部性内部化，让水电开发者消减私人边际成本与社会边际成本之间的差异，降低或消减社会成本，甚至提升社会收益，形成非零和博弈，促进资源配置趋向"帕累托最优"状态。要实现外部性的内部化，一是通过政府机制，政府干预，收取庇古税；二是通过市场机制，让市场机制达成。此外，还可以通过允许公众参与的机制来合力完成，从而形成政府主导、市场主体、社会参与的合力机制体系。

1. 构建流域资源产权明晰机制是前提

产权作为一个新的经济范畴，在 1960 年西方产权学派创始人 R·科斯发表的《社会成本问题》一文中正式提出。德姆塞茨在《关于产权的理论》一文中说：所谓产权，意指使自己或他人受益或受损的权利。德姆塞茨强调了产权是界定各交易主体之间责权利的一个社会工具。德姆塞茨还说：完备的产权是复数，至少代表一组权利，或者说是一个产权束，其中主要包括使用权、收益权和转让权，产权束中内含的各项权利可以分解、转让（全部或部分），也可以和别的产权束中的权利重组。[①]菲吕博腾、配杰威齐则认为，"产权不是指人与物之间的关系，而是指由物的存在及关于它们的使用引起的人们之间相互认可的行为关系。产权安排确定了每个人相应于物时的行为规范，每个人都必须遵守他与其他人之间的相互关系，或承担不遵守这种关系的成本。因此，共同体中通行的产权制度是可以描述的，它是一系列用来确定每个人相对于稀缺资源使用时的地位的经济和社会关系。"[②]产权的定义有各有千秋，相对较全面的是刘诗白对产权定义。他说："所谓产权，包括财产所有权、实际占有权、使用权和处置权，它是具有法律赋予的社会权力的所有、占有、使用、处置关系。"[③]可见，产权在经济学范畴内注重的是效率与利益，产权是基于人们对物的关系而形成规范人们行为的权能与利益关系，是一种受到法律制度强力保障的社会制度。产权制度就是以产权设定，用来界定、约束、规范、保护和调整人们产权行为的系列制度和规则。产权制度中，所有权是最根本的权利，决定了其他权利的利用和效能，是其他权利的保障。所有权主体不明确，其他权能，如使用权、收益权等就无法保障。在生产发展中，进行社会实践活动的个人或社会集团就是经济主体，从法律上讲是拥有一定权利和义务的自然人或法人，具有自主性、能动性和创造性。刘诗白在其《主体产权论》中认为：凡经济主体必有产权，凡产权均有所属，既不存在无产权的主体，也不存在无主体的产权，主体产权是市场经济运行的基石。[④]产权所有权主体明确了，产权就具有了制约、激励、高效率配置稀缺资源的功能。2007 年诺贝尔经济学奖得主赫维兹认为，要进行有效机制设计，让市场有效发挥优化资源配置的作用，具有明晰产权主体的产权制度是根本前提。水电开发流域的水能资源产权、生态环境产权和森林、农地、滩涂产权等应该明确，才能有效明确流域的生态补偿相关主体。但资源产权的混乱，尤其是水能资源产权主体虚化，导致水能产权被稀释，排他性减弱，影响水能资源的有效配置利用，导致"搭便车"问题和"公地悲剧"问题。为此，要严格明晰水电开发区资源产权主体。

第一，要明确生态环境产权主体。

生态环境是公共产品，产权属于国家所有。水电开发企业破坏了生态环境，作为产权主体的国家应获得生态补偿费，国家再将获得的费用投入生态恢复和发展中。但目前生态环境国家整体代理还较模糊，生态环境管理常常让地方政府相关部门来承担。由于地方政府在经

① [美]科斯．财产权利与制度变迁[M]．上海三联书店，1991．
② [美]科斯．财产权利和制度变迁[M]．上海三联书店，1991．
③ 刘诗白．社会主义商品经济与企业产权[J]．经济研究，1988（3）：37．
④ 谷书堂．《产权主体论》简评[N]．光明日报，1999-03-05．

济发展中有提升 GDP 的压力，对生态环境破坏带来的负外部性常常有忽略的偏向。这必然让生态环境的地方政府代理性弱化，导致生态环境主体模糊，让国家失去了生态补偿的权利。为此，要明确界定地方政府的什么部门来完全代理生态环境的主体，严格追究生态补偿责任，获得明确的政府收益，并积极投入到生态保护中。同时，水电开发区的人们与生态环境和谐相处，人们应实际拥有生态环境的使用权和收益权，应该获得生态补偿。为此，生态环境的所有权地方政府代理者应督促水电开发者对水库建设区的人们进行补偿，这实际是生态环境质量下降导致人们获得环境服务下降代价的补偿。比如甘孜州在水电开发的水库修建中，当地民众经历了严重的空气污染。水电开发时，尘土飞扬，周边的树木都落上了厚厚的灰尘，而人们的居所更难逃脱灰尘的覆盖。许多人的呼吸道和肺部受到影响，人们的饮水和食物受到了污染；水库修建中带来噪音的污染，大型机械的日夜施工，严重影响人们正常生产和生活，导致人们精神紧张，无法好好休息，影响身体健康；同时，水电开发形成水流缓慢的库区，垃圾漂浮、水质下降、草生蚊蝇害虫大量繁殖，影响了人们的身体健康。此外，甘孜州是典型的西南山地农牧生态脆弱区，地质结构极其破碎，生态脆弱区，能进行生产生活的用地稀少，水电开发导致优质生产和居住地淹没，规划的安置点常存在滑坡、泥石流、洪水等高危的自然灾害；甘孜州为地震高发区，水库修建增加局部地质结构破碎的危险，更易诱发局部地质结构变动下的地震，影响水库周边群众的生存和安全。为此，水库修建周边群众应享有生态环境的使用权，该权受损下的水库区群众应是生态受补偿的重要主体之一。

第二，要明晰水资源产权主体。

《水法》明确规定水资源归国家所有，所有权由水资源初始配置权和管理权构成，初始配置权和管理权由地方政府代表国家行使，向资源使用者合理配置，并对水资源统筹规划管理。新《水法》明确规定水资源归国家所有，但国家是一个政治概念，是笼统的权利者，在现实中无法直接利用水资源。水电开发者使用水资源后，必须支付使用权费用，获得一定的水资源收益权。地方政府代表国家行使水资源初始配置权，向资源使用者合理配置，并对水资源进行统筹规划，行使水资源的管理权，实现有限水资源的最大化效益。水电开发下的水库修建，水资源的区域截留的使用权，水能开发权也需要国家进行分配，并由地方政府进行有效管理。水资源的使用权，是政府向水资源使用者配置权利的具体体现，表现为获得配置的权利后的单位和个人对水资源依法享有的占有、使用权和取得经济收益的权利，以及相应处置的权利。水资源使用权还包括由其衍生出来的水资源经营权和排污权。水电开发者获得配置权后，可依法对一定区域的水能进行开发，通过发电等生产经营作用，通过市场交易电能获得收益。同时在市场经济下，允许企业具有排污的权利，但必须招标购买。水电开发必然影响环境破坏，并产生环境污染，可通过交纳生态补偿费等方式购买排污权，同时要积极进行生态补偿，具有让水电开发后的资源和生态环境逐步恢复提升责任。现实中，水资源管理中，政府机构、水资源环境、林业等部门都在管理。为此，国家应明确水能资源的产权主体。产权主体明确了，就可将资源的经营权、使用权出让给开发者，获得应有的产权收益，成为生态补偿的受益主体，避免出现资源无序过度的开发使用、资源浪费的情况。甘孜州应基于《四川省电源开发权管理暂行办法》，推进水电开发权的管理。一是完善水电源开发权有偿取得制度，研究推进地方入股开发。二是规范水电资源开发权出让，严格控制小水电开发，州政府统一管理水电资源出让，开发权转让必须经原核准部门同意。对无实力开发、"占而不建"、私下买卖转让等违法违规行为，依法从严处罚并无条件收回开发权。三是加强流域水电开发规划，未编制河流水电规划或与河流水电规划不符的水电开发项目，不得核准建设。[①]

第三，要明晰林地、滩涂产权主体。

林地为国家提供林业资源，同时还具有净化空气、调节气候、防风固沙和涵养水源、保护生物多样性等多方面的生态功能。林地生态效益是一种"正外部性"。林地资源更多属于国家所有，具有公共资源属性。实际操作中，由于实际产权代理主体模糊，林地资源难免被滥用，难逃"公地悲剧"的命运。因此，明晰林地产权主体具有重要意义。水电开发中水库修建破坏了国家的林地、滩涂，所以要给国家补偿。但谁代表国家获得该补偿呢？要明确下来。在国有林权制度改革过程中，主要涉及中央政府、地方政府、林业管理部门等直接相关的利益主体。中央政府主要拥有林业资源的所有权和控制权，中央政府更注重生态效益，地方政府会出现自利行为，导致效率损失，国家的整体权益得不到维护；地方政府拥有对资源的使用权和收益权，更注重地区的经济增长和社会稳定。林业管理服从上级林管部门的领导，同时受到本地政府主管部门管理。林管部门贯彻上级主管部门的旨意以生态效益为重，而其同时也受地方政府以经济效益为主的约束。在水电开发中，生态环境破坏，森林产权主体中央政府作为代理者应获得林权补偿。地方政府为林地的使用权者，也应获得用林地使用权受损而应得的生态补偿。而中央生态环境保护的生态补偿应由作为下级代理者的林业管理部门来收取生态补偿费。集体林权为集体所有，应明确由村小组经济组织作为全体村民的林权代表。

水电开发中，占用了大量的滩涂。滩涂属于湿地的范畴，主要是指水陆交接的一部分地带。1984年第一次全国土地调查制定的《土地利用现状调查技术规程》中认为，河流滩涂是指河流常水位与洪水位间的滩地。《宪法》与《物权法》都有"河流滩涂等自然资源，属于国家所有，但法律规定属于集体所有的除外"的规定。该规定未明确界定国家所有和集体所有划定。目前，国家行政机关没有给全国各个行政村颁发村集体版图范围内河流滩涂的所有权证书，更没有给全国农民颁发村集体版图范围内河流滩涂的使用权证书，这就使对河流滩涂所有权的争议常发生在国家与集体之间或者是集体与集体之间。因此，应认定在农村集体行政版图范围内的滩涂为集体所有，之外的为国家所有。现实中，农民在河边开垦了土地等，形成的养鱼场等为集体所有，其他还是为国家所有。如河流开发形成了水库建设水电站，实际还是主要向国家进行滩涂赔偿，很少向农牧民进行补偿。除非农民有耕地和渔场，主要进行耕地所有权和渔场面积为主的补偿。河流滩涂作为土地的一种形态，因此按照所有权的性质来划分，河流滩涂的使用权也分为国家使用权和集体使用权。根据《确定土地所有权和使用权的若干规定》第六条，河流滩涂的开发利用者享有土地的使用权。我国《渔业法》第十条明确规定，承包滩涂等农用地可以通过签订承包经营合同取得河流滩涂的使用权。同时，政府在需要时可依法收回土地使用权，但应对土地使用权人进行适当补偿。目前，人们开垦滩涂形成了耕地，或围填河流滩涂，在上面修造建筑物和附着物，或利用围圈河流滩涂水面进行养殖。当然，水电开发也占用了滩涂进行水库建设，国家所有者应获得补偿；开发者应对滩涂上人们的耕地、附着物和渔场进行补偿。应推进对农村集体所有的河流滩涂确权、登

---

① 甘孜打造以水电为重点的生态能源基地[EB/OL]. http://news.bjx.com.cn/html/20130509/433440. shtml.

记颁证，从而使在水电开发中让集体所有的滩涂得到有效补偿。

第四，要明确土地资源和村寨、工厂产权主体。

国家法律规定，农地所有权归集体所有，但土地征用时农地集体所有权都一并征收，国家获得土地所有权后，再将土地使用权出让给水电开发者使用。因此，农民的土地资源被征收，许多被淹没于水库，农民没有获得所有权市场交易价格，仅仅获得了承包经营权的补偿，农民的权益实际受到了损害。为此，必须要明确农地所有权主体。所有权主体界定在村集体上，主体范围大，可将所有权主体明确界定为村小组，并颁发村小组的集体土地确权证。村小组是一个传统的利益共同体，成员间协商、组织、监督成本相对低，可减少权益置入"公共领域"，导致权益受损。但村小组也是集体，所有权明确主体还不明确，可依据《农民专业合作社法》建立村民小组土地合作社经济组织，让其成为农地所有权主体代表。首先，村小组土地合作社要依法申请注册登记，使其成为具有独立承担法律责任的法人；其次，要制定章程和各项管理制度，选出理事会和监事会成员，选举一名理事长作为土地经济组织的法人代表；最后，要成立成员大会共同协商农地有关的重大问题。具有法律强力保护的农地所有权主体明确后，可对农地其他权益形成控制力，让农民成为农地市场有话语权的主体，保障农民在农地征收价格谈判中获得足够的所有权和使用权价值，阻止权益被置入"公共领域"，被其他经济主体抢夺。明确所有权主体，可对农地发展权形成一定的保障，让农民获得农地使用性质变化后的增值价值。[①]此外，水电开发会淹没集体的村寨、工厂等，应进行异地建设补偿。村寨、工厂等无法进行异地建设补偿的，要进行所有权补偿。

2. 完善生态补偿主体和受偿主体明确机制是基础

国家强调要"研究建立多层次的生态补偿机制"，建议按照"谁开发、谁保护，谁破坏、谁恢复，谁受益、谁补偿，谁污染、谁付费"的原则建立生态补偿机制。也就是说，生态补偿主体主要体现为：一是开发者。在水电开发中，具有不容置疑的恢复、付费、补偿的义务。二是政府。政府是公共环境资源的所有者和主要维护者。三是受益者。经济发达地区是廉价水电的受益者，应成为补偿主体"两江一河"下游得到生态维护的受益经济区，应为上游生态恢复和建设生态提供一定的补偿。如法国天然矿泉水公司 Perrier Vittel S. A 1993 年为保证矿泉水的质量，对上游水源地农民进行 320 美元/（公顷·年）标准的持续 7 年补偿。[②]美国在流域上游推行退耕计划，类似我国的退耕还林、退耕还草工程。为了提高流域上游地区农民对水土保持工作的积极性，美国政府推进的水土保持补偿机制中，就要求流域下游受益区的组织和公民向做出生态贡献的上游地区进行货币补偿。

在水电开发中，受偿主体主要是农地、林地、居住地、工厂等在水库建设中被占用、破坏的利益相关者；在水电开发中积极参与到生态恢复和建设中的贡献者，如一些企业和个人或农牧民集体组织；为了恢复环境受到限制的企业和集体经济组织等；积极参与水电开发后环境修复的其他社会公众组织。他们为生态恢复做出了贡献，理应成为受偿主体。

---

① 杜明义. 城乡统筹发展中农地资本化的意义、制约与对策[J]. 农业经济，2014（9）: 64-66.

② 任勇，冯东方，俞海. 中国生态补偿理论与政策框架设计[M]. 中国环境科学出版社，2008: 82.

3. 建立有效生态补偿途径与方式运作是重点

西部民族地区水电开发需要合理的补偿途径。目前，甘孜州生态补偿的主要途径和方式运作如下：一是金钱或资金补偿。开发者向政府缴纳生态补偿税、资源占用费、环境污染费等，政府获得这些资金再以多种方式投入生态补偿建设中；政府对水电开发区域进行转移支付、退税、减免税收、财政贴息或信用担保贷款等资金方式帮助水电开发地的生态修复、保护等项目建设、移民安置项目建设等；开发者对水电开发区受损者进行金钱补偿，如农牧民土地、草地、工厂等受损补偿，对生产者进行经营权损失补偿，对居民的生活受损进行补偿，对国家和农牧民的基础设置受损进行补偿。二是实物补偿。水电开发后，生态环境受损，开发者需要修建防风固沙工程、防止山体崩塌的加固工程、防止泥石流爆发的减滞阻隔工程等工程；同时进行水库区周边的水草和森林恢复建设工程。此外，水库周边居民的生产生活是水电开发区和谐生态有机的一部分，政府应会同开发者进行居民生产生活设施的恢复建设工程，如土地置换、工厂再建、移民安置、牧民定居、基础设施建设等。三是技术补偿。水电开发后，生态环境的修复、居民的生产生活需要大量的人才和技术。如生态补偿方案的制定，生态补偿的评估和补偿的标准构建；排污标准设计与技术处理；基础设施、生态工程的建设都需要人才支撑。为此，政府和开发者应提供一批科技、管理人才进行技术咨询和指导，直接参与或帮助开发区的生态恢复、生产生活恢复；同时，对水电开发区农民进行职业指导和创业培训，解决就业问题。

4. 确立补偿标准核算机制是关键

进行合理的生态补偿，需要通过科学、合理的评估，确定生态补偿标准。水电开发生态补偿标准的确定，要考虑补偿者的补偿能力，主要通过成本核算来确定。水电开发要通过对生态环境产生的破坏程度、带来的生态影响进行估算。

（1）生产资料补偿。水库修建淹没或占用农地、林地、滩涂、草地、工厂等，应进行核算补偿。一是对土地及其发展权进行补偿。国家相关法律规定：大中型水利水电工程建设征收耕地的，土地补偿费和安置补助费之和为该耕地被征收前3年平均年产值的16倍。甘孜州目前就按照该标准进行赔偿，但甘孜州水电开发区许多耕地产值偏低，实际所获得的赔偿金就更低。为此，应提高征地补偿标准，按照我国土地规定最高标准执行，即征收前3年平均年产值的30倍补偿。水电开发是土地改变用途性质的商业化开发，应对农地发展权价值进行价值估算，其土地赔偿金由征地补偿费、农地发展权价值构成。甘孜州某些水电开发项目在事后对农民耕地进行全部或部分的耕地置换，应该对置换的土地极差进行补偿。二是对林地、滩涂、草地的补偿。甘孜州的民众反映："每亩有林地（松木、杉木，建材）赔偿9 000元。"农民感觉偏低，可根据农业、林业等部门相应的标准，考虑民族地区林地形成成本偏高的现实，进行核实后做出合理的补偿。目前草场补偿更低，需要提高标准补偿。要确立滩涂补偿核算机制，让国家和集体所有的滩涂得到补偿；让农牧民在滩涂上的附着物获得补偿。三是对工厂等生产资料的补偿。要对淹没的工厂、生产设施等进行市场价格补偿，要么进行易地重建，并补偿停工期间带来的经济损失；要么对公路等生产设置进行重修，并对水电开发期绕道、堵车的车辆进行适当补偿。四是对民房等财产进行补偿。目前，甘孜州对房屋等的赔偿偏低。民众反映："砖混结构的房子是一平方米赔偿800元，搬到移民办的房子去居住的话就不用补差价；但砖木结构的房子是一平方米赔偿500多元，如果搬到移民办的房子里去居住的话，就要补300多的差价，有人补不够差价，但是人数少，因为可以用土地来相抵。"房屋征收连同宅基地一并征收了，拆迁的房屋应参考市场价格形成赔偿价。同时，党十八大早已提出宅基地和集体建设用地应与国有土地"同权同价"，应"建立兼顾国家、集体、个人的土地增值收益分配机制"。水库建设中，应对农牧民的居住地、寺庙、工厂等异地重建需要的成本进行核算。该成本可在实际的建设中形成，可能大于农牧民实际的现实资产价值，也可能要小。总体上，重建成本常常大于农牧民搬迁资产价值，考虑农牧民收入低下，应避免农牧民去补差价的情况。

（2）农民再就业等保障补偿。对于那些失去耕地等生产资料的农民应多形式为其寻找就业途径，形成多形式生存保障。一是多途径推进农牧民就业。可通过考核让部分农牧民在开发区建设中就业；通过培训让农牧民实现其他非农就业。二是发放足量的过渡费。水电开发土地征用后，许多农民一时很难找到工作，生计有困难，政府和开发者应采取发放过渡费的方式解决困难。在实际调查中，民众反映："这个过渡生活费给下来的话，350元定好了不会再涨了，和物价也没有关系。"可见，农民的过渡费用偏低，加之水电开发后，农地资源被占用，导致局部生活物价大涨，农民微薄的过渡费无法保障自身的生存。三是资源占用入股保障。《关于健全生态保护补偿机制的意见》提出，对在贫困地区开发水电、矿产资源占用集体土地的，试行给当地居民以股权方式进行补偿。可见，可试行农民土地、林地等入股的方式获得参与分享水电开发营利性收益，形成农民长效的保障收益机制。四是土地未来收益补偿保障。可通过收益还原法让农民获得土地收益，也就是将未来正常年份土地单位面积总收益减掉总费用后得到纯收益，用适当的还原率还原，推算出土地的未来经济收益价值。五是土地保障功能折现保障。水电开发后，农民失去土地后实际失去了主要社会保障，可采用影子价格法来核算耕地的社会保障价值。通过计算农村移民每年生活保障成本，按照一定折现率予以还原的现值形成农民保障价值。[①]

（3）生态环境补偿。水库建设破坏森林、草场，导致山体破碎，引发区域气候变化，环境恶化，应对生态环境价值进行补偿，或至少在区域生态环境没有完全恢复之前进行生态环境价值补偿。补偿的标准可请专家进行评估，补偿给当地政府和因环境变化而受损的居民。水库建设导致生态破坏，要对政府或其他组织和个人参与生态修复中形成的物质、劳动的实际成本进行补偿。对于生态价值的补偿可用这些方法进行：一是效益评价法。该方法主要为生态环境在一定时间为公众提供的环境效益估算出价值。如水库修建地区的森林、草地在没有破坏前每年形成氧气的吨数、涵养水源的量数，再根据市场产品代替非市场货物法，推算森林、草地等的环境效益的"影子价格"。二是收益损失法。水库修建后气候变化必然导致水库周边果园、农地等产出发生变化。如水流倒灌，导致土壤退化；或气候变干，导致果园、农地产出降低，通过核实收益损失补偿。气候变化或出于生态保护，可能会使农牧民放弃居住地和生产场地或生产方式，从而通过核实放弃居住地和生产场地使用的成本，牺牲掉一系列产业发展机会理应得到收益的机会成本来核算。总之，在标准核算上，要综合考虑各种因素，考虑双方的意愿补偿和受偿量，并通过多种方式确定合理标准。

---

① 尚凯，施国庆，王彬彬．水电开发征收农村移民土地补偿价格研究[J]．价格理论与实践，2011（3）：87．

5. 健全政府主导、市场主体、社会参与的合力运作机制是核心

（1）政府主导机制。

生态环境是公共产品，维护、修复生态环境是政府义不容辞的公共建设项目。不管是水电开发损害了环境，还是生态环境本身在自然状态下出现了衰退，政府都要积极参与生态补偿等的维护。国家功能定位上，甘孜州属于限制和禁止开发区。2018年6月，四川省构建"一干多支、五区协同"区域发展新格局，将甘孜州定位为川西北生态示范区之一。甘孜州是全国重要生态功能区，生态保护红线面积占全省总面积的46%，是长江流域重要水源涵养地，占全省湿地总面积的 51%。生态文明建设越来越重要，必须大力实施生态文明战略，让绿水青山与金山银山和谐共存。为此，甘孜州要牢牢把握"川西北生态示范区重要组成部分"这一基本定位，践行绿色发展理念，加强生态环境保护，突出生态功能，充分发挥生态屏障功能。目前，甘孜州进行了大量的水电开发，影响了生态环境，政府必须要把握好甘孜州的生态定位，切实推进生态补偿政策。

第一，政府应该建立"生态财政"，形成生态保护的专项财政预算，通过多途径获得投入资金。甘孜州"两江一河"是长江上游生态屏障区域，对维护好生态平衡具有重要的作用。为此，生态财政要投入生态保护区，尤其是生态脆弱地点、矿山开发点、水源点。目前甘孜州资金比较紧缺。近5年来甘孜州财政收入偏低，支出常为收入的 10 倍左右。与其他地区相比较，支出远大于收入。以 2017 年为例，甘孜州 2017 实现地方财政收入 27.37 亿元，支出却高达 343.33 亿元，支出约为收入的 12.5 倍。尽管如此，甘孜州应该在有限的财政收入下进行生态财政的预算。同时，可向上级政府或有关部门，以甘孜州为生态功能区的建设为由，积极申请专项生态保护资金，投入生态补偿中。政府在水电开发中，实际获得了一定的财政收入，应分流一部分作为生态财政，投入开发区的生态补偿中。生态财政支出用于植树造林等生态修复，还可用于支持流域的居民开发沼气、风能、太阳能的能源，推进薪材林建设，推进退耕还林、退牧还草等，积极改善流域生态环境，提升流域生态资本水平，为社会提供更优质的生态服务。

第二，征收生态税，形成政府"生态财政"的重要部分。甘孜州水电开发中，水库建设占了大量的水资源，降低了森林、草地等生态涵养面积；导致河流大面积的垃圾堆积，形成污染，开发者应该为此缴纳税收。获得的税收要重新投入流域生态修复的生态补偿中。水库修建占用面积越大、破坏越大、污染越大，征收的生态税就越多，以致激励水电开发企业积极采取措施降低破坏和污染程度，自觉维护区域生态环境。同时，水电开发企业也要对参与生态恢复建设中的组织和个人的投入成本进行补偿。

第三，进行土地等产权"赎买"，着力生态保护。在水电开发区域，生态环境更加脆弱，人为活动频繁会导致局部生态问题大爆发。政府可通过生态税收入的资金，将水库周边的林地、草地等进行赎买，政府"赎买"要考虑林地的产权及土地价值，解决农牧民在土地、林地等收购后的生计问题。赎买将土地、林地等转化为国有土地、林地、草场，将部分农牧民转化为林地、草地维护和建设者，对林地等加以保护，限制人们频繁的生产生活、加速生态破坏的活动，从而让水库区域的生态得到维护和提升。

第四，推进横向协同，共享共治生态环境。甘孜州"两江一河"是长江上游的生态屏障区域，对长江水源的稳定和水质的涵养具有重要作用。然而，上游地区要发展经济必然要破

坏生态，如修建了较多的水电站，必然影响下游水源的稳定和水质的保障。修建工厂，必然要进行排污。为了让下游获得稳定、水质较好的水源，政府要加大力度治理，如对水电企业进行干预，不能让其过度开发。政府要主动进行生态补偿，维持生态平衡；同时上游地区为了保障水质，减少污染，甚至不发展有污染的工业等。这样虽然可保障下游优质的水源，但影响了上游甘孜州地区的经济发展。为此，甘孜州保障了水源质量，承担了生态屏障功能，长江下游地区应对甘孜州进行生态补偿。政府要积极进行跨区域协商，将获得生态补偿资金投入甘孜州包括水电开发在内的生态补偿中。

第五，要在水电开发区推进污染治理和垃圾处理措施、设施，切实保障生态环境。当前，全州城镇污水处理率仅为31%，全州68个建制镇（含17个城关镇）仅建成6座，占比8.8%；城镇生活垃圾无害化处理率为76.9%，全州城乡垃圾无害化处理设施建设滞后，城乡垃圾处理设施覆盖率低，325个乡镇仅建成垃圾处理设施20座，占比6.2%；城镇人均公园绿地面积目前为 2.44 平方米/人。①为此，推进甘孜州生态示范区建设，要优先推进水电开发区的环境污染治理，形成配套的垃圾处理设施。

此外，甘孜州应建立完善以政府、业主为主，设计、施工、监管共同参与的"两江一河"水电开发协调沟通机制；研究落实移民工作，协调解决开发建设和移民工作中的困难和问题；建立完善水电移民安置制度体系，确保移民搬得出、稳得住、能致富；全面落实"先移民后建设"方针，切实做好移民安置规划工作，做到移民搬迁安置和基础设施建设进度适度超前，确保移民得到妥善安置；积极探索藏区移民安置新模式，高起点、高标准建设移民安置点。甘孜州应解决水电开发中的移民安置，将安置点建设同城镇化建设、新农村新牧区建设、特色旅游发展有机结合，打造亮点、样板工程，保障移民的长远生计和发展。安置点应该建设在生态环境相对较好的地方，结合新农村建设要求进行合理规划，进行防震设计，对安置点周边进行生存威胁排查，修建防泥石流的沟墙，加固局部滑坡、崩塌等设施等。全面执行国家、省水电移民安置扶持政策，加强水电移民安置及后期扶持。

在甘孜州民族地区，在政府推进的移民搬迁中，政府应会同开发者重视文化补偿。一是宗教文化补偿。甘孜州在搬迁和重建中，应请有关专家对寺庙、佛塔、转经房、嘛呢堆等宗教设施进行鉴定评估，按照宗教仪轨，结合旅游开发和方便信众参加宗教活动进行选址搬迁，不能搬迁的应选址重建，保障居民正常的宗教文化生活；同时，对淹没了的文化遗址等进行整体搬迁到适当地方进行保护，对破坏了难以搬迁和恢复的文化产物应该进行一定的补偿。二是民俗文化补偿。安置点建筑结构、布局应考虑民族地区传统风俗。三是文化提升补偿。在安置点建设中还应融入现代文化元素，既有传统文化气息，又有现代特色，同时结合新农村建设，建设学校、卫生所、农技站等公共设施，提升传统村落不能具备的先进性，并积极推进"乡风文明、村容整洁、管理民主"建设。

（2）市场主体机制。

在政府主动干预环境保护、积极进行生态补偿外，也要在市场经济背景下发挥市场的作用，与政府机制相辅相成，从而有效推进生态补偿，维护生态平衡。

首先，推进企业自我激励机制运行。水电开发经济中，市场主体是企业。企业具有极强

---

① 高效推进甘孜州国家生态建设示范区创建[EB/OL]. http://www.eppow.org/2018/0730/145326.
html.

的自利动机，为了减少成本，获得更多的受益，一方面，企业会最大限度地形成对水能资源的索取和水库周边环境低成本的开发，必然导致较严重的生态破坏；另一方面，企业出于长期盈利的动机，具有自觉维护生态平衡的自我激励机制。企业也深知，如果过度破坏生态，自己花费巨资修建的水库等设施也难以长久维持，在没有收回投入成本或获得更多收益的情况下，水库会因为生态失衡而报废，比如说森林破坏导致局部泥石流，山体垮塌，泥沙淤积等，导致水库报废，企业也得不偿失。为此，企业自己出于收益最大化动机，也会积极进行生态维护。为降低破坏程度，在开发局部的林地、山体、沟渠等时就应边修建边修复，水库修建完成后，形成最小的生态破坏。同时对于生态破坏，政府要征收生态税并罚款；周边的居民会强烈反对，企业要形成较多的应对成本。因此，出于减少政府税费，减少对居民、工厂的补偿和冲突成本的现实利益考量下，水电开发企业也将采取积极措施，减少破坏和污染。

其次，健全市场交易机制。通过市场机制，开放流域资源市场，使资源资本化、生态资本化，让稀缺环境要素反映其真实的价格，实现节约资源和减少污染的双重效应。当地政府可积极将资源使用权出让、转让和租赁交易，推进排污权交易、使用权入股、生产资源置换等方式，推进生态补偿市场化交易模式，形成综合的经济与生态保护效益：一是可推进水能资源使用权交易。水能资源所有权为国家所有，水电开发者要使用必须获得使用权、经营权。政府可通过市场交易或公开论证加拍卖的方式，让具备较好条件的开发者获得局部水能资源的经营权和使用权。获得开发权者除了能给出较好的水能资源使用权交易价格，还应提供优质的开发方案。这主要指能优化利用宝贵的水能资源，开放电力供给市场，促进经济发展；也能实现最小破坏环境，维护生态，并有配套的生态补偿措施的为优质方案。二是要探索排污权交易机制。当地要逐步构建流域内污染物排放指标有偿分配机制，探索在政府管制下的排污权市场交易。水电开发修建水库淹没森林、草地，这些植物腐烂释放出大量二氧化碳和甲烷，形成温室效应，导致区域内气候变化；同时，水电开发蓄水形成水体污染。为此，可在密集水电开发的甘孜州"两江一河"推进排污权购买。如果开发企业因为治理有效，降低了排污，可将节约的排污权出售给其他开发者，从而激励开发者形成自觉维护生态、主动进行生态补偿的行为。三是农地、林地、草地、滩地等使用权入股方式交易。水库修建必然淹没库区移民的农地、林地、草地、滩地等。一般在交易机制上，先是国家对农牧民的农地、林地等进行所有权的征收，然后通过财政审批的方式，将征收的库区用地的使用权转让给水电开发企业，获得较多的收益，但农牧民只获得偏低的补偿金，实际是非市场的交易行为，导致农牧民利益受损。当地可探索库区集体林地、草地直接市场交易方式，让集体获得所有权收益，让农牧民获得使用权收益；也可将集体土地等评估入股水电开发，让农牧民获得长期收益。如果该方式能切实实行，将激励农牧民参与水电开发，积极参与生态补偿等活动，对推进水电经济发展与生态保护都具有重要的作用。同时，在水电开发后，库区周边林地和农地的过度开发将导致库区生态恶化。也可让农牧民农地等的使用权入股水电开发，让农牧民继续经营农地和林地，大量种树、种草等，形成长效的生态产业模式，更好地保障库区周边的生态环境。农牧民获得了长期收益，必将形成和谐的生态开发模式。

（3）社会参与机制。

通过政府和市场两只手推进水电开发中的生态补偿，坚持政府主导，努力增加公共财政对生态补偿的投入；激励市场主体，通过市场运作机制，有效推进生态资源市场交易的生态补偿，会取得一定的效果。同时，生态环境是社会公众的环境，生态保护是每个公民应尽的义务，推进广大社会公众参与的社会化机制，是全面推进生态补偿的重要内容。一是水电开发库区广大的农牧民。通过宣传让他们形成保护生态意识，自觉投入生态补偿的活动之中。水电开发后，广大的农牧民既是受偿对象，也是获益的对象。通过补偿，许多农牧民获得资金，有了更好的生产生活方式。水电开发移民搬迁后，有些农牧民转变为市民，转变为非农产业生产者，增加了较多收益；有些农牧民过去的居住地非常破旧，在移民安置地获得新居住地，可以说是旧貌换新颜，有了翻天覆地的变化；许多农牧民子女进入重建的新学校学习，获得了更好的教育方式；许多农牧民获得了更好的社会保障。农牧民获得这些收益后，要保障以后会发展得更好，库区生态的恶化对农牧民也是不利的。共同维护好生态，将是共赢的方式。为此，广大农牧民将积极配合政府和企业，投入到生态补偿的活动之中。如投入到一些义务的植树造林中，进行退耕还林、退牧还草，响应生态移民，推进生态恢复，推进生产生活方式的低碳、循环、绿色的转变。二是要有更多的资金投入生态补偿中，可寻求社会积极捐款，利用国债资金、开发性贷款，以及国际组织和外国政府的贷款或赠款形成补偿资金；按照"谁投资、谁受益"的原则，积极引导国内外资金投入生态建设和环境保护中，从而形成社会公众的多元多量的投融资体系，提高生态补偿力度。

6. 提供生态补偿立法、评估监督等配套机制是保障

为了确保水电开发中的生态补偿顺利推进，需要法律制度作为支撑，需要有生态补偿的监督评估机制作为保障。一是要建立健全生态补偿的立法工作。目前，我国没有明确的生态补偿的法律，所以在生态补偿中，没有一个刚性的指导、支持依据。为此，国家应尽快制定"生态补偿法"，让生态补偿有法可依。同时，针对水电密集开发的西部民族地区，当地政府应依据国家制定出的生态补偿法，制定区域性的，或跨区域的"西部地区水电开发生态补偿条例"，让西部民族地区水电开发更具有规范性，更具有生态保护性。同时，国家应尽快修订《环境保护法》，修订完善生态补偿方面的规定，完善全面生态环境维护、治理的配套规定，将生态补偿逐步纳入法制化轨道。二是要构建评估监督体系。生态补偿中，对水能资源价值的评估，对农地、林地等价值的评估，对库区综合生态破坏的生态成本的折算等；对单位产值的能源和资源消耗以及排污放量等统计指标制定，资源和环境损失的估价，对资源环境价值评价体系、生态环境保护标准体系构建，自然资源和生态环境监测指标体系、绿色 GDP 核算体系制定等，都需要专门部门、专门人才来制定并实施评估监督。这可以通过政府构建起相应的部门来完成，也可积极发展市场的评估中介机构来实施。水电开发中，生态补偿如何，完成情况如何，是否达到预期的生态补偿目标，应该制定科学、完善的可操作的评估监督体系，进行阶段性和终结性评估监督，让生态补偿有效推进，实现经济发展、社会进步、生态保护的和谐生态秩序目标。

目前，甘孜州应重点积极推进生态补偿评估监管工作：一是依法开展流域水电开发规划环境影响评价，对环境承载能力较强的地区重点开发，对条件复杂、环境敏感的河流或河段慎重开发，对重要生态功能区、生态脆弱区限制开发，对国家级、省级自然保护区核心区、缓冲区、国家重点风景名胜区及具有特殊保护价值的地区禁止开发。二是严格执行环境保护制度，强化环境执法监督检查，执行环境监理，严格环境保护竣工专项验收。三是对环境影

响较大的水电项目，开展环境被影响后评价工作，加大环境违法行为查处力度。四是制定太阳能、风能、地热等新能源开发税收、贷款、补贴等政策措施，全力加快地热资源摸底和规划编制，推进太阳能、风能、地热资源开发。[①]

---

① 甘孜打造以水电为重点的生态能源基地[EB/OL]．http://news.bjx.com.cn/html/20130509/433440.shtml．

第七章　西部民族地区水电开发区生态补偿模式

第一节　西部民族地区水电开发区生态补偿模式选择

西部民族地区水电开发地，大部分地处青藏、云贵两大高原边缘的横断山中心地带，多为高山峡谷区，这里河流落差大，水流湍急，气候恶劣，两岸高山相连，海拔高（大部分地方海拔在 2 000 米以上），相对高度高（有的山体相对高度达 4 000 余米），坡度陡（很多山体与地面几乎呈 90°），植被垂直变化完整，生态极其脆弱。水电开发过程中，对生态环境保护与修复的技术要求极高，水电生态资源使用应采取有偿付费与恢复治理相结合，本着"谁使用、谁付费，谁受益、谁补偿"的原则，实行"自行补偿与委托补偿、等价补偿与加倍补偿、治理补偿与异地补偿"多途径相结合的生态环境补偿之路。

一、西部民族地区水电开发区委托补偿为主、自行补偿为辅的生态补偿模式

（一）自行补偿

根据"谁破坏、谁治理，谁受益、谁补偿"的生态补偿原则，生态资源破坏者和受益者必须履行补偿义务，进行就地生态修复或赔偿生态补偿金、支付相应成本。既可以由经济区的破坏者直接到生态区进行修复补偿，也可以委托专门机构或生态区进行修复补偿，并由前者承担全部费用。在西部民族地区水电开发中，水电开发商在水电站修建以及水电站建成后的运营过程中，对生态环境的破坏极为严重，对生态资源占用极大。其中，在水电站修建过程中的公路建设、料场建设、大坝修建等，会对生态环境产生极大破坏；而对生态环境破坏部分进行自行修复，如在水电站修建过程中对河岸植被破坏部分进行再植、料场使用后进行恢复、对工程弃渣进行合理处置等。自行补偿方式能使生态环境得到及时的修复，避免遭受进一步的破坏，但在无外力作用的情况下，自行补偿的效果取决于开发商的环保意识和社会责任感，进行自行补偿必然会使水电开发商的边际效益受到一定损失。当水电开发商边际效益和社会边际效益相背离时，水电开发商从自身利益出发会大量削减成本，致使自行补偿流于形式。这时，只有政府进行及时干预才能取得应有的效果。

（二）委托补偿

委托补偿是开发商委托专门的机构对生态环境破坏部分进行修复补偿，并由开发商自行承担全部修复费用。在我国，委托补偿是一种常用的生态补偿模式，通常是委托专门组织或企业对所破坏的生态进行异地补偿，这一补偿方式在西部民族地区水电开发区有极高的实用价值，特别是对这一地区的高山峡谷区的河谷森林再植、水土保护、地质灾害防治、水生生物生存环境再造等技术要求高的生态环境修复工程，采用委托补偿可以弥补自行补偿中开发商技术限制的不足。因此，在水电开发过程中，委托专业补偿的第三方进行补偿，是西部民族地区这一特殊地域水电开发生态补偿的主要途径。

（三）委托补偿为主、自行补偿为辅的生态补偿模式

如上所述，生态自行补偿与委托补偿都能有效地对生态资源进行补偿，但基于自行补偿与委托补偿的各自特点和要求，两种补偿在补偿动因及结果有效性上都各有其弊端。生态资源自行补偿的动因取决于生态资源使用者的自觉性，在缺乏效果评估机制的前提下，自行补偿往往只能解决补与不补的问题，不能解决补到什么程度的问题。生态自行补偿的基本动因在于生态资源开发利用者对生态资源的重要性认识，具体说来在于生态资源的耗损已经严重威胁到生态资源开发使用主体根本利益的前提下，开发商才会主动选择补偿，而如果生态资源禀赋尚有富余且并未实质影响生态资源开发利用者的使用和发展时，生态资源的补偿会加大开发者的运营成本。生态资源使用者通常会选择不进行补偿，对公共资源使用"搭便车"，即使有政策要求，资源开发利用者也会对生态资源进行积极利用，消极补偿。如贵州茅台酒业对"赤水河"流域的治理，也并非是茅台酒业的主动治理，而是赤水河流域的生态破坏已经严重威胁到企业的基本生存。当然，通过大力治理，企业所依托的生态环境得到了极大的改变，生态环境与企业形成了良性的发展。另外，由于生态环境是一个复杂的系统，生态资源的补偿对于一个地区的环境来说也是一项非常复杂的工程，其中，对生态修复或生物修复技术要求非常高，作为一般的开发企业来说，生态修复并非是其强项，这也决定了自行补偿只能由企业进行简单的生态资源修复，而重大补偿工程则需要投入大量资金，委托专门的生态工程企业进行补偿。在复杂的技术难题面前，生态开发使用者通常会选择简单付费替代修复，进行出现生态补偿就等同于生态资源使用付费的假象。

生态委托补偿模式也不是万能的，这一补偿模式仍然存在弊端。委托补偿模式的主要做法是委托与生态开发利用无利害关系的第三方补偿机构专门对所破坏的生态资源进行补偿，委托者通常是生态资源开发利用企业或地方政府。在委托与被委托关系中，委托方支付生态补偿所需的相关费用，而被委托方则负责按标准和要求对所破坏或耗损的生态资源进行修复和治理，双方关系基于委托协议而形成。从关系的形成上来看，双方关系相对较为简单，核心就是促成双方关系形成的委托协议，并且，被委托方是专门从事生态补偿的组织或企业，有着专门的技术和专业素养，能解决生态补偿中特别是生态修复与治理中复杂的技术难题，其补偿效果更优于自行补偿。但由于被委托方并不直接享受生态福利，生态补偿中特别是生态治理修复中往往会追求利益最大化，削减生态补偿的成本投入，以保证自身利益的最大化。因此，生态补偿的效果是否能够达到预期的效果很难预测；同时，由于生态资源的恢复有着很长的时效性，这就会极大地增加了生态补偿中生态环境治理和生态资源修复的效果评估难

度，如果仅仅是短期委托，则无法对补偿效果进行监督。基于委托补偿模式以上优势和不足，它通常只适用于补偿时效较长、技术难度较大的生态环境治理或生态资源修复等大型项目。

西部民族地区水电开发区生态资源的特殊性决定了生态补偿模式适合以委托补偿为主、自行补偿为辅的生态补偿模式。西部民族地区是我国典型的生态资源脆弱区，其生态资源呈现"易破坏、恢复难、难恢复"的特点。在长达数年的实地调研考察中我们发现，甘孜藏族自治州"两江一河"流域水电开发区，干热河谷地区分布极广，且生态资源带分布明显，土壤贫瘠且保湿功能差，地区温差大，且气候恶劣，极寒区域广。在诸多自然地理条件的影响下，甘孜藏族自治州"两江一河"水电开发区的生态资源破坏容易，恢复却相当困难。以甘孜藏族自治州"两江一河"的森林资源为例，从 20 世纪 50 年代至 90 年代末，甘孜藏族自治州的森林资源经历了当地民众长达半个世纪的砍伐，自 1998 年长江特大洪灾后，长江上游生态安全问题引起了国家层面的高度重视，长江中上游天然林保护工程开始推行至今已经历了近 20 年的治理，而甘孜藏族自治州"两江一河"森林资源仅仅是破坏现状得到遏制，而资源的恢复情况很不乐观，绝大部分地区仍然是无树的荒山和荒坡，即使是"飞播"或其他人工种植的林木，成活率和成林率都非常低，沿国道 317 和 318 向青海、西藏进发，沿途并未见有已成林并连片的人工林。同时，由于西部民族地区生态资源的稀缺性，本地的生态资源一经破坏则很难恢复，在甘孜藏族自治州，众多动、植物资源曾一度绝迹，而耕地资源更为稀缺，因水电开发淹没了大量的河谷耕地。在农区，土地是农民的命脉，农民世代生活和耕作于土地之上，而水电修建和电站蓄水占用淹没了大量耕地。为了生存和增收，当地村民和地方政府只有往海拔较高的半山上扩建耕地，形成了高半山产业，重新占用了大量林地资源，使森林资源进一步被挤占，生态资源难于恢复（见图 7-1）。

图 7-1　大渡河谷农民半山新开辟的耕地

西部民族地区水电开发区生态资源的特点决定了当地生态补偿难度更大，特别是生态补偿中的生态环境治理和生态资源恢复是一个复杂的大工程。在生态补偿的模式选择中，一般水电站修建过程中的料场、建渣堆放等所短期占用和损毁的生态资源，可以由水电开发企业自行按照标准恢复到建设前的生态环境水平；库区公路、厂房建设，大坝修建和库区淹没的生态资源，由于耗损量大，且恢复困难，则宜选择委托补偿的生态补偿模式。当然，在委托补偿中，因涉及生态环境治理、生态资源修复的付费问题，则宜于政府统一核算收费，采用政府招投标的形式，选择模型大、资历高的企业接受委托，进行生态环境治理和生态资源修复，以确保西部民族地区水电开发区生态补偿的效果。

二、西部民族地区水电开发区加倍补偿为主、等量补偿为辅的生态补偿模式

"青山绿水就是金山银山"，生态资源才是人类最宝贵的永久财富。为了从总体上保持生态平衡，保障生态资源的持续供给量，实现人与自然、社会与环境的可持续发展，在资源开发和利用中，当地政府应该根据地区生态资源现状，区分不同的情况，实行等量补偿和加倍补偿。

（一）等量补偿与加倍补偿

1. 等量补偿

等量补偿就是根据生态资源占用、损毁、破坏量的大小，施以与之相等的补偿量。例如，在一个地方占用、损毁或破坏 0.5 km² 的森林或草地，则在另一个地方（或本地）植造 0.5 km² 的森林或草地。当然，对于生态治理与恢复类型的生态补偿，等量置换是一种简单易行的补偿模式。同时，对于有明确付费标准的生态资源交易类补偿，等量补偿也同样适用，但对于有些被占用、损毁、破坏而无法恢复的生态资源或无法（很难）治理的生态环境，则需要有客观而明确的计量标准作为补偿计费依据，否则就无法进行等量置换或交换。这就需要科学地综合测算相关生态功能来进行等量补偿，因此科学的生态功能测算是等量补偿的客观基础。

2. 加倍补偿

加倍补偿是指对生态资源占用或对生态环境破坏时，采用大于被占用或被破坏量的生态补偿量，对生态资源和生态环境进行的补偿。例如，在一个地方砍伐 1 棵树，则需要在另外的地方种植 5 棵树来进行补偿，并且还需要保证其成活和成长到一定的标准。生态加倍补偿的实行前提与等量补偿相同，对于异地置换的生态补偿，则以实物（如动物、植物、土地资源等）作为补偿的置换标准；而对于极难（无法）进行治理或恢复的生态资源，则需引入市场交易机制，以科学的生态价值测算标准作为生态补偿的基础，以保证加倍补偿结果的有效性。

3. 等量补偿与加倍补偿的适用范围

等量补偿的核心是生态资源使用或生态环境治理的等量置换或交换，这对于生态资源富集区、生态环境治理和恢复极易地区、较为常见的生态资源（如常见的生物物种恢复）均可采用等量补偿；但是对生态资源贫乏的地区或生态资源脆弱区、生态价值高的生态资源，采用等量补偿模式则无法保持生态平衡，甚至会导致永久性的生态破坏或物种的灭绝，此时就应当实行加倍补偿。

（二）加倍补偿为主、等量补偿为辅的生态补偿模式

在西部民族地区，水电开发区属于江河上游重点生态保护区，是长江、黄河上游生态安全屏障区、国土空间规划限制开发区，同时更是极端生态脆弱区，西部民族地区水电开发区的生态安全，直接关系到国家的安全。因此，在地区经济建设和区域发展规划中，生态安全高于一切。如甘孜藏族自治州"两江一河"水电开发区，是长江、黄河的源头区域，其生态系统极为复杂、生态环境极为脆弱、生态资源极为多样、生态功能极其强大。这一区域肩负着长江、黄河水量储蓄与补给、水土流失防护、江河水量调节等重要生态功能；同时，这一

地区的生态资源也具有丰富多样的生物物种，其中不乏大量珍稀稀有物种和濒危物种；还有雪山、冰川等特有地质资源。在江河流域水电开发生态补偿中，针对不同的补偿内容可采取等量补偿和加倍补偿的不同补偿方式，如对耕地补偿可采取等量补偿的方式，但对森林、河谷植被、水生生物补偿则应实行加倍补偿模式。即使是同一资源，因其生态功能的不同，采用的补偿方式也应不同，如有的耕地虽是农业生产的重要生产资源，但更具有为野生动物提供栖息、休息场所和食物来源、水源等重要生态功能，对这样的耕地则不能适用等量补偿。总之，西部民族地区水电开发区的森林、植被、水生生物等各种生物资源具有极为重要的生态战略作用，并且具有生长慢、恢复难、物种稀有的特点。简单采用等价补偿不足以完成长江上游生态屏障区的建设，更无法保障国家生态安全，故应采用加倍补偿为主、等量补偿为辅的生态补偿模式。

三、西部民族地区水电开发区就地补偿为主、异地补偿为辅的生态补偿模式

（一）就地补偿与异地补偿

1. 就地补偿

就地补偿是将生态系统功能受损部分通过各种技术手段就直接进行修复，以保证本地生态系统功能稳定的生态补偿方式。如在城市建设中，因道路路面硬化而使地下水补给源受损，补给量减少，为了本地地下水不受影响，则可在临近的地方划定相同面积的区域改造成透水面，等量接收雨水，使因路面硬化而造成的负面影响得到平衡，这样的补偿模式就是就地补偿。就地补偿主要是修复生态系统功能，以保证生态系统功能的稳定。这样的补偿模式主要适用于重要的生态功能区、特殊野生动植物保护区、水源涵养区等。因为此类地区生态资源具有稀缺性，生态系统功能具有不可替代性，只能通过就地补偿才能对特有的生态环境进行修复，以恢复此类地区特殊的生态系统功能。

2. 异地补偿

异地补偿是相对于就地补偿而言的，是通过技术手段，对可替代的生态系统功能和生态服务价值进行恢复或替换的生态补偿模式，其中根据对补偿地管辖权限的不同有异地置换补偿和飞地补偿两种模式。异地置换补偿是以市场交易机制为调节，由生态资源使用者（破坏者）向生态资源所在地支付生态资源使用费用，再另行向国家支付相应的生态资源使用税，由中央政府在区域外另行划拨土地对生态资源进行再造置换，以保证大生态系统的生态系统功能平衡的生态补偿模式。异地置换补偿地的管辖权限由国家指定，一般可由补偿地原拥有管辖权限的行政区进行管辖。而飞地补偿是一种特殊形式的异地补偿，是在行政区划外另购土地对已经占用或破坏的生态资源进行再造。根据国际通用标准，飞地补偿的管辖权限应由原生态资源拥有地行政区划行使。通常情况下，当就地实行对等补偿出现措施失效时，或对可替代生态系统功能进行恢复，或对非特殊的生态资源进行修复时，可以选择在间接受到生态影响的地区实行生态补偿，以提升当地另外一个生态功能的效用。

（二）就地补偿为主、异地补偿为辅的生态补偿模式

西部民族地区水电开发区均属于我国西部生态安全屏障区，其生态系统功能绝大部分具

有不可替代性，地区生态资源具有区域独特性和不可迁移性，如甘孜藏族自治州"两江一河"水电开发区的河岸植被、野生珍稀动植物、水生生物等生态资源等，由于受地理环境、气候条件等多种因素的制约，很难进行异地迁移；而本地生态系统功能更为独特，长江、黄河源头水量储存与补给、青藏高原腹地水土保持、防风固沙、气候调节、野生动物栖息庇护地及食物来源地提供等诸多独特的生态功能均不可替代。此地的生态治理均应实行就地治理补偿，如建设野生动植物、水生生物育种繁殖基地，种植沙棘和根秋等本土经济林木等。但在治理初期，河岸植被碳吸附功能，耕地等生态资源，具有非独特性和可替代性，则可以采取异地补偿的形式，治理初期的森林碳吸附功能可进行异地植树造林进行置换，耕地资源则可建立"生态账户""土地储备库"等形式，保留一定的土地储备，用于土地置换或者必要的生态补偿。

总之，对西部民族地区江河流域水电开发区这一特殊的生态屏障区的生态环境补偿，当地政府必须因地制宜地探寻出一条适宜当地生态环境的补偿之路，使生态环境外部性内部化，促使社会边际收益与水电开发企业边际收益相统一，建立起以就地补偿为主、异地补偿为辅，结合加倍补偿等生态补偿模式，建立起适合于高原生态脆弱区生态功能建设的新型生态环境补偿模式。

四、建立科学的生态资源价值测算体系、公平的生态资源有偿使用标准和补偿的效果评价指标体系

西部民族地区水电开发生态资源有偿使用中存在的有偿付费不公平、有偿使用只重形式不重结果的问题，其中生态资源价值测算、生态资源有偿使用标准和补偿效果评价指标体系的缺失是重要的客观原因。生态资源价值测算是制定生态资源有偿使用标准及生态补偿效果评价指标体系信息获取的重要手段，生态补偿效果的评价是对保护与补偿工作的有力监督，并能通过效果评价总结经验，吸取教训，为以后的生态环境保护与补偿工作改进提供依据。因而生态补偿效果评价指标则是衡量保护与补偿效果唯一尺度。西部民族地区水电开发区生态资源有着独特的地域特点，对西部民族地区水电生态资源补偿效果评价不能完全采用国际或国内其他地区的评价标准。但本地区环境保护部门尚未制定出科学可行的生态补偿效果评价标准，因此，建立西部民族地区水电开发区生态资源有偿使用效果评价指标体系极有必要。西部民族地区水电生态资源有偿使用效果评价标准的建立应遵循"SMART"原则，即评价标准要具体、可度量、可实现、解决现实问题、有时限的特点，最大限度地避免评价过程的形式化、评价结果的主观随意性，以体现水电生态资源有偿使用的公平原则。

第二节　甘孜藏族自治州"两江一河"水电开发区生态补偿的特殊模式

一、自然生态补偿人工修复产业化建设

在国内，"生态补偿"中的自然生态补偿主要通过让自然生态休养生息的方法，让"自然

生态"得以恢复。如 1991 年出版的《环境科学大辞典》指出：生态补偿是指"生物有机体、种群、群落或生态系统受到干扰时，所表现出来的缓和干扰、调节自身状态使生存得以维持的能力；或者可以看作生态负荷的还原能力"，即"自然生态系统对由于社会、经济活动造成的生态破坏所起的缓冲和补偿作用"[①]。在这一补偿思路的指导下，我国早期的"自然生态补偿"在理论上主要注重自然环境资源的自我恢复。但是，随着经济的快速发展，人与自然、社会与环境的冲突问题日益突出，国内外对自然生态修复都进行了大量的人工干预实践探索，而生态脆弱地区自然生态恢复成为生态补偿中的一大难点。自然生态的自我恢复已不能达到现代生态补偿的要求，自然生态补偿中的人工介入已成为必然。

（一）国内外自然生态人工修复的实践经验

国外自然生态人工修复起步较早。20 世纪 20 年代，受美国土地开发与经营管理的政策性失误与干旱气候因素两方面影响，于 1935 年 4 月 15 日在美国"大平原"爆发了一次灾难性特强沙尘暴——"黑色风暴"，席卷了"大平原" 1/3 的面积，此后，"黑色风暴"持续了 5 年，面积扩大到了"大平原"地区的 10 个州。"黑色风暴"暴发期间正值席卷欧洲的经济危机，美国总统富兰克林·罗斯福采取了一系列新政，其中就包括环境治理。1934 年 7 月，罗斯福发布了营造防护林命令，拨款 7 500 万美元，实施规模空前的大草原防护工程。1935—1942 年，约 200 万美国青年参加了这一规模浩大的工程，建设防护林 1 850 千米，贯穿美国 6 个州，共种植三角松、柳树、朴树、雪松等各类树木 2.17 亿株，保护了 3 万多个农场免受风暴袭击。与此同时，美国还制定通过了《泰勒放牧法》《土壤保护与国内耕种面积分配法》等法令，用以指导合理放牧和保护土壤。这一规模宏大的自然生态修复工程，共种植树木数十亿棵，在大平原风暴区形成了宽 100 千米的防护林带，从得克萨斯州一直延伸到加拿大，而土壤防止侵蚀计划吸引了全国 1/4 的农民参与，涉及土地面积 300 万英亩（1 英亩≈4 046.86 平方米）。在解决了大量劳动力就业同时，取得了巨大的生态效益。泰晤士河是英国的"母亲河"，发源于英格兰中部，全程 402 千米，流域面积 13 000 平方千米，由于感潮段周边大型污水处理厂对其水质影响，雨污混合水溢流问题一直比较严重，暴雨期间水质恶化的情况时有出现。另外，沿岸的 14 座发电站排放的冷却水也对河水造成了热污染，使水温升高，溶解氧下降，曾经也污水横流、黑臭不堪。为了治理泰晤士河污染问题，政府成立治污小组，制定专门法规、政策，采用工程治理与生态防治相结合的措施，在 1985 年 10 月在泰晤士河流域的沃尔登建造了第一批芦苇床系统，此后又陆续建了 23 个系统，最大的系统占地 1 750 平方米，日处理生活污水 224 立方米；同时还引入市场机制，实行治污产业化，推行谁排污谁付费，发展沿河旅游业和娱乐业，通过多渠道筹措资金，解决了城市河流污染治理资金不足的难题，促进了城市的社会经济发展，加上曝气复氧措施的使用、鲑鱼回归计划的实施等一系统措施的推行，终于使泰晤士河的溶解氧明显上升，生化需氧量和氨氮、有毒有害物质的含量均明显下降，泰晤士河又重新跻身最清洁的城市河流之列。在国外，除以上两个典型"生态修复"案例，还有很多值得借鉴的经验，如 20 世纪 40 年代苏格兰杜莫勒河谷水电站大坝旁长达 274 米的鱼道、1912 年日本长良川河口闸鱼道、莱茵河沿岸各国签订的《莱茵河保护公约》、美国的基米河生态修复工程等，都有诸多值得我们学习和借鉴的成功经验。

---

① 环境科学大辞典编委会. 环境科学大辞典[M]. 中国环境科学出版社，1991.

在国内，随着社会经济的发展，对生态进行修复的意识也得到了越来越多的人的认同。早在 1979 年，国家就启动了"三北防护林工程"，横跨了新疆、青海、甘肃、宁夏、内蒙古、陕西、山西、河北、辽宁、吉林、黑龙江、北京、天津等 13 个省、市、自治区的 559 个县（旗、区、市），总面积达到 406.9 万平方千米，占我国陆地面积的 42.4%，预计到 2050 年，三北地区的森林覆盖率将由 1977 年的 5.05% 提高到 15.95%；而在 1998 年长江、松花江流域发生特大洪水灾害之后，国家累计已投入 3 000 多亿元资金实施了规模巨大的"天然林保护"工程，工程范围涉及云南省、四川省、重庆市、贵州省、湖南省、湖北省、江西省、山西省、陕西省、甘肃省、青海省、宁夏回族自治区、新疆维吾尔自治区（含生产建设兵团）、内蒙古自治区、吉林省、黑龙江省（含大兴安岭）、海南省、河南省等 18 个省、市、自治区，使我国 19.44 亿亩天然乔木林得以休养生息，"天保工程"已然取得了巨大成效。就局部地区而言，生态修复也有值得借鉴的经验，主要集中在矿山、湿地等方面的生态修复，如浙江绍兴东湖采石场修复而成的东湖风景区、唐山南湖开滦采煤沉降区修复而成的南湖生态公园、杭州西溪国家湿地修复等。在江河流域生态修复方面，有局部经验值得借鉴，如贵州赤水河流域孕育着"茅台""郎酒""习酒"等众多名白酒品牌，流经云、贵、川三省 11 个市县，流域面积 18 932 平方千米，1950—2005 年，赤水河流域的森林覆盖率从当年的 35% 左右下降到不到 20% 左右。为恢复赤水河生态，贵州省抓住政策契机，陆续开展环境保护"河长制"、生态补偿机制、环境污染第三方治理等 12 项改革试点，实行退耕还林、退耕还竹等生态修复措施。现在赤水河流域内贵州段森林覆盖率已经超过了 50%，其中中下游的赤水市达到了 81%，下游水质得到了明显改变，赤水河畔植物生态人工修复已取得了一定的成效。

（二）甘孜藏族自治州"两江一河"水电开发区自然生态补偿人工修复产业实施的必要性

由于甘孜藏族自治州特殊的地理位置，当地气候条件复杂，生态系统脆弱但生态系统功能强大，而甘孜州"两江一河"流域实行水电梯级开发，对本已有限且脆弱的生态资源造成了巨大的破坏。因此，对甘孜藏族自治州"两江一河"水电开发区进行生态补偿是非常必要的。

1. 由甘孜藏族自治州特殊的地理位置决定

甘孜藏族自治州地理位置十分特殊，地域面积辽阔，辖区面积 15.3 万平方千米，占四川省总面积的 1/4，全州 18 个县都是长江源头流域，其中石渠县除地处长江源头外，与青海省交界的查曲河 2 935 平方千米也属黄河源头流域，金沙江、雅砻江、大渡河两江一河流域流经全州 96% 的地区。甘孜州素有"中华水塔"之称，是长江源头水资源重要供给地；同时，甘孜藏族自治州也是国家国土空间规划区，是长江上游生态安全屏障区。可以说，甘孜藏族自治州的水质、水量的变化，直接关系到长江中下游地区的生产、生活和地区安全，甘孜州肩负着国家生态安全的重任，1998 年长江特大洪灾就是很好的证明。因此，基于甘孜藏族自治州特殊而又重要的地理位置，做好"两江一河"水电开发区生态补偿人工修复产业建设是对国家生态战略安全负责。

2. 由当地特殊的地域生态恢复特点决定

甘孜藏族自治州地处高原生态、山地生态、河谷生态等多元生态区，由于受地形、地质、气候等众多因素的影响，生态系统极为脆弱。甘孜州境内高山众多，仅地处泸定、康定、九龙境内被誉为"蜀山之王"的贡嘎山脉，海拔 5 000 米以上的高山就有 45 座。通过实地考察，本调研组发现在高山对湿润空气的阻隔下，甘孜州的康定、泸定、丹巴、九龙、雅江、新龙、甘孜、巴塘、白玉、德格、石渠等地的"两江一河"干流河谷基本都属于干热河谷地带，山间植被稀少，仅有一些低矮灌木和耐旱植物能够生存，而水分略为充足的河谷底部和高山顶部则森林茂密、植物资源相对丰富。由此可见，甘孜藏族自治州脆弱的生态系统，呈现出破坏易、恢复难的特点。图 7-2 和图 7-3 是"两江一河"河谷生态图。

图 7-2　大渡河河谷生态区

图 7-3　雅砻江河谷两河口电站开发区

自"两江一河"密集的水电梯级开发（密集指两个电站的库尾至大坝之间距离不到 10 千米）规划实施后，该地区河谷生态资源已经被（或即将被）大量淹没，除大渡河流域泸定县、康定市境内部分地区淹没耕地外，更多电站库区淹没的是大量森林资源，仅雅江县"两河口"电站就淹没各类林地达 2 平方千米。大量的水电站修建，不管是对当地的陆地生态还是水生生态来说，都是灭顶之灾（见图 7-4 ~ 7-6）。

图 7-4　两河口电站即将淹没的水位线

图 7-5　两河口电站淹没水位线

图 7-6　库区淹没情况

　　加之 20 世纪 50 年代开始的全国范围内森林大砍伐等掠夺性的资源开发，以及截至 2000 年的疯狂狩猎、盗猎活动等一系列对本地生态资源的严重破坏行为，甘孜藏族自治州本已十分脆弱的生态系统遭到前所未有的严重破坏，森林面积锐减，生物多样性面临严重挑战。2000 年在全国大规模推行以"退耕还林""退耕还草"等为内容的"天保工程"，使本地生态系统得到一定的休养生息。但甘孜州极其脆弱生态系统的破坏易、恢复难的特点决定了本地生态系统的自然恢复需要非常长的一段时间。按照本地动植物的生长繁衍速度进行估算，本地生态系统即使不进行大规模的水电开发，要恢复到树木砍伐前的生态原状保守估计也得数百年的时间。

在全球气候变暖的大环境下，甘孜藏族自治州"两江一河"水量补给也发生了巨大变化。过去河流的水量补给主要靠雪山补水和森林、草地等地下补水，一年四季河流水量较为稳定，"六月飞霜"的盛景十分常见。以康定气温为例，在 2000 年以前，每年 8 月最高的气温大约为 10 ℃，当地没有夏天，人们通常会穿两件以上的衣服。而今康定温度已高达 28 ℃～30 ℃。在过去的低温天气下，高山积雪蓄水功能十分强大，仅贡嘎山脉就有数十座"万年雪峰"，山上积雪终年不化，即使在气温最高的 8 月份，高山上部也是会有大雪天气，本地降水一部分被森林、草地以地下水涵养的形式得以保存，一部分则以高山积雪的形式存留了下来。但随着气候的变化，特别是水电开发以来，大量梯级大型电站的修建，使河流进入静止状态，空气流动原动力缺乏，河谷无风或微风天气增加，热量得不到快速散发，局部区域温度上升极快。在 2014—2017 年连续 4 年的实地考察中发现，从甘孜州泸定县出发到西藏江达地区，沿途雪山仅有 1～2 座山顶有少量积雪（见图 7-7），上百座"万年雪山"积雪已然消融（见图 7-8），仅留下寸草不生的怪石林立，在夏季，雪山积雪补水功能已然丧失。此时，江河上游水量只能靠残存的植物、地下水维持，而电站水库虽然有蓄水和调水功能，但能否替代自然生态值得怀疑。从近年水量变化情况来看，夏季洪峰明显加大，秋冬季节枯水期明显加长。由此可见，在甘孜藏族自治州"两江一河"流域，森林植被的功能比过去更加重要，进行河谷生态补偿人工恢复既必要且更迫切。

图 7-7　四川甘孜州泸定到西藏调研途中见到的唯一雪山（2017 年 8 月）

图 7-8　冰雪消融后的万年雪山

3. 甘孜藏族自治州水电开发区社会经济可持续发展的必然选择

"两江一河"水电开发区涉及甘孜州17个县，移民范围非常广，涵盖了"农区""半农半牧区"和"牧区"，涉及移民数量庞大。截至2010年，全州水电移民数量有2.8万人。水电开发对农牧业生产资源占用数量巨大，库区淹没如公路、料场等基础设施建设，占用了大量农田、耕地、经济林木等重要资源，这对当地百姓生产和生活造成了巨大的影响。水电移民对泸定县和康定市、丹巴县大渡河谷地带的农区影响最大。从调查情况来看，这几个地区的农村家庭收入在移民前70%左右来自土地生产，20%左右来自外出务工等，10%左右来自其他。特别是泸定县，大渡河谷地带，有部分农户是以土地为基础，经营农家乐等旅游项目获取家庭收入，其他没有进行旅游经营的农户也以土地为生产资料，生产蔬菜、水果、核桃等各类农副产品获取家庭收入，经济收入较为稳定、可观。在半农半牧地区，农村耕地主要用于家庭食用粮食生产和经济林木种植，耕地收入占家庭收入的20%，山间采摘（以虫草、雪莲花等名贵药材和各类野生菌类为主）占家庭收入50%左右，草场畜牧收入占30%左右。这类地方移民补偿主要针对耕地补偿。而草地本属于集体，在调查中没有发现补偿。为此多地也曾发生过村民对抗拆迁事件，只是在地方政府的努力下得以解决。在牧区，水电开发移民涉及面较小，资源占用以林木为主，也有部分草场，林木通过产权置换得以解决，对牧民生活影响相对较小，这里就不再阐述。

"两江一河"水电开发资源占用补偿除部分乡村外，一般采用一次性补偿的形式。由于水电开发区地势偏僻，农户受教育程度低，思想较为落后，理财观念缺乏。据调查，村民获取到补偿款后，绝大部分家庭都用到了房屋修建或装修上，手里的余钱极少。这对村民的后续生活和地方社会经济可持续发展有着巨大的负面影响。从水电开发用工情况来看，目前本地村民主要参加水电站建设项目的重体力劳动用工，临时性较强，另从劳动用工单位的角度来看，用工方更倾向于使用外籍务工人员，这使水电开发区农户后续收入保障性较差。而水电开发生态补偿人工恢复产业建设，能够提供较为稳定的就业岗位，也需要大批量适合高山作业的劳动力资源，本地农牧民则是最为合适的人力资源。这对帮助开发区农牧民就业、促进地方社会稳定、经济发展都具有极为重要的积极意义。

（三）甘孜藏族自治州"两江一河"水电开发区自然生态补偿人工修复产业实施的可行性

1. 生态资源的可行性

通过对甘孜州康定、泸定、丹巴、九龙、雅江、新龙、巴塘、道孚、白玉等市县进行实地调研考察发现，造成甘孜州植物资源脆弱的首要因素是空气水分，其次才是温度、海拔、土壤等。不管是金沙江、雅砻江还是大渡河，其河谷地带均属于干河谷地区，空气异常干燥，植被都很稀疏，而在"两江一河"水分比较充裕的支流部分（如康定折多河、泸定县海螺沟冰川旁、丹巴县东谷河、理塘县无量河、白玉县偶曲河、鲜水河雅江县与道孚县境内段等），植物生长茂盛（见图7-9），森林覆盖率很高；调研组甚至还发现，丹巴县东部河谷有大量松树生长于无土岩石之上，白玉县郭达山高山湖畔海拔4 000余米的地方也有雪松、桦树等树木生长，长势较为旺盛（见图7-10）；同时，甘孜藏族自治州地域辽阔，森林宜植面积大，植物生态人工修复潜力巨大。因此，如能解决植物生长所需的水分问题，森林等植被再植修复是完全可行的。

图 7-9　金沙江支流偶曲河谷的茂密森林

图 7-10　海拔 4 000 余米的郭达湖畔见到生命顽强的树木

2. 修复技术较为成熟

在国内外，生态系统人工修复起步都很早，生态修复技术较为成熟，在实践应用中取得了理想效果。目前，在生态系统人工修复中通常使用工程整治技术和生物修复技术。工程整治技术是采用物理和化学手段对生态系统进行人工修复，如常用于改变水质的稀释冲刷法、生态清淤法、曝气法，用于植被恢复的地膜覆盖法、微喷滴灌法，用于土壤改良的客土绿化法、有机质补充法等。在江河流域治理中和生物圈恢复过程中，修建拦河坝、拆除渠化河道、建设过鱼通道等水利工程法也是一种既常用又有效的办法。在国外，英国泰晤士河、美国基西米河、德国鲁尔河、日本长良川河的生态系统；人工修复运用了大量工程技术进行流域生态系统修复，效果良好。在国内，三北防护林这一浩大工程的建设，更为我国生态系统人工修复积累了庞大的工程技术储备。生物修复技术是指充分利用自然生态系统自我修复功能，通过人工工程技术介入，激发自然生态系统强大的自我修复力量，达到促进自然生态系统自我恢复目的的技术总称。在国外，日本渡良濑水库的人工芦苇荡、人工浮岛和鱼类产卵床建设就是一个很好的案例。通过人工芦苇荡的过滤作用和人工浮岛对水质的自然净化作用，使水库水质得到了根本改善，鱼类也得到了大量繁殖；而美国则以流域为管理单元解决水生态系统问题。通过土地资源整合，当地建立流域植被缓冲带，在流域关键区域有效提高了土地资源的生态利用效率，使水流域治理取得了卓越的成果。在我国，"天然林保工程"的推行也是对生物修复技术的尝试，如退耕还林、退耕还草等也大量涉及初级生物修复技术的使用，虽然有很大部分是农牧民自发修复，规模较小，但也不失为一种尝试和探索，而在较大规模的植树造林、水电站鱼类增殖等工程中，生物技术与经验的累积就更为丰富。因此，在长期国内外自然生态系统修复中，不乏大量技术与经验的积累，为甘孜藏族自治州"两江一河"水电开发区自然生态系统的人工修复储备了大量技术资源，使这一生态脆弱区自然生态修复有了丰富的技术支持。

3. 人力资源有充足保障

甘孜藏族自治州"两江一河"水电开发区生态系统人工修复，不仅需要大量的资金、土地等各种资源保障，更需要充足的人力资源保障。在"两江一河"水电开发中，有大量农村农牧民因土地被库区淹没或被其他水电站基础设施建设所占用，成为失地农民。在前期开发中，至2010年数量达到了2.8万人之多，再加上近7年多的水电开发建设，其数量更为庞大。从实地调查情况看来，30%多的失地农牧民为中、青年，主要从事水电基础设施修建工地、城镇建设临时工作和山间采摘工作，部分青年选择了外出务工。由于水电基础设施修建及城镇建设工作时间不稳定，城镇建设规模受地域限制等多因素影响，大量农牧民长期处于隐形失业状态，这为"两江一河"水电开发区生态系统人工修复产业提供了大量的劳动力资源。同时，甘孜藏族自治州地域环境复杂，气候条件恶劣，生态人工修复产业对劳动者身体素质和劳动技能要求较高，一般外地农民工对高原作业往往会有高原反应等身体不适反应，而本地失地农牧民长年世居于此，完全能适应本地复杂的地理环境和气候变化，更在长期劳动中熟悉本地生物生长特性，具备了熟练的本地种、养殖劳动技能。因此，具备适应本地自然环境、了解本地生物特性的本地失地农牧民是自然生态人工修复产业最为理想的劳动力资源。在问卷调查和实地随机访谈中，我们发现，"两江一河"水电开发区失地农牧民均有对家乡生态环境保护与修复的强烈愿望。在访谈中，绝大部分农牧民谈到了水电开发破坏了大家祖祖辈辈生活的环境，看到自己从小生活的家乡山水树木被损毁，心里感到十分难受，也希望能够参与建设，重新恢复过去的绿水青山。这种意愿越进入牧区百姓反应越强烈（从答案选择速度上判断）。在问卷中"您是否愿意参与自然环境恢复建设"一选项中，选择愿意的为100%。通过访谈了解到他们选择这项的理由有三点：一是对家乡有着很深的感情，希望家乡变得越来越美，环境恢复好了，自己感觉心情愉快，自己愿意把家乡建设得更好；二是这样的产业可以有稳定的工作和收入，如果参与就不会为搬迁后没地可种、没草可放牧而感到担忧；三是如果环境恢复不好，气候会变化，每年的虫草、菌子等生长会受到影响，如果采摘来源枯竭，会断了长久的生活来源。综上所述，不管是从当地劳动力数量、质量，还是劳动者参与意愿上看，水电开发区生态系统修复产业都具有稳定可靠的人力资源保障。

（四）对甘孜藏族自治州"两江一河"水电开发区自然生态补偿人工修复产业建设的建议

基于甘孜藏族自治州"两江一河"水电开发区自然生态系统的实际现状，进行"两江一河"生态补偿人工修复已刻不容缓。从目前水电开发中生态受益主体对这一区域的生态保护与修复情况来看，当地生态仍处于被动修复的状态。然而，"两江一河"水电开发区自然生态修复是一个系统工程，必须要多维思考、多方面配合、多管齐下才能达到应有的效果。

1. 从国家立法层面制定生态补偿法律规范，对自然生态补偿提出硬要求

在党的十八大报告中，为推进中国特色社会主义事业、实现社会主义现代化和中华民族的伟大复兴，提出了以"经济建设、政治建设、文化建设、社会建设、生态文明建设"为内

容的"五位一体"总体战略布局，但作为"五位一体"重要内容之一的生态文明建设，法律支持与保障较为缺失。从国家生态补偿层面而言，法律依据主要散见于各种单行法中，自 20 世纪 90 年代起，环境保护部先后在河北、辽宁等 11 个省的 685 个县（单位）和 24 个国家级自然保护区，开展了征收生态环境补偿费的试点，开始推动生态补偿机制方面的研究和实践探索。近 30 年来，国务院、环境保护等部门陆续出台相关决定或通知，不断推进"完善生态补偿政策，尽快建立生态补偿机制"的实践。

目前，我国各地已相继在湿地、矿产资源开发、流域和水资源、饮用水水源保护、农业、森林、草原、自然保护区、重点生态功能区、海洋以及土壤和大气等领域实行生态补偿制度。伴随着生态补偿的实践，我国的生态补偿相关立法起步于 20 世纪 90 年代，生态补偿的规定散见于《森林法》《水法》《土地管理法》《野生动物保护法》《防沙治沙法》《草原法》，以及《森林法实施条例》《退耕还林条例》《土地复垦规定》《基本农田保护条例》《自然保护区条例》等相关法规。这些规定散见于单行的环境法律法规，且每个单行法只涉及某一个或某一类生态要素的生态补偿问题，生态补偿法律规范缺乏系统性和完整性，立法工作与法治保障明显滞后于发展中的生态补偿实践。就"两江一河"自然生态补偿而言，实际补偿工作中，法律依据散乱现象严重，特别表现在自然生态补偿人工修复产业建设上，目前主要依据的法律主要有《森林法》《野生动物保护法》《土地管理法》《草原法》《森林法实施条例》《退耕还林条例》《土地复垦规定》《自然保护区条例》等。因此，根据水电开发区自然生态系统的特点和国家生态文明制度改革的要求，对甘孜藏族自治州"两江一河"自然生态人工修复产业建设应立入法律基本内容包括：

（1）生态脆弱区自然生态系统资源置换制度。根据"两江一河"自然生态系统破坏易、恢复难的特点，地区生态系统不能采用"先破坏、后恢复"的常规生态资源使用途径。为保证区域自然生态环境容量稳定，严守区域生态红线，应按照水电开发中自然生态资源占用的质量标准和未来自然生态资源正向发展趋势，就地再造自然生态资源，用以置换开发中即将损毁的自然生态资源。如"两江一河"水电开发区的森林植被资源，可按其损毁、淹没面积和物种结构进行再植，达到一定标准后用以置换损毁区域内自然资源，将此内容以法律形式加以规定，以确保水电开发区生态系统功能的稳定性。

（2）生态脆弱区自然生态已损毁资源人工修复制度。在甘孜藏族自治州"两江一河"水电开发前期已建项目中，侵占和损毁了大量生态资源，仅淹没、损毁、侵占的森林面积就达数万亩之多，对当地生态系统造成不可估量的影响。鉴于"两江一河"地区生态系统功能的独特性和生物物种的稀缺性，对这一地区已损毁生态资源进行人工修复尤为必要。由于缺乏法律限制，自然生态系统人工修复被动性突显，对本地生态功能负面影响严重。因此，通过立法手段，把无法替代的当地独特的自然生态资源进行人工修复并以法律形式进行规制，从而有效保护和恢复生态脆弱的自然生态系统。具体应包括自然生态资源人工修复对象选择标准、修复内容确定、修复资源占用选择、修复资源验收标准等一系列内容，其中立法内容应由环境、生态、法律等有关专家进行科学论证。

2. 利用工程技术，有效修复"两江一河"地区自然生态资源

不管是在国外还是国内，运用工程技术对自然生态系统进行人工修复而取得成功的案例为数不少，早在 20 世纪 20 年代，美国对"大草原"的治理开创了庞大工程技术使用的先河，

并取得了卓越的成效，距今已有近百年历史。随着各国对生态系统人工修复的广泛开展，用于自然生态系统人工修复的工程技术逐渐成熟并得到了广泛应用，在我国目前水利工程修建中过鱼通道、鱼类增值站等工程设施已成为水利工程的基本设施之一。

甘孜藏族自治州"两江一河"流域水电开发区对鱼类资源、植物资源、泥沙底泥等生态资源影响较大，就鱼类资源而言，后期修建的大中型水电站大部分修建了过鱼通道和鱼类增殖站，实现了对野生鱼类的物种保护与救助，但在早期修建的水电站和当地小型电站中，没有修建过鱼通道。而森林、草场等植物资源影响最大，且未列入生态系统修复计划，在实地调研中，水电开发方和地方政府均认为，水电站没有淹没森林，只淹没了部分灌木林。因"两江一河"水电站正在修复或刚建成投入运营，底泥、泥沙和水体污染等问题还不突出，没有得到水电开发者和地方政府的重视。

针对甘孜藏族自治州"两江一河"水电开发区的现实状况，对水电开发区"自然生态补偿人工修复产业"可借鉴、运用、创新各类工程技术，对自然生态系统进行人工修复产业建设。

（1）泥沙、底泥疏浚工程。对于大中型电站，大坝水库的底泥和泥沙问题一直是必须解决的重大难题。首先，泥沙、底泥长期淤积将侵占水库蓄水容积，减少水库蓄水容量，严重的甚至会导致大坝报废；其次，泥沙和底泥富含大量营养物质，蓄积量大了会使水体富营养化，导致大量微生物和藻类繁殖，进而改变水体水质，影响鱼类生存环境；同时泥沙、底泥本身也会释放大量有毒有害气体，如甲烷、氨气等，降低水体含氧量和引起鱼类大量死亡等。对于"两江一河"这样大规模的梯级水电开发，一般单一电站所采用疏浚方式，将会造成污染累积，从而对江河水体造成大规模污染；如采用一般机械疏浚或水力排沙等方法，势必会将上游的泥沙和底泥全部集中于最后一级电站水库一次性排入江河。这样不仅会导致梯级电站逐级水体污染和泥沙底泥倍增，更可怕的是会导致一条河流流域上 20 余级大型水库储存底泥与泥沙一次性排入江河下游，其污染力度将远远超出江河自身净化能力，即使分时间段排出也不可行，机械等搅拌方式更会直接加速水体污染。库底泥沙和底泥并不是废物，底泥极软且含有丰富的营养物质，经处理后是很好的农用肥料，而挤压出的水经处理后又能流回水库补充水量，而底泥肥料和肥土是改造新造耕地生土和植树造林等最好的原料。因此，泥沙、底泥疏浚工程技术是"两江一河"水电开发区变废为宝、还土于地、还肥于土的值得一试的好办法。

（2）濒危鱼类，动、植物救助工程。从 2015 年起，"两江一河"干流在建电站项目中已经开始注意鱼类保护，建设鱼类资源保护修复工程设施主要是"鱼道"修建和"鱼类增殖站"。就现有修建的"鱼道"而言，据实地调研中开发区村民和当地基层干部反应，"鱼道"长度过短、坡度过陡，部分品种鱼类和体质较差者难以通过。当然，具体效果如何尚需大量实践检验，但据水电站领导介绍，"在鱼道监测中看到有鱼通过，员工都感到很兴奋"。从情况表述中可以推测，"鱼道"通过鱼类数量较少，建议鱼道等过鱼设施建设实际效果不能仅做理论论理，还应在后期实践中根据本地土著鱼类个性特征进行改善，使设施真正达到物种保护、救助的作用。而对于前期没有修建鱼类保护救助设施的大中型水电站，应进行补救，把"鱼道""鱼类增殖站"等设施纳入基础设施建设中，以达到修复自然生态的目的；小型电站由于资金、技术等条件限制，应把这类基础设施外包，由专业企业修建，以保证设施修建的实用效果，鱼类增殖要向大型电站增殖站购买规定数量鱼苗，承担起保护修复生态的义务，濒危动、植物如"五小叶槭""雪豹"等，建议组建专家团队进行科学的存量调查与分析，借鉴鱼类保护设立保护区，建设恢复动、植物生态环境，进行物种繁殖放归，以增加种群数量，保护生物多样性。

（3）利用工程技术广泛开展植树、植草活动。"两江一河"水电开发区干流绝大部分属于干热河谷，森林、植被生长速度缓慢，仅靠植物自然生长很难恢复自然生态，同时，"两江一河"地区自然生态系统功能强大，对局部气候和长江中下游生态安全具有不可替代的安全保障作用，因此，利用工程技术进行植树造林活动恢复此地森林、植被既迫切又重要。

在森林、植被人工种植修复生态过程，工程技术的使用是最为有效的：① 微喷滴灌技术。水是"两河一河"地区影响森林、植被生长最重要的因素，但凡水分充足的地方，森林植被都生长茂盛，而气候干燥的地方，植被较为稀疏，这种现象产生的原因有两个：一是由于"焚风"影响，使河谷空气干燥，降雨量较少，植物生长缺乏必要的水分；二是由于河谷山地坡度大，两岸高山土质均为沙砾岩土，土壤保水性能差。土壤含水量直接决定了这一地区植物的生长，利用微喷滴灌技术既可以解决植物生长面临的土壤水分不足问题，改变土壤水分含量，节约用水量，解决高山缺水问题，提高树木的成活率。微喷滴灌技术可根据不同的地理条件辅之以人工水渠、蓄水池等水利工程，以减小工程成本。但因沙砾岩土分布普遍，山体地质较为疏松，在这项技术使用中要加强管理，防止引泥石流等地质灾害。② 地膜覆盖技术。地膜覆盖技术是一项较为成熟的技术，在农业生产中使用普遍，地膜覆盖的作用在于对植物的保温保水，在植树造林时，由于河谷地带温差较大，土壤水分不足，可利用地膜覆盖，保证土壤温度恒定、湿度适宜适中，排除杂草对苗木生长影响，从而提高幼苗成活率，促进植物生长。但使用地膜覆盖技术时要对后期残膜进行妥善处理，避免残膜对环境造成污染，当然，如能采用新型地膜消除环境污染隐患则更好。③ 土壤改良技术。土壤改良技术的使用有两个目的，一是为了保持水土流失，二是为了增加土壤有机质和养分。甘孜藏族自治州"两江一河"两岸山体坡度大，大多数地方与河面夹角达80°左右，下雨时雨水几乎成垂直冲刷山体，再加上数十年森林砍伐，山上树木、植被未被恢复，林木稀疏，山体本身为沙砾岩土，土质疏松，土地沙化、水土流失现象严重，如金沙江甘孜藏族自治州过境段，一年四季河水浑浊，清水难见（见图7-11）。因此，可采用山体窄幅筑台等工程技术手段，局部改变山体坡度，再种上草木等植被，减小山体雨水径流，增加雨水土壤涵水量，减少水土流失，达到固土的目的。随着20世纪50年代开始的森林砍伐，山地有机质下降，河岸山体土壤较为贫瘠，为改变土壤结构，可以用库区底泥、农畜粪便等进行有机物质补充，增加土壤有机质和养分含量，改良土壤性状，提高土壤肥力让土壤更加宜林木种植。

图 7-11　浑浊的金沙江江水

3. 使用生物技术修复"两江一河"自然生态系统

生物技术用于生态修复历时已有几十年，其技术较为成熟，有许多值得借鉴的经验，早在 20 世纪 60 年代，日本就曾用种子复活技术对印旛沼湖进行生态修复，并取得了巨大成功。甘孜藏族自治州"两江一河"流域前期植树造林中也曾使用过生物技术，如飞机播种、人工植树等，但由于缺乏后期的监控管理，效果并不理想，飞机播种成功率不高，仅有少部分土壤水分充足的地方播种树木生长成林，如丹巴东谷河牦牛沟一带的松木林，现已基本成林。"两江一河"河谷山体气候干热，土质疏松，土壤水分含量低，一般飞播收效不大，在生物技术利用上，可考虑以下技术：

（1）物种优选技术。针对"两江一河"干热河谷气候、土质疏松、保水性能差的特点，在进行生态修复时应优先选择抗旱能力强、根系发达、固土性能好的植物进行种植，这样的植物更利于在干热河谷地带生长；同时在植物物种选择时，要优先考虑本土植物，才能保证生物多样性保护，避免外来物种造成大面积入侵，侵占本土物种生存空间；在进行植物物种优选时，要考虑多种植物间种，大量选择常绿乔木，充分发挥不同植物的生态功能，既要达到防止水土流失的目的，又要能够调节气候，改变河谷局部气候，既要降温又要增湿，逐步恢复河谷山体植被生态系统。而对于高海拔地区，则应选择适宜高山生长的耐寒抗冻的植物，如雪松、胡杨、桦树等，逐步增加地区森林覆盖率。

（2）物种培植技术。"两江一河"水电开发区物种种类丰富，包括动物、植物和各类水生物种，其中，不乏大量濒危珍稀物种种类，在电站修建和库区淹没中，大量物种生存环境被改变，濒危珍稀物种面临绝种危机，如雪豹、五小叶槭、重口裂腹鱼等，这需要进行物种培植，加强人工繁殖以保护物种。目前，水电站修建中对野生鱼类已建立鱼类增殖站，但对各类动、植物还未有有效拯救措施，需进一步对这一地区物种进行详细调查，利用物种培植技术进行培育增殖，以保护生物多样性。另外，以大规模林木植造、动植物和鱼类增殖为内容的生态修复需要大量种苗，这也要进行生物育种等技术增加种苗，满足大量种苗需求，因此，各类苗圃建设，物种培植、种苗繁殖等技术则成为"两江一河"生态修复的核心支持技术。

（3）防护带、净化带植造。针对"两江一河"水电开发区植物垂直分布的特点以及各类生物对生态系统不同功能，这一地区生态修复应以带状植造为宜，山体植物防护带应体现植被的环境防护功能和气候调节功能，如水分涵养带、气候调节带、水土保持带等，保护带建设应根据不同植物的生态功能进行规划，充分发挥不同物种间的互补优势，促使生态系统修复功能最大化。而对于水体治理，应借鉴国内外经验打造水生植物净化带，用以净化库区水质，因库区水流趋于静止，沿岸城镇及库区移民安置点对水体污染较大，库区水体富营养化严重，可选择和培育水生植物建设人工浮岛，沿水库岸边种植芦苇、菖蒲等净化能力强的水生植物，净化自然水体，保证库区水质清洁。

4. 充分利用增殖站，正面引导农牧民放生活动

"放生"是藏民族地区普遍存在的一种民间习俗。藏区百姓为行善求平安，保持自然和谐，每到重要日子，通常将生灵放归大自然。放生的对象通常是各类家禽、家畜、野生动物和鱼类，其中家禽和鱼类放生量最大。居民放生本来对维持自然和谐、保护生态平衡有着积极作用，但由于百姓放生基本上都选择市场上购买的平原鱼类和家禽、家畜，野生动物极少。在水电开发之前，因河水湍急寒冷，平原鱼类在"两江一河"干支流中难以生存，但随着"两

江一河"密集梯级水电开发，导致水流缓慢，库区水流几乎静止，水温受干热河谷气温影响有所上升，放生鱼类在水库中得以快速繁殖，且本地生态环境中鱼类缺乏天敌，放生鱼类形成了新的入侵物种，加上放生鱼类中有部分属凶猛肉食性鱼类，如鲶鱼等，对当地的鱼类造成了极大威胁，而家禽、家畜的放生也同样挤占了大量野生动物的生存空间，特别是牛、羊、猪、鸡等，繁殖能力和适应能力极强，对野生动物造成了不可忽视的生态威胁。

因此，应充分发挥动物增殖站、鱼类增殖站的作用，优选物种进行培育，低价向百姓提供放生种苗，向本地百姓普及自然生态平衡知识，严格控制入侵物种放生行为。这样既能满足百姓放生习俗需求，也能获得动物、鱼类增殖所必需的资金支持，更能促进本地区生态修复产业的长足发展。

二、"两江一河"水电开发区农牧民土地资源股份参与模式

甘孜藏族自治州"两江一河"水电开发基地建立，对国家清洁能源基地建设、有效解决能源危机、发展甘孜藏族自治州地方经济都具有重要意义，但同时也占用了大量农牧民耕地、林地、草场等重要生产资源。从在开发区农村农牧民的角度看，水电开发对农民生产资源占用，意味着农民对土地"永佃权"（"农村土地承包权"是一种具有较长承包期限，以土地承包为形式，耕种、放牧为目的，存在于集体所有制土地上的土地用益物权，可以视为事实上的土地"永佃权"）的丧失。在资源开发过程中，农牧民虽然可以通过以移民为主的农村城镇化建设解决居住问题，改善生存、交通、教育、卫生等环境，但"土地永佃权"的丧失将使大量农牧民从土地资源上游离出来，成为新型的失地农民。甘孜藏族自治州"两江一河"地区因受地域环境、思想观念、人口素质、交通条件等种种因素的影响，如果"土地永佃权"不能有效地转换成为其他"土地孳息权"，很大一部失地分农民会因不懂经营而只能靠有限的拆迁补偿款度日，轮为农村"新贫困人群"。而"两江一河"水电开发移民区土地资源补偿采用土地权属一次性买断的货币补偿形式，对以后居民生活发过渡安置费通常为每人每月 360元。随着物价水平不断上涨，水电开发区的"新贫困"将成为一个普遍而又严重的问题，"新贫困"趋势将逐步突显。

甘孜州"两江一河"水电开发区"新贫困"难题产生的根源在于有限的土地资源被水电开发占用，失地农民与土地分离后失去了后续生产、增收的重要生产资源。因此，要解决水电开发移民区失地农民"新贫困"问题，帮助农民实现增收致富奔小康的目标，症结在于如何处理农民资源使用权与收益权之间的关系。建立水电开发移民区生产资源入股制度正是让农民土地资源使用权与土地资源使用收益权相剥离，入股后的农民虽然丧失土地资源使用权，但并不因失去土地使用权而失去土地孳息，影响家庭的后期收入，而是通过以土地资源投资的形式转让土地使用权，以土地使用权对水电开发投资，参与水电开发的利益分享。

在对泸定、康定等农区水电开发区调查过程中我们发现，水电移民区土地资源被占用淹没后，剩下的土地仅有原来的1/3左右。在与水电开发移民区农民进行座谈时，大部分农民反映了他们最为担心的问题："现在因为移民补偿每家都有一定的资金，但大部分移民把这部分资金都用于移民房超平方购买和房屋装修，几年之后移民补偿款用尽，我们的收入又从什么地方来？到那时候，老人看病需要钱，孩子读书需要钱，一家人生活需要钱，仅靠政府的养老救济能不能解决问题？"移民区农民的这种担心不是没有必要的，也揭示了"两江一河"

水电开发移民区"新贫困"问题的严重。在问卷中对"您认为哪一种补偿方式更适合您的家庭"一问题，我们设置了"A.直接现金补偿；B.置业补偿；C.以土地参股补偿；D.养老保险补偿"4个选项，各选项调查的比例为：A.20.67%；B.26.54%；C.43.3%；D.9.5%。可见，农牧民对土地参股补偿意愿非常强烈，通过询问反馈意见为："如果采用股份制的形式参加水电开发，他们愿意不要其他的任何补偿款项，只需要解决目前居住问题就行。"农牧民选择这一答案的理由是"如果土地参股，既能解决以后的生活来源，又能继承，对孩子们今后的生活也无后顾之忧"。由此可见，"两江一河"水电开发区资源入股补偿模式是一个顺乎民意、促进资源有效开发的良好途径。实行这一补偿模式，能从根源上消除水电开发区的"新贫困"问题，对地方政府的日常管理、经济可持续发展、民族地区的社会稳定都有着极其重要的积极意义。

对于甘孜藏族自治州"两江一河"水电开发区土地资源入股模式建立，建议做好以下几方面的工作：

（一）做好明晰产权工作

"两江一河"水电开发资源入股模式建立应以资源产权明晰为前提，在调查中发现，水电开发区资源产权混乱现象普遍存在。特别是对林地、草地、荒地、山岭、滩涂所有权难以分清，国有产权部分与集体产权部分难以界定，水电开发方与农牧民产权纠纷事件时有发生。如白玉县某电站曾因集体林地、草地未做补偿，引发农牧民群体事件，在政府做了大量工作后问题才得以解决，但农牧民意见仍然较大；雅江某电站对农民集体林地处理采用产权重新划分的形式解决，为了规避补偿，把水库淹没区林地划为国有，山体中间地带林木稀疏带划为集体所有，大量农牧民不满情绪依然存在。产权混乱问题在各大电站开发中都有存在，如泸定县大岗山电站移民区，康定市黄金坪电站开发区等。产权明晰与否直接影响股权的集体持有、政府持有还是家庭持有。在水电开发中，地方政府持有大量水电开发股权的情况较为常见，从而影响开发区资源使用和利益分配的公平性。

（二）确定土地资源股份收益使用比例

甘孜藏族自治州"两江一河"水电开发收入部分是由开发区生态资源投入所得的产出，土地以及土地上的植被等生态资源是水电开发生产成本的重要组成部分。可以说，水电开发的收益部分是由生态资源置换而来的，因此根据"谁受益、谁补偿"的原则，用水电开发收益补偿自然生态是理所当然的事。"两江一河"水电开发区土地资源产权有农牧民土地私有使用权、集体土地所有权、国有土地所有权三种形式，对于农牧民土地使用权股份收益，应划分成自然生态人工修复使用和农牧民自主使用两个部分，合理确定收益使用成分比例，保证自然生态人工修复足额使用。用于植树造林，植树造林所需土地可就近使用集体土地或政府统一划拨金额，农牧民自主使用部分则由村民自由支配，用于改善家庭生活和生产的再投入；而属集体持有部分股份收益应划分成自然生态人工修复部分和集体自由支配部分，自然生态修复部分只能用于对自然生态的恢复使用资金，而集体自由支配部分可用于集体产业建设、集体公益事业建设及村民年终分红等；国家持有部分股权收益也应分为自然生态人工修复部分和政府自由支配部分，但国有持股的自然生态人工修复部分比例应高于集体和村民所持股收益中的自然生态修复部分比例，资金使用应严格限定基本用途，主要应用于生态环境修复，而政府自由支配部分则可用于国家公益事业发展、地方基础设施建设、地方经济发展等。当然，鉴于村民土地股份来源于土地使用权入股，而村民土地的所有权仍属集体所有，所以，村民土地入股也可采用集体持股形式，至于如何处置应遵循村民自愿原则。而三种股权收益所强制确定一定比例专门投入生态环境的恢复重建的部分，要以制度的形式确定，以保证专款专用，划定生态修复的责任界限。

三、水电开发区生态移民差异化动态补偿标准模式

对于甘孜藏族自治州"两江一河"水电开发区移民安置补偿标准，农牧民意见较大，常常出现地方政府软暴力拆迁和农牧民公开对抗移民拆迁的事情。据泸定得妥乡农民反映，农民不愿意搬迁，基层政府拆迁工作人员用人墙阻隔村民，用挖土机开挖村民房屋；据村民反映，政府有规定，如果村民亲属是公职人员的（在甘孜藏族自治州境内工作），公职人员要负责做好亲属拆迁工作。

以上对抗拆迁事情的发生，究其原因既有农民漫天要价，对移民搬迁期望值过高的原因，也有地方政府拆迁补偿标准制定僵化，未完全考虑不同拆迁标的的具体差别，拆迁补偿标准制定依据陈旧，未充分考虑经济发展而导致物价上涨等因素。库区移民差别化补偿主要体现在房屋补偿上，不同的房屋采用了不同的补偿标准，但有的地方不考虑房屋内部装饰，有的地方又把房屋内部装饰计算入内，而生活补偿则统一根据《甘孜藏族自治州水电资源开发惠民补助办法》（甘孜藏族自治州人民政府令第30号，通过时间2013年5月）进行补偿，标准制定依据陈旧，补偿标准刻板。该文件制定依据为："第一条为促进水电资源开发顺利进行，确保群众共享资源开发成果，依据《大中型水利水电工程建设征地补偿和移民安置条例》（国务院令第471号）、《国务院关于完善大中型水库移民后期扶持政策的意见》（国发〔2006〕17号）、《四川省人民政府关于贯彻国务院水库移民政策的意见》（川府办〔2006〕24号）等法规和政策规定，结合甘孜州实际，制定本办法。"

根据移民区生活成本可以进行估算：按甘孜藏族自治州生活成本最低的泸定县、康定市姑咱镇2014年物价计算，蔬菜：每人每天500克，按市场均价每500克为3元（市场蔬菜白菜等时蔬价格最低，均价一般要3元以上），则每人每月蔬菜消耗成本为150元；大米每人每天500克，按每25千克130元的市场品质最差的大米价格计算，则每人每天消费大米成本为2.6元，每月为2.6×30＝78（元）；肉类按每人每月5千克消费量、市场价格13元/500克进行计算，则肉类消费成本为130元/（人·月）；可见，每人每月最低生活成本为150+130+78＝358（元），此生活成本未考虑食用油、调料、水电、交通出行等费用。根据标准，无土安置是农牧民完全丧失土地，标准为每人每月300元，有的地方政府在拆迁完成后每月有50元补偿，补偿总额为350元，按照每人每月最低生活成本计算还差8元，其他交通条件差的地方，生活成本会成倍上涨。移民搬迁前，农村农民的基本生活可以由土地生产进行保障，而搬迁后，农民失去了应有的生活来源。因此，以无土安置为例来计算，每月300元的补偿标准确实过低。随着物价指数的上涨，这一补偿标准更不能满足农村农民的基本生活需求。

为了缓解水电开发区农牧民对移民搬迁的对抗心理，解决移民拆迁中的各方矛盾，促进移民生态补偿中资源使用的公平性，建立差异化动态补偿标准模式才是根本解决之道。

（一）建立水电开发差异化补偿标准

甘孜藏族自治州地域辽阔，不同地区土地资源产值不同，农牧民对土地依存度不同，居民生活成本不同，应采取差异化补偿标准才能真正体现资源使用的公平性。

（1）根据不同区域土地生产服务价值确定差异化补偿标准。"两江一河"水电开发区涉及移民搬迁安置县域达 17 个县，根据土地功能不同可分为农区、牧区和半农半牧区。在农区，农民对土地依存度高，大部分农户家庭收入 80%来源于土地收入，家庭基本生活资料来源于耕地生产，如泸定县、康定市姑咱镇等地，土地主要由耕地、园地、经济林木用地等构成，耕地中旱地主要种植各类蔬菜、玉米等粮食作物、油菜等油料作物，水田则除了具有旱地的各类植物种植功能外，还用于水稻耕种，园地主要生产各种水果，经济林木用地用于种植花椒、核桃、板栗等经济作物，农区几乎承担着甘孜藏族自治州粮、油、果蔬生产基地功能，土地产值十分可观，部分农户还利用果园开办农家乐等小旅游业。可见，在农区，土地不仅是农民重要的生活资料生产资源，更是增收致富的重要资源。在牧区和半农半牧区，耕地收入占家庭总收入比例较小，主要用于生产家庭粮、油、蔬菜、水果等基本生活资料，由于交通因素制约，耕地生产的大部分产品用于家庭消耗，只有少数干果、水果进入市场交易。根据对农民实地走访调查显示，半农半牧区大部分农户的耕地收入大约占家庭总收入比例的 20%~25%，而牧区耕地收入占家庭总收入的比例更小，在 15%~20%。从不同区域土地资源的生产服务价值角度思考，移民补偿标准制定时应充分考虑不同土地的用途、产值和土地收入占家庭总收入的比例等，补偿标准制定应充分体现资源使用的公平、公正原则。

（2）根据不同地区物价指数制定不同区域的移民补偿标准。甘孜藏族自治州由于交通条件落后，产品运输成本较高，各地受土地资源状况、海拔和气候条件等因素的影响，地方物产也不一样，物价指数差异较大，如在泸定，蔬菜价格最低价格为 3 元左右，在康定市姑咱镇，蔬菜最低价格为 4 元左右；在雅江、道孚等县县城，蔬菜最低价格为 6~7 元；在石渠、色达等县县城，蔬菜最低价格则高达 10 元左右，不同地区生活资料价格差别数倍以上。根据《甘孜藏族自治州水电资源开发惠民补助办法》第二条规定：本办法适用于甘孜州境内大中型水电工程建设征地范围内的移民人口。从《办法》规定可见，甘孜州"两江一河"水电开发区水电资源惠民补助标准适用于整个甘孜藏族自治州，而通过对"两江一河"各大水电站调研情况看，大渡河、雅砻江、金沙江干支流的水电开发各移民区采用补助标准也是依据本办法实行，不论在政策制定过程中还是在政策实际执行过程中，均没有考虑地区物价差异对开发区农牧民生活的影响因素。因"两江一河"水电开发对农牧民土地占用补偿采用一次性买断的形式，惠民补助应视为是对移民区农牧民土地后续承包权利的补偿，最低标准应以农牧民土地提供最低生活资料为标准。故应根据不同地区生活物价指数为参考标准（一般应该划分不同类别地区实行为同的补偿标准，具体可参照土地青苗费补偿原则），实行"一库一策"的政策制定精神，才能体现生态补偿的地区公平性。

总之，补偿标准制定既要考虑不同地区、不同类别的土地产值，兼顾不同土地生产用途，也要考虑不同地区的生活物价指数，均衡考虑土地差异、地区差异制定补偿标准，才能充分体现资源优化配置中的公平性，化解各方矛盾，让广大农牧民共享发展成果。

（二）建立动态的水电开发补偿标准

生活资料价格逐年上涨是我国物价行情的一个不争事实。在甘孜藏族自治州"两江一河"

地区，随着水电开发力度的加大，本地耕地面积日益缩减，原来的蔬菜、水果等生活资料生产地已失去了供给基地的作用，生活资料主要靠从雅安、成都等地运入，生活资料市场敏感度加大。随着物价的普遍上涨，蔬菜、粮食、肉类、食用油、水果等基本生活资料价格也在不断上涨，而水电开发区农牧民失去赖以生存的土地资源后，大量生活资料均需通过市场购买，市场上生活资料物价变化将直接影响水电开发移民区农牧民的生活质量。根据《甘孜藏族自治州水电开发移民惠民补助标准》的基本精神，"标准"有效期为 5 年，根据"标准"，水电开发移民区农牧民需在 5 年后才能有望标准调整，而 5 年内的物价上涨风险全部由农牧民自己承担。事实上，从 2013 年 5 月到 2017 年 5 月的 4 年时间，农资价格、农产品价格都在普遍上涨，以泸定县农产品价格为例，食用油从 2013 年 8 月的 10 元/斤（1 斤=0.5 千克）上涨到 15 元/斤；大米从 2013 年 125 元/50 斤上涨到 155 元/50 斤（品质较好的东北大米）；猪肉从 2013 年 12 元/斤上涨到 15 元/斤，蔬菜（以白菜价格为例）从 2013 年 1.5 元/斤上涨到 3 元/斤，其他生活资料也有不同幅度的上涨，基本生活资料的上涨给移民区农牧民的基本生活带来了不小的压力。因此，为了适应市场的变化，让水电移民区农牧民在失地后无生活后顾之忧，在制定移民生活补助标准时应充分考虑生活资料的物价上涨因素，实行一年一次的标准调整应更为合适。当然，也可以在制定标准前对未来几年的物价上涨幅度进行科学预测，在制定标准时预留生活资料价格上涨空间，采用平均价格测算移民生活标准或建立动态水电移民开发区生活补偿标准，以使补偿标准既具科学性，又具实用性。

四、甘孜藏族自治州"两江一河"民族文化的价值共生模式

甘孜藏族自治州是康巴藏区的腹地，也是藏族文化的重要组成部分，其中丹巴古碉群、扎坝走婚习俗及陶瓷、石渠等地摩崖石刻、泸定石棺墓葬群和散落各地的建筑、寺庙、白塔、尼玛堆等都是历史悠久的藏民族文化代表，与各地歌舞、饮食、各类宗教活动一起共同组成了古老而博大的藏民族文化。

"两江一河"规模浩大的水电开发，大幅度改变了本地文化环境，对当地的物质文化和非物质文化造成了巨大影响，直接或间接地造成了当地文化的衰亡。水电库区和各类基础工程设施建设直接淹没和损坏了大量物质文化，而水电移民改变着当地农牧民的生活方式，加速了民俗文化的消亡。对水电开发区民族文化进行保护、发掘、传承、创新，让古老而博大的康巴文化重焕生机和活力，"文化价值共生"是一条不可多得的文化可持续路径。

"共生"是一个生物学专业词语，原意是指两种生物互为利用，彼此有利地生活在一起，两者分开后却不能独立地生活。其核心指导思想要求各自然存在物相互尊重、相互依存、相互渗透、平等互利地共同发展。而今，共生价值观已被广泛用于指导社会、经济等各个领域的建设与发展，如产业经济共生、区域经济的共生发展等。少数民族"文化价值共生"应被认定为少数民族文化的文化价值、生态价值和经济价值相互依存、相互尊重、相互渗透、相互促进的共同发展。

在少数民族文化的三大价值中，文化价值是少数民族文化的核心，是少数民族群体活动中沉淀下来的民族精神产物，主要体现为少数民族民风民俗、民族歌舞等基本活动和遗存下来的部分物质形式，如建筑、绘画、器物等；生态价值是少数民族文化的外部物质基础的显现，主要是民族文化活动的场所和自然环境，往往以文化人文环境、自然风光、活动场址等

形式呈现；经济价值是少数民族文化的外在经济表现形式，主要以文化产业、文化旅游经营活动的形式呈现，常常用货币来进行衡量，是区域经济发展中 GDP 的重要构成部分。少数民族文化的这三大价值中，生态价值决定文化价值的留存，而文化价值又决定民族文化的传承与发展，经济价值则是少数民族文化的文化价值和生态价值的衍生产物，是依附于少数民族文化的文化价值与生态价值之上的。在市场经济发展过程中，经济价值则是少数民族文化传承与发展的推动力，它虽不能脱离其他民族文化的其他两大价值而独立存在，但它能激励民族文化参与者主动积极地参与到文化活动之中，成为文化的传承与发展强劲的利益驱动力。

（一）以绿色 GDP 为少数民族发展地区社会经济发展导向，重塑少数民族文化价值

改革开放以来，GDP 长期被地方政府作为衡量政绩的重要指标。在 GDP 导向下的地方经济建设发展过程中，地方政府往往出现急功近利的决策行为，导致政府经济社会经济建设发展决策行为短视化，从而使地方政府对少数民族文化关注度较低，成为少数民族文化传承与发展的重要障碍。在甘孜藏族自治州大部分市县，经济发展的重点仍在于城市建设和水电开发，城市建设与水电开发都具有短期拉动地区 GDP 的重要功能，但是以牺牲生态环境为代价的。虽然短期内 GDP 数据得以大幅度提升，但康巴藏文化赖以存在的文化生态环境被不断挤压，而且以文化价值为内核的旅游产业价值逐步衰退，这不能不说是对本土文化传承与发展的致命打击。

绿色 GDP（Green GDP）并不是一个全新的概念，早在 1946 年希克斯就在其著作中提出了这一思想，要求在对一个国家或地区经济增长量的核算时，不能只关注 GDP 的增长，还应考虑环境的投入与牺牲，同时也要考虑人文成本的耗损，即绿色 GDP=GDP-（自然投入与耗损总成本+人文投入与耗损总成本）。绿色 GDP 的核心思想并不反对地区经济的发展，但在 GDP 核算中要扣除各种资源耗损和人文资本投入，它反映的是一个国家或地区社会财富的纯净增长额度，是社会经济发展的正态效应。少数民族地区由于大多数地处我国西部，社会经济发展基本上都是以资源开发为主，这往往是以牺牲生态环境和民族文化资源作为代价的。如果不在 GDP 中加以扣除，并在发展中进行恢复和重建，则很容易使地方经济发展陷入恶性循环。同时，少数民族地区大多数位于我国生态功能区和生态安全屏障区，这些地区的建设与发展，应首先考虑国家生态安全。只有充分考虑生态破坏后的恢复，才能确保国家生态安全。因此，在地区社会经济建设与发展决策时，应以绿色 GDP 作为导向，充分考虑各种资源的损耗和恢复，才能走上可持续发展的道路。

少数民族文化资源是少数民族地区社会经济发展过程中易被破坏的重要资源之一，甘孜藏族自治州水电开发区社会经济发展中藏文化资源的衰退性耗损就是一个很好的证明。如果地方政府不以绿色 GDP 为导向进行可持续发展的战略决策，对少数民族文化进行抢救性的恢复与开发，这些文化可能会很快消失在人类发展的历史长河之中。少数民族文化是少数民族精神的集中体现形式，其文化价值对少数民族凝聚力的形成、少数民族地区稳定都具有重要的作用，少数民族文化的文化价值、生态价值、经济价值三位合一，如能正态利用，让其价值共生，对传承与发展少数民族文化、保障少数民族地区生态安全、发展少数民族地区经济都具有不可忽视的巨大作用。可见，重塑少数民族文化价值，让其价值共生任务必要且迫切。

（二）因地制宜，恢复、重建少数民族文化生态环境

文化生态环境是少数民族文化存在的重要物质基础，少数民族地区社会经济建设发展中对少数民族文化的破坏主要表现为对其文化生态环境的破坏，使民族文化活动失去了必要的活动环境场所，恢复、重建少数民族文化生态环境就是要重新恢复和打造少数民族文化文化活动的地理空间，发挥民族文化自身的活力，以民族文化的政策导向和民间自主相结合活动形式替代一贯官本位过多的人工干预。如康巴极具代表的康定藏文化中已经湮灭在历史的长河中，其中赛马文化和锅庄文化迷失的主要原因在于公路建设侵占原赛马古道、跑马山封山收费更让原来的跑马坪进入到旅游开发公司的圈地之中，挤占了原锅庄赖以生存的土地资源。"两江一河"水电开发区大量本地文化正在重蹈覆辙，如何获取可利用的文化生态环境资源成为我们必须直面且不得不解决的重要难题。

恢复、重建少数民族文化生态环境是对已消失的民族文化进行拯救、发掘、恢复、重塑工作的必要前提，需要因地制宜地根据各地方的实际情况具体规划，不能一刀切，其他地方的经验可借鉴，但不可照搬。甘孜藏族自治州"两江一河"水电开发区地处高山峡谷中，土地资源是本地最为稀缺的自然资源之一，把已有的交通建设和水电开发推倒重来是不现实的。因此，可根据本地的实际情况和本土藏文化的自身特点进行恢复、重建。例如，以物质形态呈现的物质文化，对淹没和损毁的可以进行原样重建，像摩崖石刻、绘画、寺庙、白塔、尼玛堆等甚至可由政府统一规划，打造成规模性人文景点。而对于扎坝这样走婚地区的农耕、陶艺、纺织、走婚等民俗文化，随着生活水平提升和社会习俗的转变，本地民族生活方式也发生了巨大变化。这些民俗文化也会逐渐演变成为仅有文化内涵的生活形式，而非必要的生活方式。对这类文化可进行文化内涵深入发掘，由政府统一规划，另行划拨土地重建民居房屋，结合水电开发库区旅游，重塑古朴村落，恢复文化传承必要的生态环境。同时，利用现有有限耕地进行农耕、陶艺、纺织、走婚等节目表演，打造库区综合性旅游产业，不仅能解决当地农牧民经济收入，也能使传统文化得以传承和发扬。

（三）多维一体，培养和重构少数民族文化传承发展队伍

文化是特定的人的活动沉淀下来的历史印迹，离开了人的活动，即使过去已有的文化，也只能以历史遗迹的形式存留于世，谈不上文化的传承与发展。可见，队伍建设是少数民族文化传承与发展的重要途径。只有对文化深入了解、发掘、研究，并且参与其文化活动之中的专业的人才队伍，才能将文化传承并发扬光大。专业的文化传承与发展队伍包括量和质两个方面，量就是指一定数量的人；质则是指对文化熟悉、了解并可进行发掘、研究的人。少数民族文化传承与发展的队伍应该是多维一体的，既有对少数民族文化深入研究的专家学者，也有对民族文化高度重视且深入了解政府官员，更有创造与继承这一文化的少数民族本身的民族群体，也有对少数民族文化充满兴趣的文化爱好者和参与者。这支队伍应是以庞大的少数民族文化创造者、继承者的特定少数民族群体为基础；以重视和了解该文化的政府官员、深入发掘和研究该文化的专家学者为引导；以对该文化充满兴趣的文化爱好者和参与者为补充的金字塔式的队伍结构。

随着市场经济中人们的逐利特性，以及交通日益便捷，人力资源呈现出前所未见的流动性和共享性特点，这也使少数民族文化传承与发展队伍人才不断流失，因而在补充、培养的

基础上重构少数民族文化传承队伍尤为必要。既要补充这支队伍的数量，也要培养和提升这支队伍的质量。如康巴藏区藏文化内核的发掘性重构，有的文化内容容易被曲解，有的文化流失时间也较长，要还原这一文化的特色内核，首先，要有一定数量和专业知识的专家学者对已遗失的文化进行研究性发掘，还原这一文化的真实历史文化内核，这是这一文化恢复重构的前提条件；其次，还要对本地政府工作人员在这一文化的思想重视度、文化内涵实质的认知上进行必要的培训，提高他们的认识，帮助其做出正确的文化重构决策，以发挥其在文化重构中的政策导向作用；再次，对少数民族群体内年轻一代，除了鼓励其接受群体内部的口传身教对本民族文化的熟悉、掌握之外，还可对其进行必要的培训，帮助他们树立起民族自信心和自豪感，积极参与本民族文化活动，这是少数民族文化传承发展的重要基础；最后，还应宣传引导外来群体参与本土文化活动，特别是外来游客的参与，既能提升民族文化的知名度，也能给本地经济带来可观的经济利益。这是民族文化的文化价值、生态价值与经济价值相结合的关键环节。

（四）参与式经营，促成少数民族文化价值共生

参与的本意是指人们参加到某项活动或事务之中，"参与式"的思想目前被广泛应用于社会经济管理的各个领域。其基本精神在于让参加活动或事务的各方充分参与到活动或事务过程之中，达到充分调动参与各方的主动性和积极性的目的，正如人们常说的"我参与，我快乐"。参与式经营就是让顾客广泛参与到经营活动之中来，从而激发顾客对产品的认识兴趣，以提高顾客对产品的接受度。这种经营方式在某些市场营销中被常常被使用。如：陶瓷工艺品销售中，顾客常被邀请参与到产品制作过程中，让顾客体验到产品制作过程的乐趣，而顾客自己制作的产品由顾客购买；某些农家乐的经营过程中，顾客可以亲自下地采摘蔬菜，甚至可以亲自到厨房烹饪。这种顾客参与的经营方式被社会广泛接受，从某种程度上看，顾客的过程参与意义远远大于产品的本身价值。

少数民族文化的经济价值实现是通过向社会提供的有形产品和无形服务，从而使民族文化的文化价值与生态价值转化为经济价值的过程。少数民族文化产品与服务销售顾客大多是外来旅游者，而文化产品多以手工制品为主，这决定了在文化产品与服务经营过程中可以采用参与式的经营方式，让顾客参与到手工制品的制作过程或文化活动过程之中，丰富游客的活动内容，达到推广文化产品、增进外来旅游者对少数民族文化的认识和了解的目的。如：锅庄文化的推广不仅仅是修建几个锅庄，让游客参观了事，如何发挥锅庄的客栈功能，让游客住到锅庄里，晚上开设一系列以锅庄，文化为主题的篝火晚会等活动才是文化传承与发展的创新点；走婚民俗、歌舞传承等，赛马文化等，可通过比赛将活动常态化，在保证安全的前提下邀请游客参与活动，并设置适当的奖品，优胜的游客可以获得受益人奖励。通过参与式的经营让顾客真正参与到民族文化活动之中，激发顾客对少数民族文化的浓厚兴趣，进而使之深入了解少数民族文化的真正内核。这样既可以丰富游客的旅游活动内容，也可达到宣传少数民族文化的目的，更可以用少数民族文化旅游产业的兴盛带动住宿、餐饮、服务等产业的繁荣，产生强大的地区经济效益，让本地居民获取巨大的经济利益，让利益成为少数民族文化传承与发展的内驱力，引导各文化主体积极参与到少数民族文化的传承与发展之中，实现少数民族文化价值的共生和少数民族地区社会经济的可持续发展。

第八章　西部民族地区水电开发区生态补偿制度保障

第一节　建立健全西部民族地区水电开发移民区
生态补偿法律法规

近年来，随着各级政府环境保护、生态补偿等方面的意识的不断提升和增强，国家逐步颁布或完善了部分的法律、法规和政策。如 2015 年 1 月 1 日全面实施的新《环境保护法》，首次将生态补偿制度纳入法律轨道，从国家宏观层面，确定了我国生态补偿机制中应该遵循的基本的、具有指导性意见和建议的原则和方针。党的十九大报告明确提出建立市场化、多元化生态补偿机制。具体而言，就是要建立政府主导、企业和社会各界参与、市场化运作、可持续的生态补偿机制。由此可见，无论是党中央，还是国务院，近年来对生态补偿的重视程度都在日益增强。

甘孜藏族自治州政府为保护和改善州内的生态环境，合理开发和使用州内的自然资源，为长江上游的生态环境构建天然的保护屏障，于 2017 年经甘孜藏族自治州人大常委会通过，省人大常委会审批，2018 年 2 月 1 日在甘孜藏族自治州行政区域范围内全面实施甘孜藏族自治州州内首部地方性的法规《甘孜藏族自治州生态环境保护条例》。该条例对从事与甘孜藏族自治州生态环境有关的所有资源开发、生产、生活、工程建设、教育、科研等活动实施生态环境的保护、治理和监管，对甘孜藏族自治州生态环境建设与维护的资金来源、生态环境质量公告制度、行政官员生态建设行政失责及责任追究制度等方面提出了明确要求，在生态补偿方面明确提出要健全森林生态效益补偿和草原生态奖励补偿机制和湿地补偿机制。

近年来，尽管我国在生态补偿法律的相关工作上日趋完善，但是依然存在许多问题，主要体现在：第一，我国在生态补偿的立法力度不够，需要进一步加大。在生态补偿的立法方面，尽管在《环境保护法》(2015)、《水土保持法》(2016)、《森林法》(1984)、《矿产资源法》(1996 年)、《水污染防治法》等法律法规中，都提出要高度重视环境保护和生态补偿，要加快生态补偿机制的构建，但是我国的根本大法《宪法》中的相关规定，虽然对于完善甘孜藏族自治州的"两江一河"水电开发移民区的生态补偿机制具有一定的指导作用，但是对于生态补偿的相关内容并没有涉及。第二，目前，尽管在许多与环境、资源相关的单行法律、法规中都提到生态补偿，但是更多体现为口号式和要求式，对于生态补偿的具体范围、标准、对象等没有进行细化，导致甘孜藏族自治州"两江一河"水电开发移民区生态补偿的过程中缺乏具体的、详细的、可操作的依据。第三，尽管甘孜藏族自治州先后出台了《甘孜藏族自治州生态环境保护条例》等法规，但只是要求建立和完善生态补偿机制，并没有具体的、可操作的实施办法，给甘孜藏族自治州"两江一河"水电开发移民区的生态补偿地执行造成了诸多障碍。

国家在生态补偿方面的法律法规的不完善，相关执行、监督和惩罚机制功能的弱化，直接或者间接造成了甘孜藏族自治州"两江一河"水电开发移民区的生态保护和生态补偿在执行过程中的各种问题。要想解决好甘孜藏族自治州"两江一河"水电开发移民区的生态补偿执行过程中的问题，进一步明确利益双方的权利和义务、保持甘孜藏族自治州生态补偿的延续性，就急需一套刚性的、完善的法律法规做指导。完善相关法律的具体举措包括：第一，明确生态补偿在《宪法》中的地位。在《宪法》中确定生态补偿制度，有利于提高生态补偿的法律地位，对于甘孜藏族自治州"两江一河"水电开发移民区的生态补偿机制的建设和完善也具有较强的指导作用，有利于促进民族地区尤其是水电开发地区的人与自然和谐相处。第二，尽快完善和制定出专门的"生态补偿法"，或者颁布区域性的（尤其是民族地区）的生态补偿专项法规，如制定"民族地区生态补偿办法""民族地区生态补偿条例"等与民族地区经济发展、生活水平、产业发展等相匹配的行政法规。在相应的法律或者法规中，对于民族地区生态补偿的补偿内容、补偿范围、补偿对象、补偿标准、补偿资金来源等具体的实施标准应该进一步细化，保证甘孜藏族自治州"两江一河"水电开发移民区的生态补偿有具体的法律法规做参考标准。第三，建立、健全甘孜藏族自治州"两江一河"水电开发移民区的生态补偿法律监督机制。应该建立多元化的监督机制，各级与之利益相关立法机关、行政机关、司法机关、群众等，都有权对甘孜藏族自治州"两江一河"水电开发移民区生态补偿中的补偿方式、补偿标准和金额、补偿过程、补偿结果、补偿效率等进行监督，保证生态补偿的公平、公开、公正。

第二节　建立健全西部民族地区水电开发移民区生态补偿制度

一、建立健全"两江一河"水电开发移民区的生态补偿财政转移支付制度

现有的甘孜藏族自治州的"两江一河"水电开发移民区的生态补偿的财政转移支付主要包括一般性财政支付（均衡性财政转移支付和重点生态功能区转移支付）和专项资金支付。如在2017年，甘孜藏族自治州林业局按照各县编制的集体公益林、森林生态效益补偿年度实施方案，对甘孜藏族自治州的12 823.13平方千米集体公益林进行了常年有效管护，兑现补偿资金28 371.24万元，资金兑现率为100%。

目前存在的主要问题如下：

第一，甘孜藏族自治州生态转移支付呈部门化、分散化，合力有限。尽管甘孜藏族自治州近年来颁布了一些生态补偿的制度，也取得了一定的成效。但是总体上，各个部门分散化、分割化较为严重，严重不利于甘孜藏族自治州的整个生态环境的治理和改善，也不利于生态补偿资金的综合化管理和治理。

第二，现行的甘孜藏族自治州生态补偿更多的是输血式补偿，而不是造血式补偿，如更

多的是对于退耕还林、造林等的补贴，并没有同甘孜藏族自治州的乡村振兴、产业发展、精准扶贫等有效结合，造血功能较低。

第三，生态的补偿范围有限，没有建立和健全包括森林资源、水资源、电资源、矿产资源、土地资源等在内的全方位生态补偿系统。

第四，补偿的标准过低，与甘孜藏族自治州的实际发展情况严重不符。如甘孜藏族自治州政府在 2013 年颁布的《甘孜藏族自治州水电资源开发惠民补助办法》（甘孜藏自治州政府 30 号令）中对农村移民的补偿为：选择有土安置（或复合安置）、逐年补偿安置的，每人每月 150 元，每年补助 1 800 元；选择无土安置的，每人每月 300 元，每年补助 3 600 元；占房不占地的，每人每月 80 元，每年补助 960 元。非农村移民中涉及永久占用耕地，每人每月 300 元，每年补助 3 600 元；永久占用耕地，采取逐年补偿的，参照农村移民补助标准，每人每月 150 元，每年补助 1 800 元；占房不占地的，每人每月 80 元，每年补助 960 元。补助对象在补助期间死亡的，按相应标准一次性补助 60 个月。

第五，缺乏有效的甘孜藏族自治州生态补偿财政转移支付的监督制度，尤其是在生态补偿的专项资金分配和再分配、使用效果和效率上的监督力度有待进一步加强。

"两江一河"水电开发移民区的生态补偿中的中央及甘孜藏族自治州地方政府的财政转移支付制度的改善，需要从以下几方面进行：

第一，整合甘孜藏族自治州生态补偿相关的财政转移支付，为了更好地促进甘孜藏族自治州生态补偿资金地综合效益，在保证各个部门的资金分配权、监督管理权和财务自主权不变的基础之上，对甘孜藏族自治州现有的生态补偿的项目和资金进行归类、整理和合并，统筹预算，如可以将甘孜藏族自治州的生态林生态补偿资金和森林资源保护资金进行合并。另外，还可以将某些固定的生态补偿专项性财政转移支付变成一般性的财政转移支付。

第二，提高甘孜藏族自治州"两江一河"水电开发移民区地生态补偿财政转移支付补助系数，通过公共财政手段加大对甘孜藏族自治州"两江一河"水电开发移民区的生态补偿力度。甘孜藏族自治州的生态环境本来就比较脆弱，中央政府及甘孜藏族自治州政府，应重点考虑甘孜藏族自治州水电开发地区区域内经济发展情况、特色产业等实际情况，将项目补偿同甘孜藏族自治州"两江一河"水电开发移民区的产业扶持、精准扶贫和产业调整等相结合，如将生态补偿与甘孜藏族自治州的矿产业（优势产业）、全域旅游业、生态能源产业、生态农牧产业、特色民族文化产业和中藏药业等重点发展产业相结合，提高项目自身的造血功能。

第三，建立包括森林资源、水资源、矿产资源、电资源、土地资源等在内的全方位、多方面覆盖的生态效益补偿系统，扩大生态效益补偿金的补偿对象范围。凡是在甘孜藏族自治州"两江一河"水电开发移民区内，履行了生态环境建设和生态环境保护职责并达到相应标准的主体，都应该享有对应的补偿资金支配权。

第四，多渠道筹集甘孜藏族自治州"两江一河"水电开发移民区的生态效益补偿资金，提高补助标准。在传统的国家投资、财政拨款、生态税、生态费等渠道的基础上，在一定的范围内，建立以中央政府财政预算为主体，扩大中央财政投资规模，以水库、电站、旅游资源等生态效益保护的受益单位和地方收费的甘孜藏族自治州地方生态效益补偿基金为辅的补偿机制。另外，应该结合甘孜藏族自治州"两江一河"水电开发移民区的具体情况。

第五，建立健全甘孜藏族自治州生态补偿财政转移支付的监督制度。建立健全具有法律效应的甘孜藏族自治州生态补偿的财政转移支付监督制度，有利于确保专项资金初始分配、四川省及甘孜藏族自治州专项资金再分配、专项资金使用过程和使用效果等落到实处，保证专项资金使用效率和效果最大化。

第六，建立甘孜藏族自治州"两江一河"水电开发移民区的生态补偿基金制度。为进一步拓宽该区域的生态补偿基金的渠道来源，辅助国家及甘孜藏族自治州的财政转移，确保利益受损者（既包括甘孜藏族自治州"两江一河"水电开发移民区生态环境保护者，也包括甘孜藏族自治州"两江一河"水电开发移民区环境个别利益损失者）的利益得到保障，可设立专门的甘孜州"两江一河"水电开发移民区的生态补偿基金，并保证该资金的专款专用。甘孜藏族自治州"两江一河"水电开发移民区的生态补偿基金来源可以是国家"两江一河"水电开发移民区的生态补偿固定财政拨款、国家民族地区生态补偿的固定生态补偿固定财政拨款、非政府组织筹款、社会组织和个人捐款，以及甘孜藏族自治州"两江一河"水电开发移民区内的部分企业、商户等的收费和罚款，发放甘孜藏族自治州"两江一河"水电开发移民区的生态建设、环境保护债券等。

第七，建立甘孜藏族自治州"两江一河"水电开发移民区的 BOT 投资制度，即 build-operate-transfer（建设—运营—移交）制度。该制度指甘孜藏族自治州政府授予投资者建设项目的特许权力，允许投资者在"两江一河"水电开发移民区建设一项生态项目。当项目完成后，在协议规定的时间内，向项目建设者收取一定的费用，协议规定时间结束后，政府无偿回收该项目，甘孜藏族自治州政府拥有项目的所有权和监督权。通过甘孜藏族自治州"两江一河"水电开发移民区的 BOT 投资制度的构建，既可有效解决甘孜藏族自治州政府生态建设资金短缺的问题，也能降低投资者风险，从而促进甘孜藏族自治州的资金向生态环保地区流动。

二、建立健全"两江一河"水电开发移民区的资源有偿使用制度

水电生态资源实质上仍然是一种公共物品，除具有整体性、区域性和外部性等自身特点外，在对水电生态资源使用上还具有非排他性，所以无法做到使用上的有效排他，因此，建立起公平、系统的四川民族地区水电生态资源有偿使用制度，是防止水电生态资源过度开发使用而导致全体社会成员及人类后代生态利益受损的制度保障。在四川民族地区水电生态资源有偿使用制度建设中，应突显出主体责任、公平的管理原则和公共支出的支持的地位，从而为有效管理水电生态资源提供必要的制度保障。从公平理论出发，对四川民族地区水电生态资源有偿使用应体现区域之间、代与代之间的生态环境福利享受，这是建立四川民族地区水电生态资源有偿使用制度的基本精神。四川民族地区既是西部生态屏障区的主体功能和关键区域，也是经济社会贫困落后和高原生态脆弱的区域。生态环境保护与地方经济发展是这一地区经济社会发展的主要矛盾之一，独立进行生态环境保护，势必会牺牲社会经济发展的权利，使本地区难以独自承担起建设和保护西部生态环境的重任。在四川民族地区水电开发中，政府既是水电开发中的受益主体，也是不确定利益受损主体的代表，在本地区发展经济、摆脱贫困的强烈发展欲望下，地方政府在经济发展与保护流域生态环境方面会陷入两难选择的境地。另外，我国政府实行领导干部任期制，短效经济行为比长效生态环境保护对其更为有利，因此，当社会边际成本收益与地区边际成本收益发生冲突时，可能会出现地方政府的

经济发展短视行为，对水电生态资源进行过度开发与使用，产生水电生态资源过度利用的外部不经济行为。从以上分析可见，建立起公平、系统的四川民族地区水电生态资源有偿使用制度势在必行。具体制度应包含以下方面：

第一，流域生态环境补偿制度。流域生态环境补偿机制是江河流域下游受益区域对四川民族地区的补偿机制。首先，流域生态环境补偿机制应由政府调控。正如庇古认为，当社会边际成本收益与私人边际成本收益相背离时，不能靠在合约中规定补偿的办法予以解决，这时必须依靠外部力量即政府干预才能解决。在流域生态补偿中，政府可以通过税收与补贴等经济干预手段，使边际税率（边际补贴）等于外部边际成本（边际外部收益），达成水电生态资源使用的公平，使水电生态资源外部性内部化。其次，要理顺责任主体的关系，明确水电生态资源使用中的受益主体及其在水电生态资源使用中的生态环境保护工作责任，保障水资源持续利用的贡献地区，从而通过资金、实物、政策等形式对四川民族地区水电开发江河流域地区进行补偿。

第二，森林生态环境补偿制度。四川民族地区绝大部分属长江上游天然林保护区，森林主要集中于河谷地带，起着承载种物繁衍、保持生物多样性，保持水土、防止水土流失，含蓄水源、为长江提供持续水量供给，吸收大气中二氧化碳、增加碳汇总量、调节气候变化，调节河流水量、防止洪涝灾害、保障下游地区生态安全等重要作用。密集型梯级水电开发使大量森林遭受毁灭性的破坏，并且高海拔林区恢复极为不易，因此应开辟多元化补偿渠道，建立生态税收制度，加大政府干预行为，实行多维一体的森林恢复机制，是实现森林生态最大化效益的重要保障。

第三，生态市场补偿制度。市场补偿机制应遵循付费使用、治理有偿的原则，通过市场交易或支付，兑现生态环境服务功能价值，具体补偿额度确定应兼顾区域公平、代际公平，在生态市场补偿机制下逐渐形成生态环境保护与恢复的产业，并附属于四川民族地区水电开发，打造出"两江一河"水电开发移民区生态环境保护与补偿长效机制。

三、建立健全甘孜藏族自治州"两江一河"水电开发移民区领导干部水电资源资产和环境离任审计制度

建立健全甘孜藏族自治州"两江一河"水电开发移民区的领导干部水电资源资产和环境离任审计制度，主要目的在于提高甘孜藏族自治州"两江一河"水电开发移民区现任领导干部的生态环境建设与保护意识、工作责任意识、廉洁意识，树立正确的政绩观，监督和规范领导干部任职期间的工作行为，加强其廉洁性建设。甘孜藏族自治州政府可参考 2017 年中共中央办公厅、国务院办公厅印发的《领导干部自然资源资产离任审计规定（试行）》，建立领导干部水电资源资产和环境离任审计制度。具体措施如下：

第一，主要审计甘孜藏族自治州"两江一河"水电开发移民区领导干部履行期间，是否贯彻、执行和落实党中央、四川省、甘孜藏族自治州关于生态文明建设各种方针、政策、决策部署情况，是否严格遵守国家自然资源资产管理相关办法、国家生态环境保护相关的法律法规，"两江一河"水电开发移民区内自然资源的资产管理决策情况，生态环境、生态补偿方面的决策情况，"两江一河"水电开发移民区内自然资源资产管理的绩效目标完成情况，生态

环境保护绩效目标的完成情况，"两江一河"水电开发移民区内自然资源资产管理监督责任的履行情况和履行效果，生态环境的建设和保护的监督责任履行情况和履行效果，"两江一河"水电开发移民区内与自然资源资产相关的资金项目征管用和项目建设运行情况，"两江一河"水电开发移民区内与生态环境建设与保护相关的资金征管用和项目建设运行情况。

第二，审计机关应当根据甘孜藏族自治州"两江一河"水电开发移民区，与之相关的被审计领导干部，在任职期间所在的水电开发地区，或主管的业务领域内，自然资源资产管理和生态环境建设、保护的情况和效果，结合审计的最终结果，对被审计领导干部在任职期间，自然资源资产管理、生态环境建设与保护情况是否产生变化，如果产生变化，分析产生变化的主客观原因，全面、客观、认真地评价被审计领导干部履行自然资源资产管理和生态环境建设与保护责任情况。

第三，强化审计制度的落实情况。甘孜藏族自治州负内有与"两江一河"水电开发移民区区域内自然资源资产管理职责和职能的工作部门，以及与"两江一河"水电开发移民区区域内与生态环境建设、保护职责和职能的工作部门，加强部门之间的合作、联系，尽快建立甘孜藏族自治州"两江一河"水电开发移民区自然资源资产数据、生态环境建设与保护数据的共享平台。审计机关有权实时观测数据，保证在自然资源资产和生态环境建设与保护的审计过程中获得专业支持、技术支持、数据支持、制度支持。

第四，支持、配合审计机关开展审计。甘孜藏族自治州水电开发移民区内的县级以上地方各级党委、政府主管部门，应当加强对本区域范围内领导干部自然资源资产离任审计工作的领导、监督、管理工作，及时听取同级审计机关的审计工作情况汇报，接受、配合上级审计机关的审计工作。

四、建立甘孜藏族自治州"两江一河"水电开发移民区企业的环境信用等级评价制度

建立甘孜藏族自治州"两江一河"水电开发移民区企业的环境信用等级评价制度，可以促进"两江一河"水电开发移民区范围内的企业加强自身的内部管理，尤其是内部环境的管理，提高环境保护部门的管理水平和管理能力，从而优化整个甘孜藏族自治州的生态建设过程。甘孜藏族自治州政府可以参考环境保护部、国家发展改革委、中国人民银行、中国银监会以环发〔2013〕150号印发《企业环境信用评价办法（试行）》，结合本州"两江一河"水电开发移民区的实际情况，对于区域内污染物排放总量特别大、环境风险特别高、生态环境影响巨大的企业，建立包括污染防治、生态的建设与保护、环境监察与管理、社会监督等指标在内的评价指标体系，并且依据评价指标以及具体的评定办法，对这些企业的生态环境建设和生态环境保护以及生态环境信用情况等内容进行综合评价，依据评价的具体情况，建立甘孜藏族自治州生态环境保护诚信企业(绿牌)、甘孜藏族自治州生态环境保护良好企业(蓝牌)、甘孜藏族自治州生态环境保护警示企业（黄牌）、甘孜藏族自治州生态环境保护不良企业（红牌）四个等级，并依据信用等级，制定相应的激励性与约束性措施。对于生态环境保护信用好的企业（绿牌），在行政许可、环保科研项目资金、环保专项资金、需要新增重点污染物排放总量控制、政府采购、环保评优、金融机构信贷、环境污染责任保险费等方面给予优惠；

对于生态环境保护良好企业（蓝牌），应当鼓励其保持其良好环境行为，教育和引导其逐步改进环境管理行为；对于生态环境保护警示企业（黄牌）、甘孜藏族自治州生态环境保护不良企业（红牌），必须严格管理，责令其向甘孜藏族自治州政府、环保部门、社会、审计机关公布改善环境行为的计划或者承诺，并定期向环保部门汇报整改情况，严审这些企业的危险废物经营许可证、可用作原料的固体废物进口许可证以及其他行政许可申请事项，加大监察的频率和力度，暂停向其发放各种环保专项资金，不授予这些企业和企业管理者环保相关的荣誉证书，银行等金融机构应该加强对其信贷的审查，保险机构可适度提高环境污染责任保险费率，通过构建"环境守信激励、环境失信惩戒"的机制，推动甘孜藏族自治州环保信用体系建设。在"两江一河"水电开发移民区内企业的环境等级信用制度建设过程中，应当注重信息的发布，一方面，要将甘孜藏族自治州的企业环境信用的评定程序、标准、指标、方法、奖惩方法等提前公布和公示；另一方面，及时将企业环境信用等级的评定情况，通过一定的平台向社会公众进行公布。另外，还需要加强对工作人员的评价技能培训和工作绩效情况的监督，对于徇私舞弊、严重渎职、工作技能不成熟的工作人员应该给予相应的惩戒。

五、构建甘孜藏族自治州"两江一河"水电开发移民区生态补偿协商平台与机制

构建甘孜藏族自治州"两江一河"水电开发移民区的生态补偿协商平台与机制，是有效解决"两江一河"水电开发移民区内"两江一河"水电开发移民区内生态补偿标准差异化的重要措施。目前，甘孜藏族自治州"两江一河"水电开发移民区生态补偿的协商由上级行政管理部门统一协调，与协商相关的部门、组织和个人协商而成，缺乏生态补偿的横向补偿。因此，甘孜藏族自治州可借鉴国内外等先进模式，成立由甘孜藏族自治州政府部门组成的"两江一河"水电开发移民区的管理委员会或者生态补偿部门。该委员会（部门）的主要职责在于维护甘孜藏族自治州"两江一河"水电开发移民区的生态环境，内部关系的协调、协商平台的搭建、信息的发布、吸引民间组织的投资、生态补偿协议签订的促进等。

六、建立甘孜藏族自治州"两江一河"水电开发移民区农牧民劳动就业技能培训制度

甘孜藏族自治州"两江一河"水电开发移民区占用、损毁、淹没了大量土地资源，也导致大量的失地农牧民涌现，仅靠搬迁补偿和政府补贴无法从根本上解决失地农牧民未来生计问题。搬迁补偿是一次性补偿，虽有的基层政府采用分期支付的形式发放搬迁补偿款，但总的补偿额度仍未改变。分期支付虽从客观上延缓了农牧民对搬迁补偿款项的乱花乱用，但其主观意图仍为增进农牧民搬迁的进度，而农牧民领取搬迁补偿款项后，主要用于房屋修建和装修，房屋修建完成和装修后，补偿款项所剩无几，有的家庭甚至已使用殆尽或还有欠款，失地农牧民后期生活更多只是依靠政府的有限补贴和打零工过活。从某种程度上看，新贫困趋势日益显现。

在实地调研中，我们对"甘孜藏族自治州'两江一河'水电库区移民生态福利及生态补偿调查问卷"里的"后续补偿"维度专门设置了两个题目：其一是"针对现有资金的安排使

用，您对未来生计是否担忧"设置了"A.是；B.否"2 个答案，选答案 A 的为 75.77%。其二是"如果选择是，您担忧的原因是什么？"设置了 3 个答案："A.失去了土地，就失去生活和养老保障；B.由于自己的教育水平有限，打工不能长久；C.对孩子的未来担忧。"此 3 个答案选择应被调查者的要求为多选。调查结果为：选择了"A.失去了土地，就失去生活和养老保障"选项的比例为 72.07%；选择了"B.由于自己的教育水平有限，打工不能长久"选项的比例为 37.72%；选择了"C.对孩子的未来担忧"选项的比例为 56.58%。调查数据显示的结果反映出，库区移民无一不表现出对未来生计的担忧。在对担忧的原因进行调查时，年龄稍长的选择选项 A 的比重较大，中青年选择 B 选项的比重稍大。答案一方面反射出不同年龄的群体对土地依赖程度的不同；另一方面也反映出不同年龄群体对自身综合素质提升的渴求程度不同。

甘孜藏族自治州是四川省受教育程度最低，教育资源最有限，教育质量最低的地区之一。人们普遍受教育程度不高，区内地域差异也极大，在泸定、康定等农区，百姓受教育程度远高于牧区。在牧区，通过问卷设置家庭基本情况"您上过几年学？"一项调查选项反馈结果发现，上学 6 年以下的比例高达 66.3%，上学 6~9 年的高达 24.2%，如果以局部地区计算，这个比例则较高，在有些村庄里，40 岁左右的中年人未上过学的人数极多，在与课题组进行交谈时，必须依靠翻译才能沟通，这个数据并不能代表甘孜藏族自治州整体受教育状况。因河谷地带受教育程度要高于草原深处的"牛场"牧民，大多数农牧民在访谈中表现出对下一代教育的重视，谈到是否重视子女教育时都表达出了"自己再苦，也要让孩子多读书"的心愿，深深体会到了自己的贫困主要是受到的教育太少造成的。

（一）建立移民库区农牧民劳动就业技能培训制度的必要性

移民库区农牧民所受教育有限，就业能力低下，直接阻碍农牧民的增收致富。课题组经历数年时间，对甘孜藏族自治州"两江一河"水电开发区移民区和非移民区的泸定县德托乡、得妥乡、新隆镇、烹坝乡、康定市姑咱镇、二郎村、孔玉乡、瓦泽乡、丹巴县水子乡、梭坡乡、巴底乡、九龙县烟袋乡、乌拉溪级、道孚县红顶乡、亚卓乡、下拖乡、雅江县呷拉镇、瓦多乡、八角楼乡、炉霍县仁达乡、朱倭乡、甘孜县扎科乡、拖坝乡、白玉县盖玉乡、阿察乡以及色达、德格、巴塘、新龙、乡城、稻城、得荣、石渠等县数十个乡、镇、村进行了调查，调查路线长达万余千米。

制约生活质量提升的因素主要如下：

（1）思想意识落后，"等""靠""要"思想严重。不管是在农区还是在牧区，农牧民等、靠、要的思想严重，在半农半牧区和牧区表现得更为明显。在牧区，大部分人对孩子教育不够重视，陪读现象较少。农区农民对教育较为重视，家庭收入大部分用于孩子教育，但仍有 30%左右的农民农闲时无所事事，把土地看成是收入来源的重要途径，甚至还有部分农户套取"退耕还林"补贴，土地并没有用于退耕还林的现象，农区高山村落单身现象严重，一个行政村仅有 1/3 左右的农民在搞种植、养殖等副业。

（2）农牧民市场意识缺乏，市场敏感度不高，农村缺乏市场人才。在甘孜藏族自治州，农牧民对市场的敏感度不高，平时种植、养殖和采摘都是按季节和习惯，政府导向影响也很大。一旦政府种植某种经济林木，农民会一窝蜂地跟上，最终农牧产品滞销现象会非常严重。如泸定的红脆李、核桃、青果等的价格逐年下降，红脆李价格在 1 元多，青果普遍价格为 8 毛左右，核桃干果价格在 8 元左右，而售卖市场都在县城和周边乡镇，市场规模小，运输成本高，农牧民积极性严重受到挫伤，经济林木砍了又种，种了又砍的现象非常普遍，农牧产品基本都是散户种植，未形成规模化经济，农牧民抵御市场风险能力差，更无人能引领市场；在农区，也有部分农民在进行黑木耳、羊肚菌等特种种植，但都是以家庭为单位的小规模经营，单个品种虽然利润高，但产量小、规模小，总体收入并不高。

（3）技术缺乏、劳动技能低。据农牧民反应，技术缺乏是制约他们生产的严重因素，有时农技站工作人员会下乡进行技术指导，但指导时间短，指导形式主要以科技下乡活动为依托，没有固定指导时间，没有形成常态化、有规律地进行指导，科技下乡更是一种活动和形式，更有一些农牧业技术过时，不适用，技术优势缺乏。而外出务工的农牧民主要从事重体力劳动，劳动技能差，在"两江一河"水电开发的半农半牧区和牧区，农牧民务工地点主要是水电站和电站基础设施修建，且因劳动技能低、行为习惯差，水电开发工程建设承包方更喜欢使用外来务工人员，水电开发移民区本地务工工作难找。在农区，大部分农民在县域周边、乡镇和水电站修建基地做临工外，也有少部分农民外出务工，但和牧区一样，都是从事重体力劳动，劳动强度大，劳动收入低，且没有保障。技术缺乏、劳动技术低使大多数务工者安全感、存在感低，务工收入有限。

（二）甘孜藏族自治州"两江一河"水电开发库区移民劳动就业技能培训制度的内容

劳动就业技能培训是提升水电开发移民区农牧民综合素质，打造农牧民脱贫致富、创业增收内生动力的最有效途径，也是世界公认的资源富集区摆脱"资源诅咒陷阱"的根本手段，将移民库区农牧民的劳动就业技能培训制度化，也是水电开发区生态补偿中均衡利益的重要途径。

1. 建立甘孜藏族自治州"两江一河"水电开发库区移民劳动就业技能培训时间、资金保障制度

甘孜藏族自治州对农牧民培训是一种非常态化的培训，培训时间短且不固定，还没有专门针对"两江一河"水电开发移民库区举办的培训，这使水电移民库区农牧民劳动就业技能培训没有保障。建立水电开发移民库区农牧民劳动就业技能培训时间保障制度，严格规定移民库区农牧民劳动就业技能培训时间、年培训次数、单次培训时间长度等，通过制度建设规定培训时间，是水电库移民库区农牧民参与劳动就业技能培训基本权利行使的重要保证；同时，资金是培训最为基础的物质保证，甘孜藏族自治州用于农牧民技能培训的资金很少，资金来源途径也很窄，而专门针对"两江一河"水电开发移民库区农牧民的专项培训资金为零，移民库区农牧民劳动技能培训资金基本都是来源于精准扶贫等项目资金，没有资金保证，一切培训的开展都是空谈。因此，建立水电开发移民库区农牧民劳动就业技能资金保障制度，由水电开发企业、地方政府等多渠道提供资金对农牧民进行劳动就业技能培训是资金保障制度建设的重要内容。具体说来，应包含资金提供渠道，资金一般应由水电开发企业和地方政府税收多渠道提供；资金提供各方的提供额度和比例；资金使用范围和项目内容等重要内容。

2. 建立甘孜藏族自治州"两江一河"水电开发移民库区农牧民劳动就业技能培训需求分析制度

在平时各类培训中，由于专业人员缺乏和对培训认识不足，很少关注培训需求，对农牧民培训更是如此，培训方案的确定往往采用"拍脑袋"决策法，没有科学的分析，不对需求做了解，导致培训没有针对性，培训结果很不理想。"两江一河"水电开发移民库区农牧民的劳动就业技能培训，目的在于提升农牧民劳动就业能力，使之通过培训能适应社会需求，提高薪资收入，然而，移民库区农牧民综合素质及劳动技能的不足与提高收入的目的之间存在着较大的差距，这个差距则正是劳动就业技能培训前所需要进行分析的内容。

首先，要对农牧民劳动就业环境进行分析，这是确定培训目标的第一步。根据劳动就业目的不同，对不同劳动就业环境中农牧民的劳动就业技能和相关能力做出分析，建立劳动就业所需的胜任力模型。如：对在家劳动以农牧业和副业为收入来源的劳动者，应对所从事的劳动进行分类，根据从事的劳动特点设定培训的劳动所需要相关能力和劳动技能；对从事农副业劳动者，应培养其市场观念意识、市场分析把控能力、经营管理能力、财务管理能力、风险控制能力、农副业种植技术等；而从事畜牧业生产的劳动者，除要培养其通用能力外，还要着重培训其养殖技术、动物病害医疗技术等；而对于外出或就近务工人员，则应对劳动力市场需求现状及发展趋势进行分析，分析预测市场的各岗位需求状况，建立适合务工人员的岗位胜任力模式，以此为培训依据确立目标。其次，应对劳动就业者本身进行分析，即以胜任力标准为尺度，对劳动者个人综合素质进行衡量，综合分析劳动者的个性特点、现有劳动技能、文化教育程度、个人特长等因素，为劳动者进行劳动就业岗位定位，再根据各岗位不同的能力要求培训其劳动就业技能，以满足社会要求。

把培训需求分析制度化，才能从根本上杜绝各种盲目培训、形式培训，提升培训的有效性，有效缩小劳动者与现实需求之间的差距，使培训具有前瞻性和适应性，让每一次培训的成本—效益比达到最佳，达到降低培训成本和培训者机会成本的目的。

3. 建立甘孜藏族自治州"两江一河"水电开发移民库区农牧民劳动就业技能培训项目设计制度

项目设计是为了激发水电开发移民库区农牧民对培训的渴望，使他们愿意接受并主动参与培训，真正学有所获，促进培训过程的良性循环。让培训项目设计制度化，是为了防止进行随意、散乱、无效的培训，浪费人力、物力和财力等现象，导致受训农牧民毫无收获。

一个好的培训项目设计要做好培训信息收集、分析，培训任务分析，培训目标确定与陈述，培训者、培训机构、培训地点的选择，各种培训策略的制定，培训内容、培训课程、培训方法和技术、测验、实验等设计工作。"两江一河"水电开发移民库区农牧民的培训项目设计应根据农牧的实际情况，结合劳动力市场的需求、农牧民所从事的劳动进行设计，确保项目设计的系统性和有效性。因此，"两江一河"水电开发移民库区农牧民的培训制度建立应根据实际状况，把以上工作的内容、标准、要求写入制度之中，以保证培训项目的科学可行，从而提升培训的有效性。

4. 建立甘孜藏族自治州"两江一河"水电开发移民库区农牧民劳动就业技能培训项目控制制度

再好的培训项目，在实施过程中总会有偏离计划的地方，"两江一河"移民库区农牧民培训项目比一般的培训更为复杂。作为培训主体的农牧民由于受教育程度参差不齐，思想意识和劳动技能也千差万别，这无疑增加了劳动就业技能培训的复杂性，更何况，"两江一河"水电开发移民库区农牧民的劳动和就业的劳动力市场不一样，劳务输出的组织也不一样，这对农牧民的能力要求具有更多的不确定性，相对于岗位要求较为固定的企业和社会组织而言，水电开发移民库区农牧民劳动和就业技能可变程度更大，从而极大地增加了培训的难度。

对"两江一河"移民库区农牧民培训项目控制就是要在培训项目实施过程中，对偏离培训的既定目标和计划的情况进行调整，使培训的实施按原定的目标和计划执行，如遇计划制定与实际情况偏差较大，培训项目过程控制还需对已制定的目标进行调整，让其更有可操作性。水电开发移民库区农牧民培训项目在设置过程中很难对未知的情况进行完全预测和把控，同时，项目设计者和实施者也往往不是同一机构，项目控制起来较为复杂。在实践中，组织培训者会因怕麻烦而不对项目计划的实施进行控制和变通，更何况，培训项目结果如何与培训组织者没有直接的利益关系，如遇责任感不强的组织实施者，常常会应付了事。因此，建立水电开发移民库区农牧民培训项目控制制度，有利于规制项目实施的有序性，保证培训项目按时、保质保量地完成。

在"两江一河"水电开发移民库区农牧民培训制度建立中，应包含新情况掌握，分析项目进展过程中出现的偏差，处理存在的偏差，公布项目修改方案等重要内容。项目最新情况的掌握，要求在项目实施过程中对运作状况的重要信息进行掌握，这需要建立起信息收集机制，确保掌握项目实施的信息全面有效，为后期项目控制提供准确的调整依据。当信息收集到足够多时，要对信息进行比较分析，确定项目进程是否与计划保持一致，资金使用是否超出预算，时间进度是否合理等，如果发现确有问题存在，则应分析问题的性质及其原因，并形成分析报告，推断项目的未来发展变化趋势；如果通过比较分析发现效果不佳，还需要采取整改和预防措施，可以对原有计划进行修改和调整。当然，要对实际情况进一步核实清楚才能行动，不能盲目反应，更不能过度行为。

5. 建立甘孜藏族自治州"两江一河"水电开发移民库区农牧民劳动就业技能培训效果评估制度

培训效果评估是根据培训的目标和要求，依照程序使用一定的评估方法对培训过程和实际效果进行系统的考察。对"两江一河"水电开发移民库区农牧民劳动就业技能培训效果评估制度就是要建立评估制度，确保在培训实施过程中及培训结束后，及时对培训进行评估，帮助培训组织者正确确定培训目标，及时反馈培训效果信息，诊断培训中存在的问题并提出改变方案，为今后培训工作的开展提供改进依据。具体作用表现在：通过效果评估，可以清楚培训项目的优点和不足，以便发扬优点，总结教训，改进今后的培训项目；对培训效果进行合理判断，了解培训项目是否达到目标和要求；通过评估，可以了解参加培训的农牧民实际情况，并激发其参与评估、调动其参加培训的积极性；通过评估还能对培训的成本效益进行评价，进一步分析参与培训后的培训者和未参与培训者之间的差距，为决策者提供决策依据。

在"两江一河"水电开发移民库区农牧民培训效果评估制度建设中，应清楚规制效果评估规划、评估信息收集机制、信息整理与分析制度和评估报告编写等重要内容。培训效果评估规划中应合理选择评估形式，确定评估参与者，选择评估方案和评估工具，确定评估时间、地点、规定评估进度等；信息收集机制中则要规定评估信息收集途径，评估信息的信度分析，参与信息收集者和信息收集方法等；信息整理与分析制度中则要明确各类定性和定量分析方法，确保数据的集中趋势、离中趋势和相关趋势等分析结果的真实性和有效性；评估报告编写则要清楚规定培训项目实施基本情况，培训项目实施过程中存在的问题和问题产生的原因分析，可行性的改进意见等。

第九章　西部民族地区水电开发区生态补偿评价体系建设的基本思路

　　甘孜藏族自治州"两江一河"水电开发区生态补偿虽采取了一定的措施，如鱼类增殖放养、移民拆迁补偿等，但对补偿后的效果没有进行评估，这也正是我国生态补偿的常态化缺陷。补偿后效果评估的缺乏，通常会导致生态补偿的随意性，出现头疼医头，脚疼医脚的局面。在"两江一河"水电开发区生态补偿中，由于没有事后效果评估，生态补偿变成了化解利益矛盾的手段，移民安置补偿变成了水电生态补偿的代名词，多地甚至把移民安置等同于生态补偿。这种以偏概全的补偿方式，最终会导致生态环境被无节制地破坏，生态资源被无节制地毁灭，水电开发变成了对生态资源掠夺性使用。本为解决能源危机、实现低碳发展目的的绿色能源基地建设，演化成以生态资源换经济发展的生态破坏模式。

　　正如前面第一个建议所述，生态补偿是一个系统工程，它是由生态补偿规划、生态补偿实施、生态补偿过程控制、生态补偿效果评估、生态补偿评估结果反馈及运用等诸多环节组合在一起的整体，生态补偿效果评估是生态补偿的核心环节之一。如果这个环节缺失，必然会使生态补偿只重过程，不重结果，浪费大量人力、物力和财力，承担生态补偿义务的主体在实施生态补偿中也会走形式，对生态补偿政策不执行，补偿设施建设也只为应付环境检查。地方政府经常所提的"恢复难、难恢复"也有推诿责任的成分，甚至以此为借口，变化生态系统功能恢复，生态补偿往往只停留在标语和口号上，雷声大，雨滴小。而对生态问题的出现，没有评估就没有有效监测。目前，我国生态补偿也因效果评估制度和依据的缺失，常常是问题已经严重到了不可不解决的地步才开始引起重视，问题出现后轰轰烈烈地处理，而不是防止问题的出现，解决问题的根本，把生态问题控制于问题萌芽之前，防患未然。

　　要让生态补偿取得成效，杜绝生态补偿停留于表面，让生态环境得到实质性的补偿和修复，完善生态补偿效果评估制度才是治本之法。甘孜藏族自治州"两江一河"水电开发区作为国家生态安全屏障区，生态安全高于一切，但在实地调研和与水电开发方、地方政府和库区移民三方调查访谈中发现，这一地区生态补偿既应注重补偿过程，更应注重补偿结果，杜绝生态补偿只停留于口号，出现走形式和走过场等情况，所以，水电开发区生态补偿取得实质性的效果尤为重要。因此，建立和完善"两江一河"生态补偿效果评估制度，让生态补偿效果评估常态化，是促进水电开发区生态补偿有效进行的重要措施，而生态补偿效果评估制度建立，最基本的内容是生态补偿评价指标体系的建立。它是生态补偿效果评估的客观依据和标准，更是生态补偿的行为标杆。

第一节　建立和完善生态补偿效果评估制度

建立和完善生态补偿效果评估制度是促进生态补偿有效性的重要保障。根据甘孜藏族自治州"两江一河"水电开发区生态资源及气候环境特点，生态补偿效果评估制度应包含以下内容：

一、生态补偿资金使用监测制度

生态补偿资金来源渠道原本就单一，据调查，水电开发企业和一般企业缴纳同样的税收，并未独立缴纳与生态资源相关税费。生态补偿资只是靠国家财政支付，本来就有限，属特殊用途资金，应遵循专款专用的原则，专门用于生态补偿。如果没有专门的资金使用监测制度，很难保证资金使用过程中不被截流或挪用。建立完善生态补偿资金使用监测和审计制度，则可以保障生态补偿资金使用的有效性，具体制度中应清晰明了地规定资金的各项使用标准、比例、审计监察等相关内容，严控生态补偿资金，为"两江一河"水电开发区生态补偿提供有力的制度保障。

二、建立和完善生态补偿效果动态监测制度

甘孜藏族自治州"两江一河"水电开发区生态补偿包含生态系统功能补偿和生态系统服务价值补偿两大内容。其中，生态系统功能补偿是以生态资源人工修复为手段，达到恢复生态系统功能的目的。常言道，"十年树木"，生态资源人工修复效果如何，需要一定的时间才能进行检验。这就要求我们改变过去重种植、重放养而不重管理的放任自由式生态修复模式，加强人工修复后期的生态修复管理。因此，对"两江一河"地区的前期修复和后期管理需要有一个动态的过程监管，动态监管制度的建立则可为生态修复和管理提供制度保障。"两江一河"生态补偿效果动态监管制度应包括以下标准：

（1）生态补偿效果动态标准。生态补偿效果动态标准主要用于控制生态补偿各阶段效果。在"两江一河"生态补偿中，主要以动物、野生鱼类物种种类、数量的繁殖和补充、野生植物物种保护、培植和种植等为内容。在野生鱼类、野生动物繁殖和植物种植、生长过程中，环境、气候的变化都将影响野生鱼类、野生动植物的成活率和生长速度。因此，对生物成活和生长的各阶段都应该有衡量达标的指标，如生长重量、高度、植被覆盖率等要有量化标准，用制度形式确定客观标准，才能保证生态补偿取得预期成效。这需要召集植物学、动物学、气候、环境等众多领域的专家进行科学的调查论证，才能制定出科学、客观的生态补偿各阶段的衡量标准。

（2）生态补偿过程管理制度。"两江一河"水电开发区生态脆弱，自然恢复难达效果，同制定动态标准一样，生态资源的人工恢复需要加强后期管理。补偿过程管理制度建立是对人工恢复过程进行制度规制，对管理过程进行标准化的管理，包括管理时段，管理流程，管理投入的人力、物力、财务保证等，以保证管理过程的标准化、制度化，促使补偿能达到预期效果。

第二节　建立生态补偿效果评估指标体系的基本思路

目前，从学术研究视角来看，生态补偿效果评估主要侧重于评估方法研究。而在甘孜藏族自治州"两江一河"水电开发区生态补偿实践操作中，更缺乏系统而科学的生态补偿效果评估指标来衡量生态补偿效果、管理控制生态补偿过程。因此，根据本地区实际情况进行生态补偿效果评估指标体系建立，是水电开发区生态补偿的核心工作之一。

"两江一河"水电开发区生态补偿效果指标体系建立的目的在于为控制开发区生态补偿效果评价提供依据，促使开发区生态补偿有序进行，最终提升地区生态补偿能力，促进地区生态系统可持续发展。"两江一河"水电开发区生态补偿效果评估指标体系应包含生态补偿效果评估指标、指标权重和生态补偿效果评估标准三个部分。

一、提取"两江一河"水电开发区生态补偿效果评估指标

（一）提取指标的原则

生态效果评估指标体系的建立首先要提取不同层级的指标，在提取指标时要注意遵循以下原则：

（1）定量指标为主，定性指标为辅。水电开发区生态补偿效果评估指标体系是一种结果指标，属于自然科学评估领域，大量指标可进行量化。建立量化指标便于确定清晰的级别评价标度，提高评价的客观性，如鱼类人工增殖与自然增殖尾数，林木种植及成林株数，森林、植被覆盖率等都可以确切数字进行量化，数量化的评估结果对自然生态控制更为科学。但在提取指标时一定要注意，并不是所有的指标都可以量化，对不好量化的指标不要强求，如实施人工补偿的主动性、积极性评估、移民安置满意度等，可以用描述性指标进行定性分析，以补充定量指标的不足。

（2）指标选择要少而精。生态补偿效果评估指标不是越多越好，效果评估指标对于生态补偿实施主体而言，有着极强的标杆导向作用，一旦确定，生态补偿实施者将会围绕评估指标作补偿行为，以降低补偿成本，突显补偿效果，这种行为的功利性是人性之所在。因此，指标提取时应设计出支持本地生态补偿效果实现的关键点，以关键点为基础提取关键生态补偿效果评估指标，重点突破生态补偿的关键部位，从而引导生态补偿行为有目的地突破关键领域，集中力量进行关键生态补偿。

（3）指标可测性。生态效果评价指标本身的特征和该指标的评价过程中的现实可行性，决定了效果评估指标的可测性。在设置效果评估指标时，不管是指标级别标志还是级别标度设置，都是为了效果评估指标可测量；在选择效果评估指标时，要考虑相关效果评估信息获取的难易程度，很难搜集的信息指标通常不应作为生态补偿效果评估指标。

（4）独立性与差异性。生态补偿效果评估指标之间，应该相互独立，界限应该清楚明晰，不能发生交叉和重复；同时，生态补偿效果评估指标在内涵上应有明显差异，评估时要能让人清晰区分出其不同之处。因此，在确定生态补偿效果评估指标的名称时，要讲究措辞，明确每一个指标的内容界限，同时还应对每一个指标进行具体而明确的定义，避免指标之间的重复。

（5）目标一致性。选择提取指标时，要注意所有评估指标必须要形成一个系统，各指标

的建立都是为了实现生态补偿效果这一目标，而各个一级指标又可分为几层面上的子指标，实现整体目标的各个子目标的支持，从而保证开发区生态补偿效果能达到生态补偿的总要求。

（二）指标的分层

根据"两江一河"生态系统的实际情况，生态补偿效果评估指标体系应该分成各层级指标。

（1）一级指标。一级指标可根据生态补偿的总体内容进行划分，根据本地生态系统整体效能，可用生态系统功能和生态系统服务价值两个维度进行划分，即把"两江一河"生态补偿效果分为生态系统功能恢复和生态系统服务价值均衡两个维度。对生态系统功能恢复效果的评估主要为保证生态系统正常运转，保存和增加生态环境容量，促进本地生态系统的良性发展；而对生态系统服务价值均衡的评估则是为了保证各生态福利主体公平地享受生态福利，均衡各主体之间的利益，保证生态秩序、社会秩序的良性建立。

（2）二级指标。"两江一河"生态补偿效果评估的二级指标是在一级指标的基础上进行细分的，即根据一级指标的两个维度，二级指标则形成两个不同的指标系统。在生态系统功能恢复这个维度上，应该按照各类生态资源所提供的功能进行提取评估指标。具体而言，"两江一河"生态系统所囊括的生态资源有森林、草场等植物资源，水资源、土地资源（湖泊、湿地、耕地等）、野生动物资源、野生鱼类资源等类型，但各类生态资源又相互作用，综合承担生态系统的基本功能。总体来说，"两江一河"生态系统具有以下基本生态功能：调节大气的化学成分；调节地域温度、降水量、地方性的由其他生物介导的气候过程；生态系统响应环境波动的容量、衰减和整合；调节水文和水量；保持生态系统中的土壤；土壤形成；养分的贮存、内循环、加工与获取；流动性养分的恢复，过剩或异类养分与化合物的去除或分解；花配子的移动；种群的营养动态调节；为定居和迁徙种群提供栖息地；从初级生产中可提取食物的部分；从初级生产中可提取原材料的部分；特有生物材料与产品来源；提供游憩活动机会；提供商业用途的机会。对应以上生态系统功能，本地生态系统同样具有以下服务（产品）价值：大气调节；气候调节；干扰调节；水调节；供水；控制侵蚀和保持沉积物；土壤形成；养分循环；废弃物处理；授粉作用；生物控制；生物避难所；食物生产；原材料；基因资源；游憩；文化。

当然，以上生态补偿效果评估指标仅可作为参考，要想指标提取科学客观，还应专门成立环境学、气候学、生态学等各自然科学专家为主的研究小组进行深入研究，才能确保效果评估指标体系的可行性。

二、设计"两江一河"生态补偿效果评估指标权重

在生态补偿效果评估指标体系中，各指标在整个生态系统中的重要程度不一样，应用权重对各指标进行标注并参与结果计算才能够保证评估结果的客观真实。如一级指标中的两个指标维度，生态系统功能恢复对于"两江一河"水电开发区流域生态重要程度要大于生态系统（产品）服务价值，可设置不同权重加以区分，对两个指标进行比较，生态系统功能恢复在整个生态系统中占60%，即可设置这一指标的权重为0.6，则生态系统（产品）服务价值这一指标重要程度为40%，所占权重该为0.4。对于每一级指标中一个大维度可采用100%进行

表示，即总权重为1，这样更有利于评估主体和被评估者的理解与执行，如果评估主体是多位主体，对评估主体也要设置权重。通常情况下，对生态补偿效果的评估一般都由环境监察部门实施，也就是评估主体是单一主体，有时为了引入社会评价机制或让补偿实施主体了解自己的补偿行为和效果，也可采用自评形式。这时评估主体则为多主体，此时就需要对各评估主体设置相应权重，如以环保监察部门、生态补偿实施主体、社会监督主体三个主体进行生态补偿效果评估，则可按三个主体在整个评估中的影响力大小进行权重赋值，环保监察部门赋予40%，生态补偿实施主体赋予25%，社会监督主体赋予35%，则三个主体的权重系数为0.4，0.25，0.35，总权重依然为1。以上权重则表示在这次评估中三个主体得评估结果在总结果中的影响程度，最终结果则为评估主体的评估分数乘以各自权重得出，即环保监察部门分数×0.4+生态补偿实施主体分数×0.25+社会监督主体评估分数×0.35 = 生态补偿效果评估总分数。甘孜藏族自治州"两江一河"水电开发区生态补偿效果评估指标权重赋予因专业性很强，对评估小组成员素质要求很高，所以一般应由各学科领域的专家组成评估小组。因此，对权重设定采用权值因子判断表法更为合适，即设置权值因子判断表，让评估小组专家分别进行填写，再对各专家所填写的判断表进行统计，将统计结果折算为权重。这样更能保证评估结果的科学性，尽量避免评估中的主观因素影响补偿效果评估结果。

三、建立甘孜藏族自治州"两江一河"生态补偿效果评估指标相对应的评估标准

生态补偿效果评估指标是指从哪些方面对生态补偿效果进行衡量和评估，而补偿效果评估标准则是指在这一方面生态补偿实施者应达到的程度和水平。也就是说，补偿效果评估指标是解决生态补偿需要"做什么"的问题，而补偿效果评估标准则是要解决生态补偿实施主体在指标上做得"怎样"或完成"多少"的问题，补偿效果评估标准与补偿效果评估指标是相对应的，不能单独出现补偿效果评估标准。

"两江一河"水电开发区生态补偿效果评估标准应分成指标名称、指标定义、等级标志、等级定义四个部分。其中等级标志和等级定义可以分开设置也可以合二为一，综合形成生态补偿效果评估标准。等级定义则规定与等级标志相对应的各等级具体范围，用以揭示各等级之间的差别。通常，等级划分采用5级或7级，不能简单采用合格、优秀、不合格3个等级。因为3个等级跨度太大，不能清楚地体现出不同等级之间的差距，在补偿效果评估结果应用时，很难提供改进生态补偿结果所必需的信息依据。对于定量指标，把指标等级标志与等级定义合二为一更为合适，如"为定居和迁徙种群提供栖息地功能恢复"这一评估指标的标准设置如表9-1所示。

表 9-1 评估指标的标准设置

指标名称	为定居和迁徙种群提供栖息地功能恢复				
指标操作性定义	与损毁前生态系统相比，通过修复后生态系统为野生动物、鱼类等定居和迁徙种群提供栖息地功能的恢复比例				
等级标志	A	B	C	D	E
等级定义	≥95%	95%～80%	80%～60%	60%～40%	≤40%

从表9-1对定居和迁徙种群提供栖息地功能恢复标准设置可以看出，对指标进行定义时一

定要具体、客观，清楚明了，字面定义不能有任何歧义；同时，制定为 5 级评估标准则可以清晰不同等级之间的差距，等级与等级之间采用不等距的形式，越往上则越难，所以差距就越小，而 A 级标准属于卓越标准，要付出非常大的努力才能够达到。当然，就定量标准而言，在标准制定时一定要考虑生态系统的自我恢复能力。因为生态系统在人工恢复时，自然生态系统同时也有一个自我恢复的比例，在制定标准时就应该把这个比例加入人工恢复之中。这样，向上比例应该超过 100% 才更为合理。

诚然，不是所有生态补偿效果评估指标都是可以量化的，对于不可定量的指标应该采用描述性标准进行设置，特别是在生态系统（产品）服务价值的二级指标中，往往涉及利益损害的补偿，这种补偿不一定要通过生态资源修复才能满足，也可以采用其他形式进行转移补偿，这就涉及利益主体的满意度等问题。因此，这类指标有时不能简单地进行定量评估，标准制定时也不好量化，则可以用描述性标准解决。比如：在生态系统（产品）服务价值补偿中的"食物生产"指标，这一生态系统（产品）服务价值的损失主要是耕地、草地等生产资料丧失而导致的，而对于这项指标进行补偿也可以通过多种途径进行解决，如向耕地使用者给予的直接经济补偿、水电开发商提供劳动就业岗位、政府进行就业技能培训提升了就业能力、土地资源入股所得的分红收入等。同时，随着市场变化和物价指数的变动，食物生产的价格也会发生较大变动，加之社会发展的需要，失地农牧民也需要重新参加新的生产活动才能创造社会财富。故此，在进行生态补偿效果评估时，简单采用绝对或相对数值来衡量生态补偿的结果都不科学，相反，采用定性评估则更容易说明问题，对这一评估指标的标准设置可以采用表 9-2 所示的描述性指标。

表 9-2　描述性指标

等级标志	标准状态描述
卓越	能够通过众多途径解决失地农牧民的生活来源；失地农牧民生活水平扣除物价上涨等因素外还有稳步的上升；失地农牧民家庭总收入逐年增加并高于社会平均水平，用于支付生活必需的开支比例占总收入比例逐年减少；与失地前相比，失地农牧民可以靠自身能力稳步提升家庭总收入，且家庭总收入有较大幅度增长，家庭成员用于自主学习、旅游休闲等支出占家庭收入的比例在逐年增加
优秀	能够通过众多途径解决失地农牧民生活来源；失地农牧民生活水平扣除物价上涨等因素外还有稳步的上升，但上升幅度较小；失地农牧民家庭总收入逐年增加，略高于社会平均水平，用于支付生活必需的开支比例占总收入比例逐年减少；与失地前相比，失地农牧民可以靠自身能力稳步提升家庭总收入，且家庭总收入有所幅度增长，家庭成员用于自主学习、旅游休闲等支出占据了家庭收入一定比例
合格	能够通过众多途径解决失地农牧民生活来源；失地农牧民生活水平受物价上涨等因素影响不大；失地农牧民家庭总收入有所增加，能抵御通货膨胀等外界影响因素，用于支付生活必需的开支比例占总收入比例有一定程度的减少
基本合格	能够通过众多途径解决失地农牧民生活来源；失地农牧民生活水平提高不大，家庭总收入虽有所增加但用于生活必需的开支比例变化不大
不合格	有一定的途径解决失地农牧的生活来源，但失地后的生活质量在下降，用于生活必需支出的比例占家庭总收入的比例有所增加

　　从上述标准确定可见，描述性指标主要通过对事物表象的程度描述来划分标准，借助行为或程度描述来确定生态补偿效果的优劣。不过，建立描述性标准并非易事，需要对事物进行深入细致的观察，侧重于对生态补偿效果影响后发生的行为、程度进行客观描述，切忌加入标准制定者的主观臆想和主观愿望，而描述性标准的级差区别也难于掌握，需要对影响后果有较深的体验者加入。因此，建议成立评估小组时除了要有一定比例的专家外，还应加入一定比例的生态补偿受益者，以更加客观地从被补偿者的视角进行客观描述，充分体现社会公平性。

附录：甘孜州水电库区移民福利及其生态补偿调研问卷

农户调查表（表头）

导入语：您好，我们是教育部"西部民族地区水电开发生态补偿机制与模式研究"课题组，想占用您几分钟时间进行一个水电开发移民及生态补偿问卷调查，以便了解移农户真实诉求，为国家调整水电移民政策、促进地方经济发展和农牧民脱贫增收等研究提供依据，谢谢您的支持与配合。

HHcode	H_____
县	
乡	
村	
小组	
户主姓名：	
填表人：	
填表日期：	
回答人：	
电话号码：	
手机：	

A1　家庭基本情况调查表

（1）您家有几口人：（　）人

个人编码	02	03	04	05	06	07	08	2016年			12	13	14	移民前1年			18	19	20
	与户主的关系（关系代码）	性别：1=男；2=女	户口类型 1=农业；2=非农业；3=没户口	年龄周岁 / 非农业工作时从事什么职业？	上过几年学？（年）	是否村干部？（1=是；2=否）	您家庭是什么民族 / 务农多少年了？（年）	现时劳动时间分配比例（%）农业①	非农工作②	闲暇（包括教育，修养，旅游等）③	农业的收入	非农业收入	非农职业代码	移民前1年劳动时间分配比例（%）农业①	非农工作②	闲暇（包括教育，修养，旅游等）③	农业的收入	非农业收入	非农职业代码
0																			
1																			
2																			
3																			
4																			
5																			
6																			
7																			
8																			
9																			
10																			
11																			
12																			
13																			
14																			
15																			

注：1. 上过几年学，不包括学前和培训。

2. 时间分配比例中，①+②+③=100

关系代码：1=户主；2=配偶；3=孩子；4=孙子辈；5=父母；6=兄弟姐妹；7=女婿，儿媳；8=公婆，嫂子；9=亲戚；10=无亲或关系；11=祖父母；12=其他（请说明）

职业编码：1=工厂的工人；2=建筑业的工人；3=工匠（木匠，木泥匠）；4=矿业工人；5=其他工人；6=商业员工；7=服务业员工（美容，理发，餐厅，司机，厨师，保安等；8=办事人员（秘书，勤杂人员，医生，教师，各类专业技术人员；9=各类企事业单位负责人；10=党政企事业单位的管理人员；11=个体商贩；12=私营企业老板；13=企业的管理人员；14=其他（请说明）

民族代码：1=藏族；2=汉族；3=彝族；4=羌族；5=苗族；6=回族；7=蒙古族；8=土家族；9=傈僳族；10=满族；11=瑶族；12=侗族；13=纳西族；14=布依族；15=白族；16=壮族；17=哈尼族；18=维吾尔族；19=其他

A2　移民自愿及满意度调查表

1. 您的家庭是否自愿参与了移民？

　　A：是>>2；　　　　　B：否>>3

2. 如果您家庭自愿参与了移民，原因是（可多选，并按照重要程度排列）：

　　A. 可以获得一笔补偿

　　B. 移民以后地区的交通、医疗、教育等基础设施和公共服务条件比较好

　　C. 现在生活观念改变了，希望能过上现代化的城市生活

　　D. 既然国家让移民，那就服从安排

3. 如果您家庭非自愿移民，原因是（可多选，并按照重要程度排列）：

　　A. 移民的补偿标准太低

　　B. 移民政策的公平性和公开性

　　C. 失去了地便失去了生活保障，没有其他技能，担心生态移民后，收入下降，生活
　　　　质量下降

　　D. 习惯了现在的生活方式和环境，不想改变，也担心不适应

　　E. 担心电站的建立对生态环境带来不利影响

4. 相比于移民前，现在的人居环境状况是怎么样的？

　　A. 好　　　　　B. 较好　　　　　C. 不变　　　　　D. 较差　　　　　E. 差

5. 相比于移民前，现在的生态环境总体状况是怎么样的？

　　A. 好　　　　　B. 较好　　　　　C. 不变　　　　　D. 较差　　　　　E. 差

6. 相比于移民前，现在的水质总体状况是怎么样的？

　　A. 好　　　　　B. 较好　　　　　C. 不变　　　　　D. 较差　　　　　E. 差

7. 相比于移民前，现在的极端气候事件是怎么样的？

　　A. 多　　　　　B. 较多　　　　　C. 不变　　　　　D. 较少　　　　　E. 少

8. 相比于移民前，水土流失是怎么样的？

　　A. 严重　　　　B. 较严重　　　　C. 不变　　　　D. 较缓和　　　　E. 缓和

9. 相比于移民前，现在的公共设施状况是怎么样的？

　　A. 好　　　　　B. 较好　　　　　C. 不变　　　　　D. 较差　　　　　E. 差

10. 您认为水电站建设对生物多样性有什么影响？

　　A. 增加幅度大　　　　　　B. 增加幅度小　　　　　　C. 不变

　　D. 减少幅度小　　　　　　E. 减少幅度大

11. 您认为水电站的建设对您家庭收入的总体影响是怎样的？

　　A. 收入大大增加　　　　　B. 促进收入增加，但幅度不大

　　C. 没有影响　　　　　　　D. 负面影响不大　　　　E. 负面影响很大

12. 您认为水电站的建设对您家庭就业总体影响是怎样的？

　　A. 导致换工作，且对新工作不满意

　　B. 导致换工作，觉得新工作与原来的工作差不多

　　C. 没有影响，仍继续原来的工作

　　D. 导致换工作，但对新工作比较满意

A3 移民补偿调查表

1. 水电开发是否占用了您的耕地？
    1=是；　　　　2=否 》》6 题
2. 水电开发占用了多少耕地？
    A：1 亩以内　　　　B：1～5 亩　　　　C：5～10 亩
3. 每亩地的青苗金额是多少？
4. 对于这个价格，您有什么看法？
    A. 偏高　　　　B. 合理　　　　C. 偏少
5. 对于这个补偿金额，您有什么建议？
6. 水电开发是否占用了您的林地：
    1=是；　　　　2=否 》》11 题
7. 水电开发占用了多少林地？
    A.1 亩以内　　　　B.1～5 亩　　　　C.5～10 亩
8. 每亩地的青苗金额是多少？
9. 对于这个价格，您有什么看法？
    A. 偏高　　　　B. 合理　　　　C. 偏少
10. 对于这个补偿金额，您有什么建议？
11. 水电开发是否占用了您的房屋？
    1=是；　　　　2=否 》》16 题
12. 每平方米是多少？
13. 对于这个价格，您有什么看法？
    A. 偏高　　　　B. 合理　　　　C. 偏少
14. 对于这个补偿金额，您有什么建议？
15. 您认为当前生产安置或拆迁安置更适合您家？
16. 您认为哪一种补偿方式更适合您的家庭？
    A. 直接现金补偿　　　　　　B. 置业补偿
    C. 以土地参股补偿　　　　　D. 养老保险补偿
17. 相比于您的期望值，您对当前现金补偿有什么意见？
    A. 可以减少 10%；　　　　　B. 合适
    C. 可以提高 10%　　　　　　D. 可以提高 20%以上
18. 如果选择置业补偿，您认为您能胜任水电站哪方面的工作？
    A. 基层工人　　　B. 管理人员　　　C. 技术工
19. 如果选择土地参股补偿，您认为哪种模式更为合理？
    A. 政府+农户+企业　　　　　　B. 农户+企业（农户直接参与管理）
    C. 农户+企业（政府代表农户参与管理）
20. 您认为农户参与的较合理股份应该是多少？
    A. 5%～10%　　　B. 10%～15%　　　C. 15%～25%　　　D. 25%以上
21. 如果您选择养老保险作为补偿，补偿哪些对象比较合理？

A. 只给老年人买保险　　　　　　　　B. 只给青年人买保险

C. 老年人和青年人都买

A4　补偿后续调查表

1. 您目前所拿到的现金补偿金额，您是如何使用的？

房屋建设占的比例＿＿＿＿＿＿＿

小孩教育占的比例＿＿＿＿＿＿＿

后期创业占的比例＿＿＿＿＿＿＿

其他所占的比例＿＿＿＿＿

2. 针对现在资金的安排使用，您对未来的生计是否有担忧？

A. 是　　　　　　　　B. 否

3. 如果选择是，担忧的原因是什么？

A. 失去了土地，就失去生活和养老保障

B. 由于自己的教育水平有限，打工不能长久

C. 对孩子的未来担忧

4. 为了解除这些方面的忧虑，您希望政府做哪方面的工作？

A. 政府招商引资带来就业机会

B. 就小孩教育上，给予补助

C. 养老政策的倾斜

D. 对自己及家庭成员进行就业培训

A5　生态补偿调查表

1. 您是否已经以现金的方式接受水电工程的生态补偿？

A. 是　　　　　　　　B. 否

2. 若选择是，您知道您是通过下列哪项补偿政策得到的补偿？

A. 天然保护林工程

B. 占用林地之后，在此基础上所增加的补偿金额

C. 水土保持工程

D. 污水治理工程

E. 其他

3. 如果水电站的开发带来生态问题，您认为哪种手段更有效？

A. 行政命令　　　　　　B. 法律法规

C. 经济补偿

4. 您是否希望得到生态补偿？

A. 非常希望　　　　　　B. 有点希望

C. 无所谓　　　　　　　D. 完全不希望

5. 若以现金的方式接受生态补偿，您认为应该如何？

A. 直接补贴给农民

B. 集中补贴给地方政府用于当地生态修复

C. 直接补贴给生态企业用于修复

6. 若以现金的方式接受生态补偿，您认为应该是依据哪种计算方式？

A. 按耕地面积 　　　　　　　B. 按家庭人口数量

C. 视具体情况而定 　　　　　D. 依据损失度而定

7. 您是否愿意参加本地生态修复企业？

A. 愿意 　　　　　　　　　　B. 不愿意

8. 您愿意进入什么类型的生态修复企业工作？

A. 专门的生态修复企业 　　　B. 地方政府成立的生态修复合作社

参考文献

[1] 环境科学大辞典编委会. 环境科学大辞典[M]. 北京：中国环境科学出版社，1991.

[2] 毛显强，钟俞，张胜. 生态补偿理论探讨[J]. 中国人口·资源与环境，2002（12）.

[3] 庄国泰，高鹏，王学军. 中国生态环境补偿费的理论与实践[J]. 中国环境科学，1995（6）.

[4] 王金南，万军，张惠远. 关于我国生态补偿机制与政策的几点认识[J]. 环境保护，2006（19）.

[5] 沈满洪，杨天. 生态补偿机制的三大理论基石[N]. 中国环境报，2004-03-02.

[6] 吕忠梅. 超越与保守——可持续发展视野下的环境法创新[M]. 北京：法律出版社，2003.

[7] 李文华. 生态系统服务功能价值评估的理论[M]. 北京：中国人民大学出版社，2008.

[8] 李文华，张彪，谢高地. 中国生态系统服务研究的回顾与展望[J]. 自然资源学报，2009（1）.

[9] ROBERT COSRTANZA, RALPH D, ARGE et al.. 全球生态系统服务与自然资本的价值[J]. 吴水荣，译. 2010（3）.

[10] 候元兆，吴水荣. 生态系统价值评估理论方法的最新进展及对我国流行概念的辨正[J]. 世界林业研究，2008（5）.

[11] [美]罗伯特·索洛. 迈向持续发展的现实一步[J]. 管理世界，1995（1）.

[12] H DALY ETC, Valuing the earth: economics, ecoloy, ethics[M]. The MIT Press, Massachusctts, 1993.

[13] M REDELIFT. The multiple dimensions of sustainable development[J]. Geography, 1991.

[14] PEARCED W, ATKINSON G, Are National economics sustainable? [M]. London: U-niversity College London, 1992

[15] [美]保罗·萨缪尔森威廉·诺德豪斯. 经济学[M]. 19版. 于健，译注疏. 北京：人民邮电出版社，2013.

[16] [美]阿兰·兰德尔. 资源经济学[M]. 施以正，译. 北京：商务印书馆，1989.

[17] [英]阿尔弗雷德·马歇尔. 经济学原理[M]. 章洞易，译. 北京：北京联合出版公司，2015.

[18] [英]庇古. 福利经济学[M]. 朱泱，张胜纪，吴良健，译. 北京：商务印书馆，2006.

[19] 沈满洪. 庇古税的效应分析[J]. 浙江社会科学，1999（4）.

[20] [英]霍布斯. 利维坦[M]. 北京：商务印书馆，1985.

[21] DUNNH. Identifying and protecting rivers of high ecological value[M]. Canberra: Land and Water Resources Research and Development Corporation，2000.

[22] 王黎明，杨燕风，关庆锋. 三峡库区退耕坡地环境移民压力研究[J]. 地理学报，2001（6）.

[23] 罗吉，戈华清. 论我国跨区域调水环境补偿制度的构建[J]. 中国软科学，2003（3）.

[24] 母学征，郭廷忠. 我国自然保护区生态补偿机制的建立[J]. 安徽农业科学，2008（23）.

[25] 萨础日娜. 民族地区生态补偿机制总体框架设计[J]. 广西民族研究，2011（3）.

[26] 董战峰，王慧杰，葛察忠. 流域生态补偿：中国的实践模式与标准设计[A]. 生态经济与美丽中国——中国生态经济学学会成立 30 周年暨 2014 年学术年会论文集（2014）.

[27] 新安江流域生态补偿实践启示录[OL]. http://wemedia.ifeng.com/75480609/wemedia.shtml.

[28] 水利部太湖流域管理局. 新安江流域跨省生态补偿两轮试点背后——一江清水何以来？http://www.tba.gov.cn/contents/8/30951.html.

[29] 习近平. 习近平在全国生态环境保护大会上强调坚决打好污染防治攻坚战推动生态文明建设迈上新台阶[N]. 人民日报，2018-05-20（1）.

[30] 党的十八大以来习近平总书记关于生态工作的新理念、新思想、新战略[OL]. 人民网，http://cpc.people.com.cn/n1/2016/0330/c64094-28239465.html.

[31] 罗尔斯. 正义论[M]. 北京：中国社会科学出版社，1988.

[32] 习近平. 在深度贫困地区脱贫攻坚座谈会上的讲话[OL]. 新华网，http://www.xinhuanet.com/ politics/2017-08/31/c_1121580205.htm.

[33] 李惠梅，张安录. 基于福祉视角的生态补偿研究[J]. 生态学报，2013（4）.

[34] 杨齐春，陈俊华，等. 四川西部甘孜、凉山地区鱼类多样性及保护研究[J]. 四川林业科技，2010（1）.

[35] 彭基泰. 四川甘孜野生动物资源简报[J]. 四川动物，1987（2）.

[36] 四川省国土资源厅. 四川省耕地基本情况统计表[OL]. http://www.scdlr.gov.cn/adminroot/site/site/portal/nsckljkjjhj/scgttwnr.portal.

[37] 李文华，刘某承. 关于中国生态补偿机制建设的几点思考[J]. 资源科学，2010（5）.

[38] 王淑云，等. 饮用水水源地生态补偿机制研究[J]. 中国水土保持，2009（9）.

[39] 周映华. 流域生态补偿的困境与出路[J]. 公共管理学报 2008（4）.

[40] 张晓峰. 基于利益相关者的南水北调中线水源区多元化生态补偿形式探讨[J]. 南都学坛 2011（2）.

[41] 郑海霞，等. 金华江流域生态服务补偿的利益相关者分析[J]. 安徽农业科学，2009（9）.

[42] 王文珂. 基于利益相关者权益的水电开发企业公司治理机制研究[J]. 水利经济，2006（1）.

[43] 施国庆. 水电开发利益相关者分析与其所有权实现[J]. 南京社会科学，2008（1）.

[44] [美]欧·奥尔特曼，马·切莫斯. 文化与环境[M]. 骆林生，王静，译. 北京：东方出版社，1991.

[45] 南文渊. 藏族生态伦理[M]. 北京：民族出版社，2007.

[46] 罗莉. 中国佛道教寺观经济形态研究[M]. 北京：中央民族大学出版社，2007.

[47] 王金南. 基于生态环境资源红线的京津冀生态环境共同体发展路径[J]. 环境保护，2015（12）.

[48] 萨缪尔森，诺德豪斯. 经济学[M]. 北京：华夏出版社，1999.

[49] 邓益，刘焕永，等. 四川甘孜藏区大中型水电工程征地补偿及移民安置工作初探[J]. 水电站设计，2011（1）：62.

[50] DANIÈLE PERROT-MAITRE PATSY DAVIS. 森林水文服务市场开发的案例分析[J]. 张

亚玲，译. 林业科技管理，2002（4）.

[51] 田国强. 经济机制设计理论与信息经济学[M]//经济学与中国经济改革. 上海：上海人民出版社，1995.

[52] 何光辉，陈俊君. 机制设计理论及其突破性应用——2007 年诺贝尔经济学奖得主的重大贡献[J]. 经济评论，2008（1）.

[53] 刘峰. 不完全信息、激励与机制设计理论——2007 年度诺贝尔经济学奖述评[N]. 光明日报，2007-10-30.

[54] 杜明义. 城乡统筹发展中农地资本化的意义、制约与对策[J]. 农业经济，2014（9）.

[55] 陈晓龙. 政府主导下的水电开发生态补偿机制研究[D]. 南京：河海大学，2007.

[56] 庄万禄，张友，贾兴元. 藏区水电工程移民安置工作调查与思考——以四川甘孜州两河口电站为例[J]. 西南民族大学学报（人文社会科学版），2007（1）.

[57] 杜明义. 西部民族地区水电开发负外部性及其补偿策略——以四川甘孜藏族自治州为例[J]. 四川行政学院学报，2014（2）.

[58] [美]科斯. 财产权利与制度变迁[M]. 上海：上海三联书店，1991.

[59] 刘诗白. 社会主义商品经济与企业产权[J]. 经济研究，1988（3）.

[60] 谷书堂.《产权主体论》简评[N]. 光明日报，1999-03-05.

[61] 甘孜打造以水电为重点的生态能源基地[EB/OL]. http://news.bjx.com.cn/html/20130509/433440.shtml.

[62] 杜明义. 城乡统筹发展中农地资本化的意义、制约与对策[J]. 农业经济，2014（9）.

[63] 任勇，冯东方，俞海. 中国生态补偿理论与政策框架设计[M]. 北京:中国环境科学出版社，2008.

[64] 尚凯，施国庆，王彬彬. 水电开发征收农村移民土地补偿价格研究[J]. 价格理论与实践，2011（3）.

[65] 高效推进甘孜州国家生态建设示范区创建[EB/OL]. http://www.eppow.org/2018/0730/145326.html.

后 记

在社会经济高速发展的今天，我们面临着资源短缺、环境恶化、气候变化等一系列严重危机，人类生存环境和发展空间受到严重威胁，环境承载能力和生态资源的不足成为制约社会经济发展的瓶颈，也对中华民族的永续发展提出了严峻的挑战。在我国可持续发展及生态文明建设战略实施落实中，如何推动社会经济高速发展，兼顾生态、环境效益，实现"代际公平、地区公平、城乡公平"的均衡发展，更好地建设生态文明，实现中华民族的永续发展是本书研究的出发点和归宿。

甘孜藏族自治州是我国西部民族地区的重要组成部分，位于四川省西部、青藏高原东缘，是青藏高原的重要地区，也是横断山区的中心，总面积 $153\,870\times10^4\,km^2$，占四川省总面积的 1/3，有 25 个民族共 102.32 万人，其中藏族 82.31 万人，农牧民人均年收入 3 657 元，经济发展居全省末位。金沙江、雅砻江、大渡河（以下称"两江一河"）及其千余条支流经全州 96% 的土地面积，水能资源技术可开发装机容量达 $4\,132.48\times10^4\,kW$；技术可开发年发电量达 $1\,859.62\times10^8\,kW\cdot h$。近年来，在国家能源战略的推动下，甘孜藏族自治州成为我国西部民族地区水电开发的重要基地。时至今日，甘孜藏族自治州已开发大渡河水电基地（境内干流规划 7 级）、雅砻江水电基地（境内干流规划 9 级）、金沙江水电基地（境内干流规划 13 级），水电开发初具规模。

然而，由于甘孜州地处高原生态脆弱区，属于我国国土资源规划的生态屏障区，在水电开发过程中对生态环境的破坏不可避免，"两江一河"水电梯级开发使河谷大量耕地被淹没、河谷植被毁坏，泥石流等地质灾害频发；库区建成导致水生动植物生存环境改变，大量水生生物可能面临物种灭绝。此外，水电资源的开发同样影响了当地农牧民的生产与生活，是造成该区域农牧民贫困的重要原因之一。建立资源利用的生态补偿机制，按照"谁开发谁保护，谁破坏谁补偿"的原则，对当地的生态资源进行恢复与调整，以保护本地脆弱的生态系统。对当地农牧民进行补偿，以调整当地群众本应享受的生态福利，实现生态系统服务价值的再分配，是本书研究的重要内容。

本书的完成，得到了甘孜藏族自治州人民政府，甘孜藏族自治州委政策研究室，泸定县人民政府，道孚县委、县政府，白玉县人民政府及其他各地方政府的大力支持；更得到了中国社会科学院博士、成都理工大学教师杨宇博士，四川农业大学博士、四川省社会科学院金小琴副研究员的技术指导和鼎力支持。在此，对以上单位和个人一并表示衷心的感谢！同时，也要衷心感谢课题组成员四川省社会科学院丁一研究员，西南民族大学吴铀生教授，西华大学杨小杰副教授对课题前期研究及本书前期写作的辛勤付出，还要感谢四川民族学院陈鸿任老师在本书写作中的后期参与，也要感谢课题组成员、四川民族学院杜明义教授、曾雪玫教授、张琪老师为本书写作付出的辛苦劳动。

　　本书共分为九章，其中，项目主持人、四川民族学院陈鹰副教授完成了第一章《西部民族地区水电开发区"生态补偿"界定及其理论基础》、第三章《甘孜藏族自治州水电开发建设及生态补偿的现状与问题》、第五章《西部民族地区水电开发区生态补偿意愿与额度调查》、第七章《西部民族地区水电开发区生态补偿模式》、第八章《西部民族地区水电开发移民区生态补偿制度保障》第二节第六部分和第九章《西部民族地区水电开发区生态补偿评价体系建设的基本思路》的内容及前言、后记的撰写工作；四川民族学院杜明义教授撰写了第六章《西部民族地区水电开发区生态补偿机制设计》的内容；四川民族学院张琪博士撰写了第四章《西部民族地区水电开发区生态补偿的主体、客体及内容》的内容；四川民族学院曾雪玫教授撰写了第二章《国内外生态补偿的发展趋势及生态补偿的重要意义》的内容；四川民族学院陈泓任老师撰写了第八章《西部民族地区水电开发区生态补偿制度保障》第一节、第二节一至五部分的内容。

陈　鹰

2018 年 12 月于四川康定